#수학유형서
#리더공부비법
#한권으로유형올킬
#학원에서검증된문제집

수학리더
유형

Chunjae
Makes
Chunjae

▼

기획총괄	박금옥
편집개발	윤경옥, 박초아, 조은영, 김연정, 김수정, 임희정, 한인숙, 이혜지, 최민주
디자인총괄	김희정
표지디자인	윤순미, 박민정
내지디자인	박희춘
제작	황성진, 조규영

발행일	2024년 4월 15일 3판 2024년 4월 15일 1쇄
발행인	(주)천재교육
주소	서울시 금천구 가산로9길 54
신고번호	제2001-000018호
고객센터	1577-0902
교재 구입 문의	1522-5566

※ 정답 분실 시에는 천재교육 홈페이지에서 내려받으세요.

※ KC 마크는 이 제품이 공통안전기준에 적합하였음을 의미합니다.

※ 주의

책 모서리에 다칠 수 있으니 주의하시기 바랍니다.

부주의로 인한 사고의 경우 책임지지 않습니다.

8세 미만의 어린이는 부모님의 관리가 필요합니다.

수학리더 유형 1-2

BOOK 1

유형북 차례

이 책의 구성과 특징

BOOK 1 유형북

STEP 1 개념별 유형

교과서 개념 ➕ 플러스 개념 유형 수록

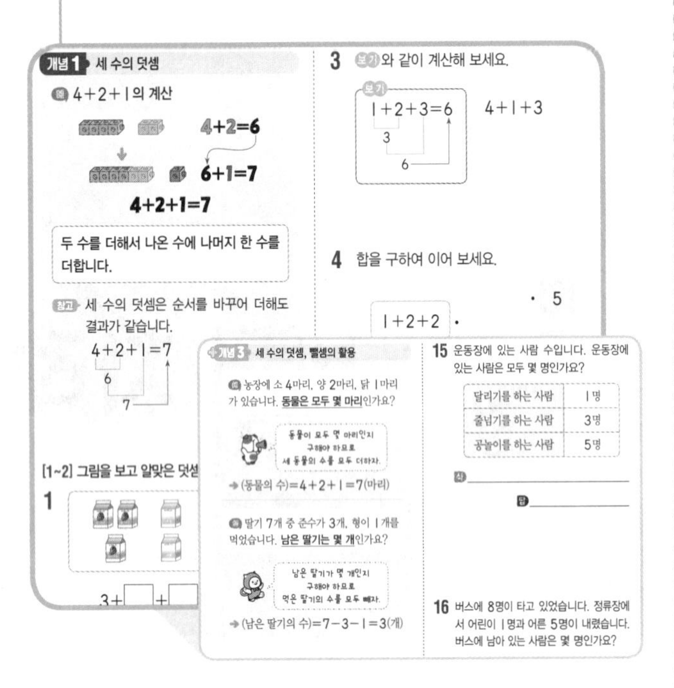
개념 1 세 수의 덧셈

예 4+2+1의 계산

4+2=6

6+1=7

4+2+1=7

두 수를 더해서 나온 수에 나머지 한 수를 더합니다.

참고 세 수의 덧셈은 순서를 바꾸어 더해도 결과가 같습니다.

4+2+1=7

[1~2] 그림을 보고 알맞은 덧셈

1

3+□+□

3 보기 와 같이 계산해 보세요.

보기 1+2+3=6

4+1+3

4 합을 구하여 이어 보세요.

1+2+2 · · 5

개념 3 세 수의 덧셈, 뺄셈의 활용

예 농장에 소 4마리, 양 2마리, 닭 1마리가 있습니다. 동물은 모두 몇 마리인가요?

→ (동물의 수)=4+2+1=7(마리)

예 딸기 7개 중 준수가 3개, 형이 1개를 먹었습니다. 남은 딸기는 몇 개인가요?

→ (남은 딸기의 수)=7−3−1=3(개)

15 운동장에 있는 사람 수입니다. 운동장에 있는 사람은 모두 몇 명인가요?

달리기를 하는 사람	1명
줄넘기를 하는 사람	3명
공놀이를 하는 사람	5명

식 ______

답 ______

16 버스에 8명이 타고 있었습니다. 정류장에서 어린이 1명과 어른 5명이 내렸습니다. 버스에 남아 있는 사람은 몇 명인가요?

개념별 유형 형성 평가

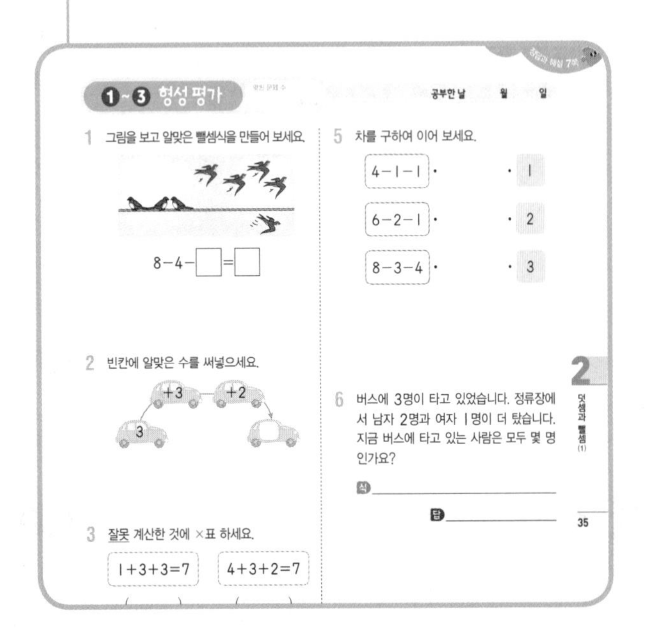
1~3 형성 평가

공부한 날 월 일

1 그림을 보고 알맞은 뺄셈식을 만들어 보세요.

8−4−□=□

2 빈칸에 알맞은 수를 써넣으세요.

3, +3, +2

3 잘못 계산한 것에 ×표 하세요.

1+3+3=7 4+3+2=7

5 차를 구하여 이어 보세요.

4−1−1 · · 1

6−2−1 · · 2

8−3−4 · · 3

6 버스에 3명이 타고 있었습니다. 정류장에서 남자 2명과 여자 1명이 더 탔습니다. 지금 버스에 타고 있는 사람은 모두 몇 명인가요?

식 ______

답 ______

STEP 2 꼬리를 무는 유형

하나의 유형이 기본 〉 변형 〉 실생활 유형으로 다양하게 변형되는 구성

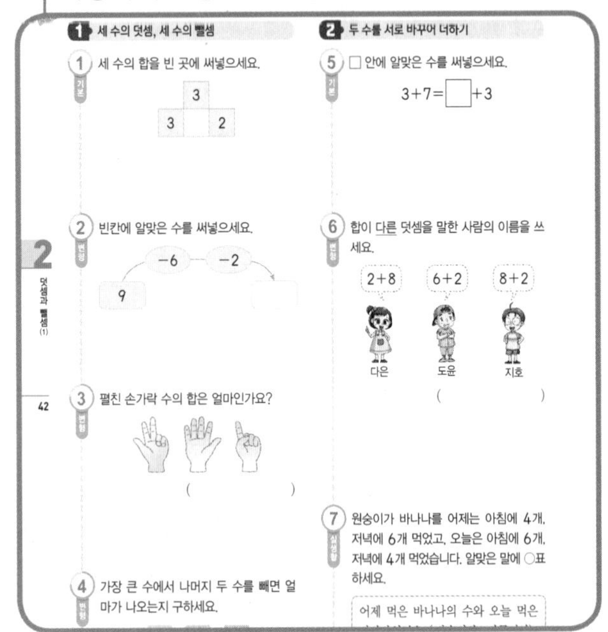
1 세 수의 덧셈, 세 수의 뺄셈

1 세 수의 합을 빈 곳에 써넣으세요.

2 빈칸에 알맞은 수를 써넣으세요.

9, −6, −2

3 펼친 손가락 수의 합은 얼마인가요?

4 가장 큰 수에서 나머지 두 수를 빼면 얼마가 나오는지 구하세요.

2 두 수를 서로 바꾸어 더하기

5 □ 안에 알맞은 수를 써넣으세요.

3+7=□+3

6 합이 다른 덧셈을 말한 사람의 이름을 쓰세요.

2+8 6+2 8+2

다은 도윤 지호

7 원숭이가 바나나를 어제는 아침에 4개, 저녁에 6개 먹었고, 오늘은 아침에 6개, 저녁에 4개 먹었습니다. 알맞은 말에 ○표 하세요.

하나의 유형을 실력 〉 변형 〉 레벨업 유형으로 반복해서 익힐 수 있는 구성

5 더해서 10이 되는 두 수 찾기

더해서 10이 되는 두 수는 1과 9, 2와 8, 3과 7, 4와 6, 5와 5입니다.

14 더해서 10이 되는 두 수를 찾아 ◯로 묶어 보세요.

1	3	7	5
4	2	0	5
6	1	9	2

15 더해서 10이 되는 두 수끼리 같은 색으로 색칠해 보세요.

16 더해서 10이 되는 두 수를 찾아 ◯로 묶고, 덧셈식을 쓰세요.

6 10을 만들어 세 수 더하기

10이 되는 더하기는 다음과 같습니다.

1+9=10	2+8=10	3+7=10
4+6=10	5+5=10	6+4=10
7+3=10	8+2=10	9+1=10

17 밑줄 친 두 수의 합이 10이 되도록 ◯ 안에 수를 써넣고 계산해 보세요.

4+◯+8=□

18 밑줄 친 두 수의 합이 10이 되도록 ◯ 안에 수를 써넣고 계산해 보세요.

◯+◯+7=□

19 수 카드를 2장씩 골라 덧셈식을 각각 완성해 보세요.

STEP 3 수학 독해력 유형

문제를 수학적으로 분석하고 문제 해결력을 기르는 유형

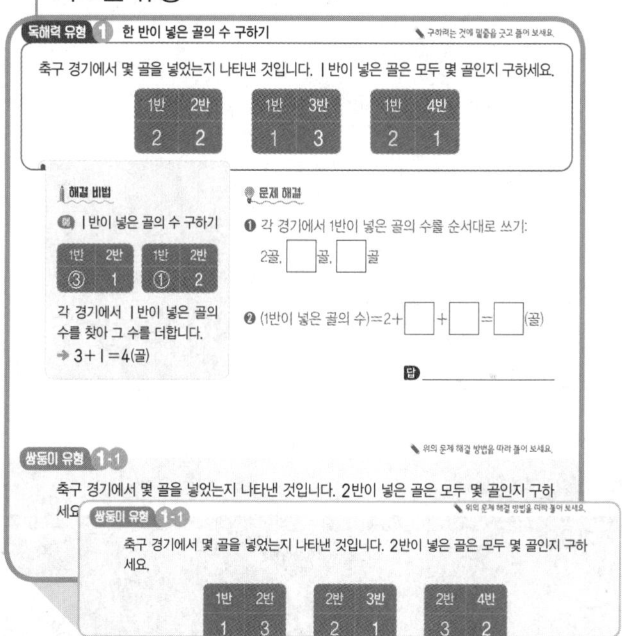
독해력 유형 1 한 반이 넣은 골의 수 구하기

축구 경기에서 몇 골을 넣었는지 나타낸 것입니다. 1반이 넣은 골은 모두 몇 골인지 구하세요.

1반	2반
2	2

1반	3반
1	3

1반	4반
2	1

해결 비법

1반이 넣은 골의 수 구하기

각 경기에서 1반이 넣은 골의 수를 찾아 그 수를 더합니다.
→ 3+1=4(골)

문제 해결

❶ 각 경기에서 1반이 넣은 골의 수를 순서대로 쓰기: 2골, □골, □골

❷ (1반이 넣은 골의 수)=2+□+□=□(골)

답 ______

쌍둥이 유형 1-1

축구 경기에서 몇 골을 넣었는지 나타낸 것입니다. 2반이 넣은 골은 모두 몇 골인지 구하세요.

1반	2반
1	3

2반	3반
2	1

2반	4반
3	2

유형 TEST

각 단원을 얼마나 잘 공부했는지 확인하는 유형 평가

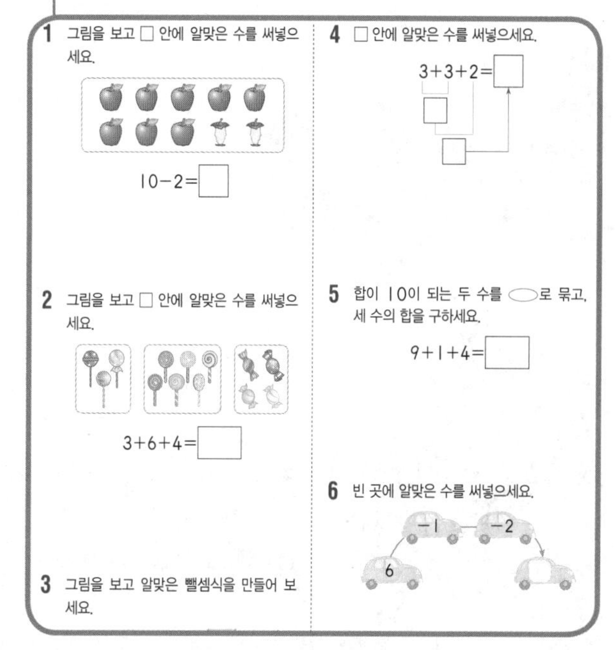
1 그림을 보고 □ 안에 알맞은 수를 써넣으세요.

10−2=□

2 그림을 보고 □ 안에 알맞은 수를 써넣으세요.

3+6+4=□

3 그림을 보고 알맞은 뺄셈식을 만들어 보세요.

4 □ 안에 알맞은 수를 써넣으세요.

3+3+2=□

5 합이 10이 되는 두 수를 ◯로 묶고, 세 수의 합을 구하세요.

9+1+4=□

6 빈 곳에 알맞은 수를 써넣으세요.

BOOK 2 보충북

응용력 향상 집중 연습

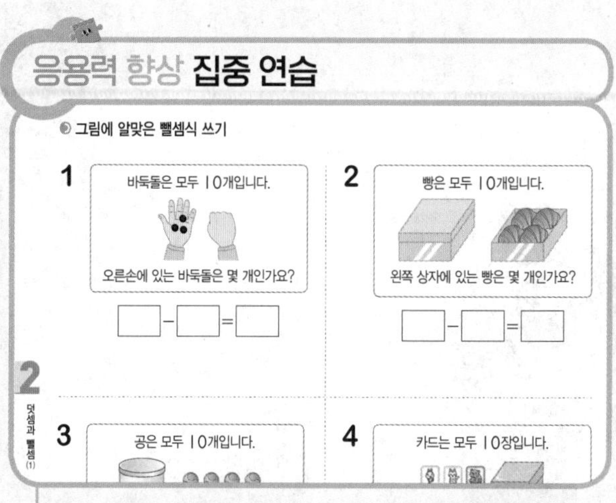
그림에 알맞은 뺄셈식 쓰기

1 바둑돌은 모두 10개입니다. 오른손에 있는 바둑돌은 몇 개인가요?

□−□=□

2 빵은 모두 10개입니다. 왼쪽 상자에 있는 빵은 몇 개인가요?

□−□=□

3 공은 모두 10개입니다.

4 카드는 모두 10장입니다.

응용 유형을 풀기 위한 워밍업 유형 반복 학습

창의·융합·코딩 학습

융합 헨젤과 그레텔의 집을 찾아줘!

길을 잃은 헨젤과 그레텔은 합이 10이 되는 곳을 지나가며 미로를 통과해 집을 찾아 가려고 합니다. 헨젤과 그레텔이 지나가야 하는 길을 따라 선을 그어 보세요.

합이 10이 되는 곳을 찾아보자!

3+7 1+8 3+5 7+2

특별 코너! 수학 교과 역량을 키우는 창의·융합·코딩 학습

I 100까지의 수

채소 나라에 오신 여러분 환영합니다.
신선한 채소들과 함께 한 칸씩 통과해 가면서 100까지의 수에 대해서 알아볼까요?

양파와 파는 친구!
난 채소일까? 과일일까?
출발!
10개씩 묶음 5개를 50 이라고 합니다.
토마토가 채소인지 과일인지 미국에서는 9년 동안 재판까지 했대. 결론은 토마토는 채소!!
더 많이 튼튼하게 더 많이 알 수 있게!!
큐알 코드를 찍으면 개념 학습 영상도 보고, 수학 게임도 할 수 있어요.

우리 브로콜리를 먹으면
골다공증, 암, 심장병 등을
예방하는 데 도움이 된대.
그럼 이제 가지!
90은
❶ 또는 아흔
이라고 읽습니다.
깔깔 유머 퀴즈
"오이가 무를
쳤다면??"
10개씩 묶음 7개와
낱개 5개는?
❷
자~ 이제
100까지의 수를
배우러 GO!
오이 무침
퍽-
퍽-
정답 확인 | ❶ 구십 ❷ 75

STEP 1

개념별 유형

개념 1 60, 70, 80, 90

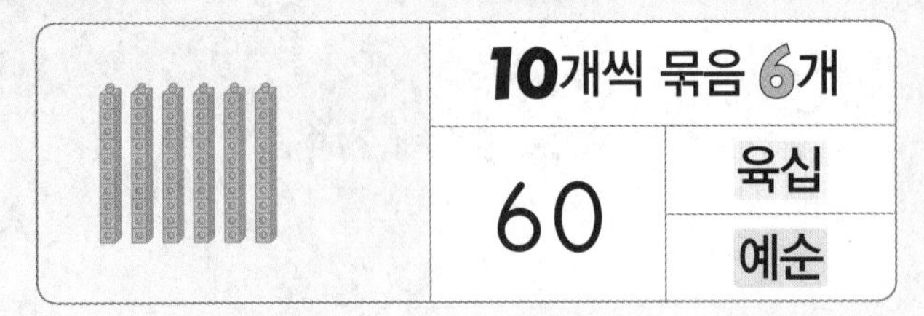

	10개씩 묶음 6개	
	60	육십
		예순

	10개씩 묶음 7개	
	70	칠십
		일흔

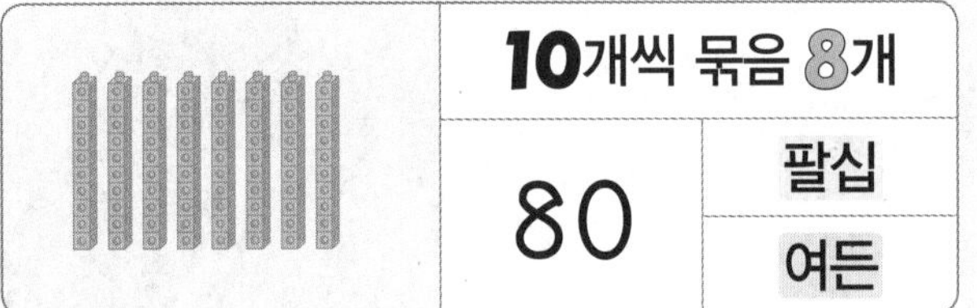

	10개씩 묶음 8개	
	80	팔십
		여든

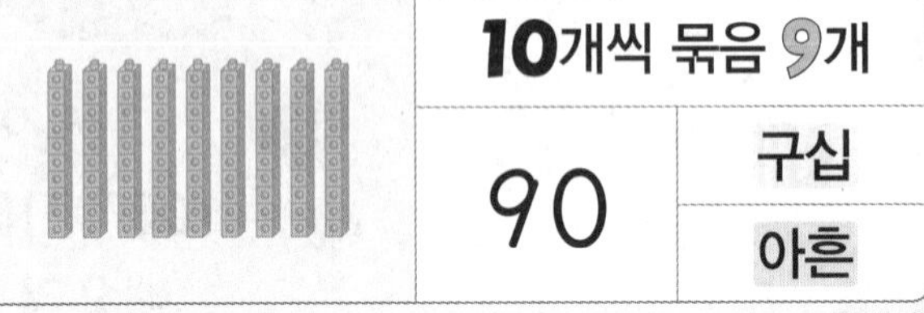

	10개씩 묶음 9개	
	90	구십
		아흔

개념 동영상

[1~2] 수를 세어 쓰세요.

1

10개씩 묶음 ☐개 → ☐

2

10개씩 묶음 ☐개 → ☐

[3~4] 수를 세어 쓰고 두 가지 방법으로 읽어 보세요.

3

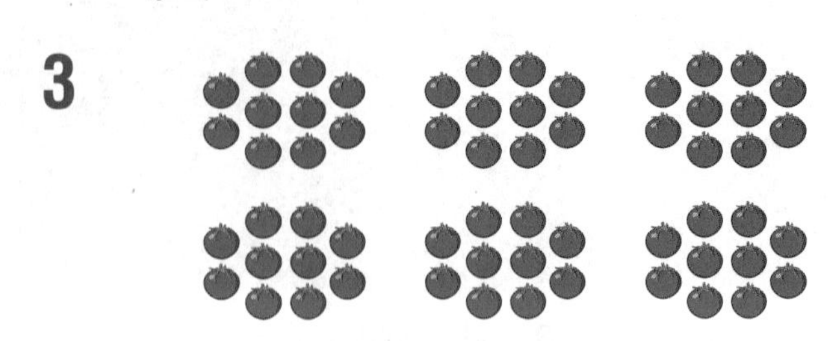

10개씩 묶음	낱개
	0

→ 쓰기 ☐

읽기 (   ), (   )

4

10개씩 묶음	낱개

→ 쓰기 ☐

읽기 (   ), (   )

5 알맞게 이어 보세요.

10개씩 묶음 7개 •	• 구십 •	• 일흔
10개씩 묶음 9개 •	• 칠십 •	• 아흔
10개씩 묶음 8개 •	• 팔십 •	• 여든

공부한 날 월 일

6 강당 안의 모습입니다. 의자는 모두 몇 개인가요?

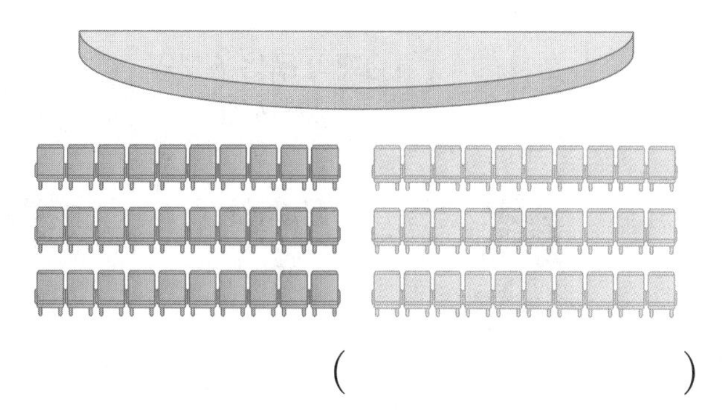

( )

의사소통

7 잘못 말한 사람의 이름을 쓰세요.

서준
70은 10개씩 묶음 7개야.

서아
80은 여든이라고 읽어.

건우
90은 일흔이라고 읽어.

( )

문제 해결

8 과일 가게에서 한 상자에 사과를 10개씩 담아 팔고 있습니다. 사과를 70개 사려면 몇 상자를 사야 하나요?

( )

개념 2 99까지의 수

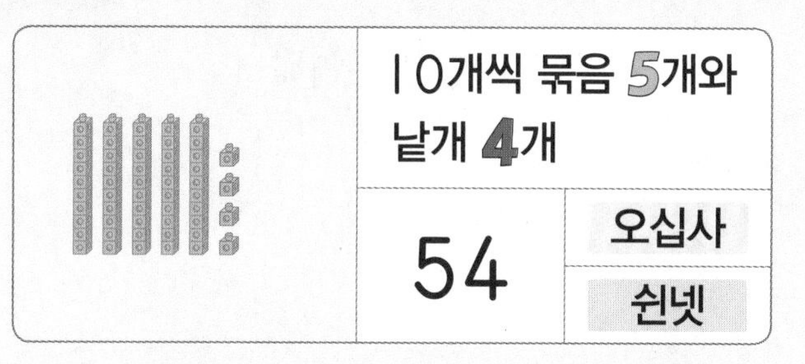

10개씩 묶음 5개와 낱개 4개 → 54 (오십사, 쉰넷)

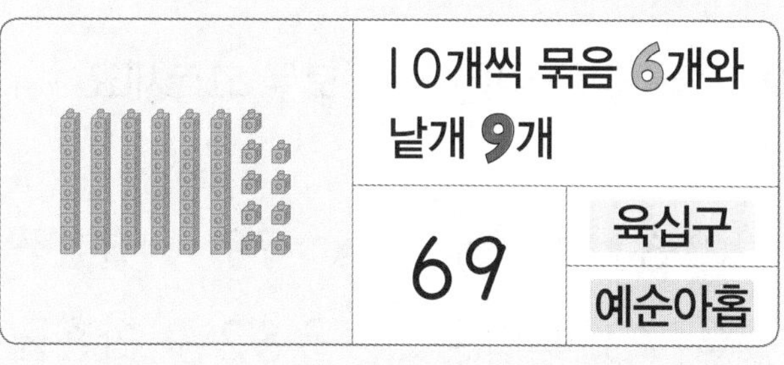

10개씩 묶음 6개와 낱개 9개 → 69 (육십구, 예순아홉)

주의 69를 '육십아홉', '예순구'라고 읽지 않도록 합니다.

[9~10] 수를 세어 쓰세요.

9

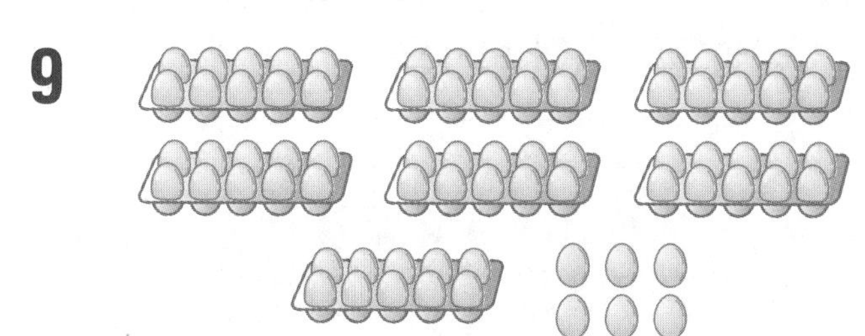

10개씩 묶음	낱개

→ ☐

10

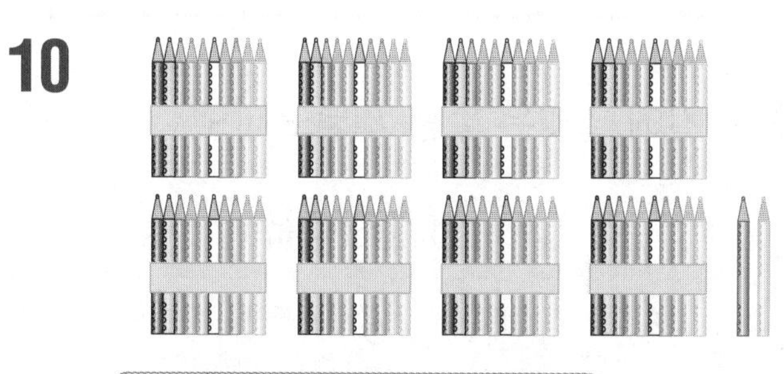

10자루씩 묶음	낱개

→ ☐

11 읽은 것을 수로 쓰세요.

일흔여덟

(　　　　　　　　)

12 수를 잘못 읽은 것을 모두 고르세요. (　　　　)

① 61 ➜ 예순일　② 79 ➜ 칠십구
③ 73 ➜ 일흔셋　④ 82 ➜ 아흔둘
⑤ 95 ➜ 구십오

13 연결 모형이 나타내는 수를 쓰고, 두 가지 방법으로 읽어 보세요.

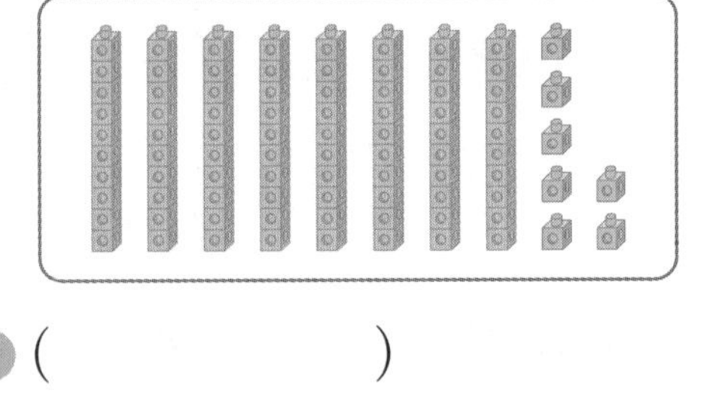

쓰기 (　　　　　　)
읽기 (　　　　　　), (　　　　　　)

14 빈칸에 알맞은 수를 써넣으세요.

수	10개씩 묶음	낱개
69	6	
92		2
	7	5

15 나타내는 수가 다른 것을 말한 사람에 ○표 하세요.

육십삼
10개씩 묶음 6개와 낱개 4개
예순넷

(　　)　(　　)　(　　)

16 수를 세어 □ 안에 써넣고, 알맞게 이어 보세요.

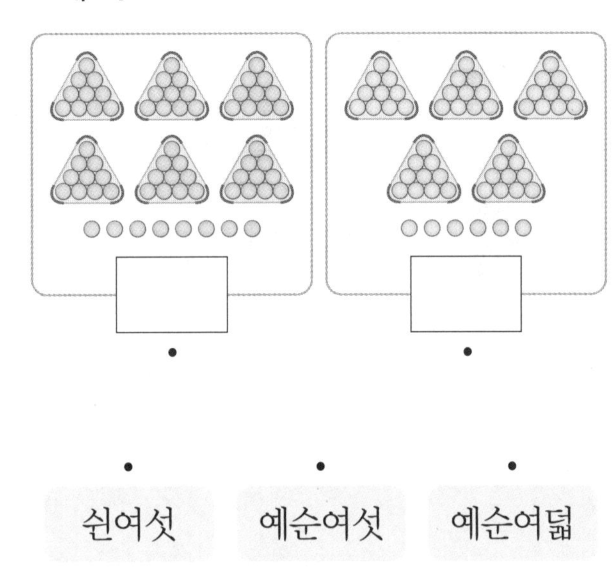

17 비스킷이 한 상자에 10개씩 9상자가 있고 낱개로 7개 있습니다. 비스킷은 모두 몇 개인가요?

(　　　　　　)

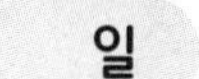

공부한 날 월 일

개념 3 수를 넣어 이야기하기

예 75를 넣어 이야기하기

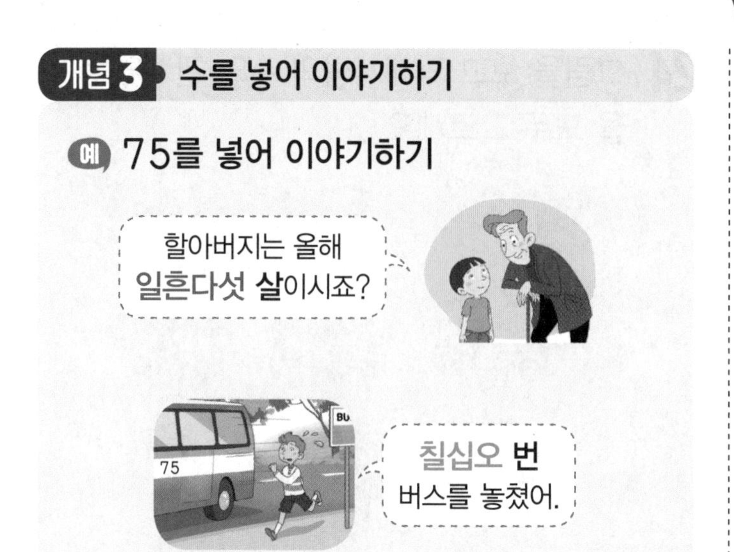

할아버지는 올해 일흔다섯 살이시죠?
75
칠십오 번 버스를 놓쳤어.

[18~19] 그림을 보고 수를 상황에 맞게 읽었으면 ○표, 그렇지 않으면 ×표 하세요.

18

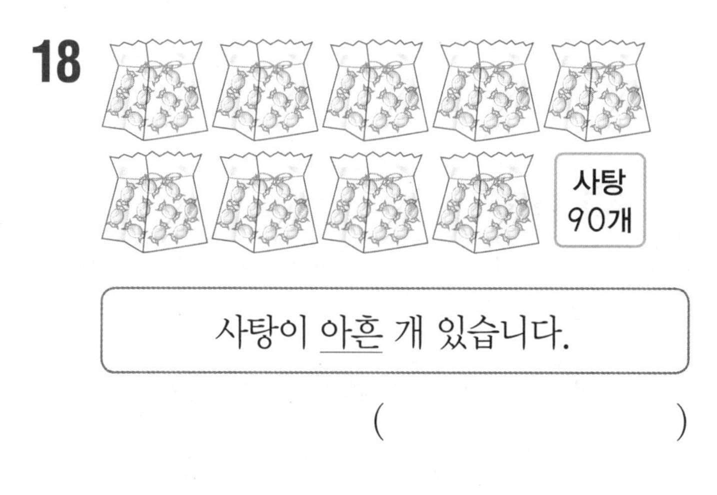

사탕이 아흔 개 있습니다.

( )

19

강천재 선수의 등 번호는 여든여덟 번 입니다.

( )

[20~21] 그림에서 수를 찾아 알맞게 읽어 보세요.

20

우리 집 주소는 해법로 [ ] (이)야.

21

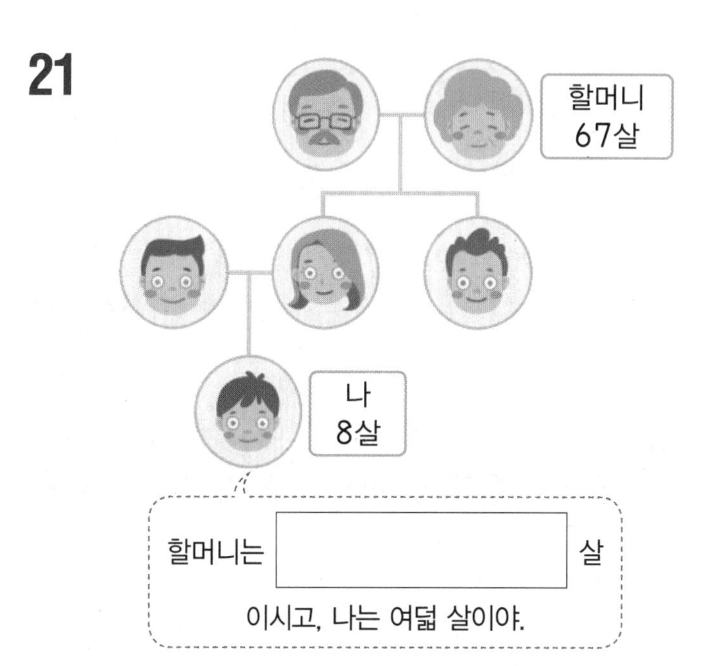

할머니는 [ ] 살이시고, 나는 여덟 살이야.

22 밑줄 친 것을 수로 쓰세요.

집 앞에서 번호가 구십구 번인 버스를 타고 음식점에 갔는데 사람이 많아서 쉰일곱 번째로 줄을 섰습니다.

구십구 번 → 쓰기 [ ] 번

쉰일곱 번째 → 쓰기 [ ] 번째

개념별 유형

개념 4 99까지의 수 세어 보기

① 10개씩 세어 묶고
② 10개씩 묶음의 수와 낱개의 수로 나타내어 수로 씁니다.

예 마카롱의 수를 세어 보기

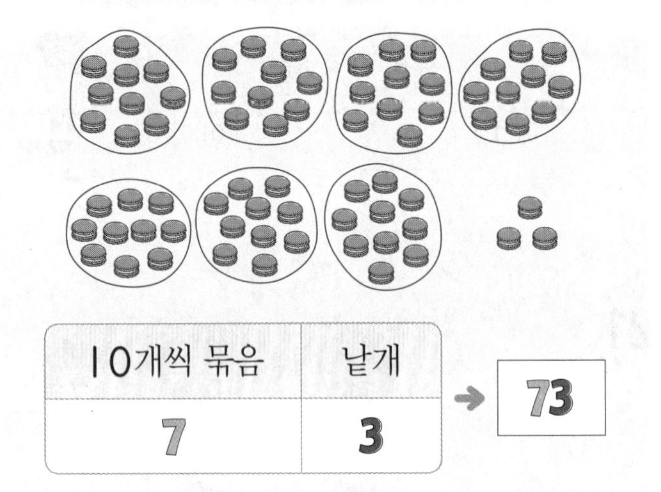

10개씩 묶음	낱개
7	3

➔ 73

➔ 마카롱은 모두 73개입니다.

23 공깃돌의 수를 세어 보려고 합니다. 공깃돌을 10개씩 묶어 보고, 빈칸에 알맞은 수를 써넣으세요.

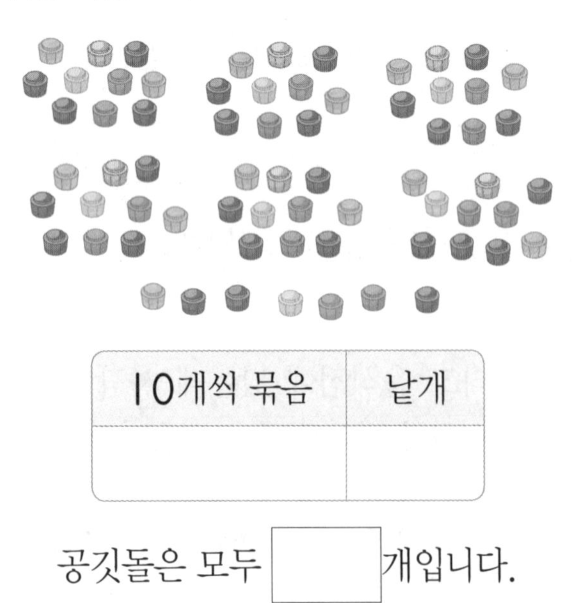

10개씩 묶음	낱개

공깃돌은 모두 ☐개입니다.

24 그림을 보고 막대사탕의 수와 관계있는 것을 모두 고르세요. (　　　　)

① 78　② 86　③ 팔십육
④ 여든여덟　⑤ 여든여섯

25 땅콩의 수를 세어 바르게 말한 사람의 이름을 쓰세요.

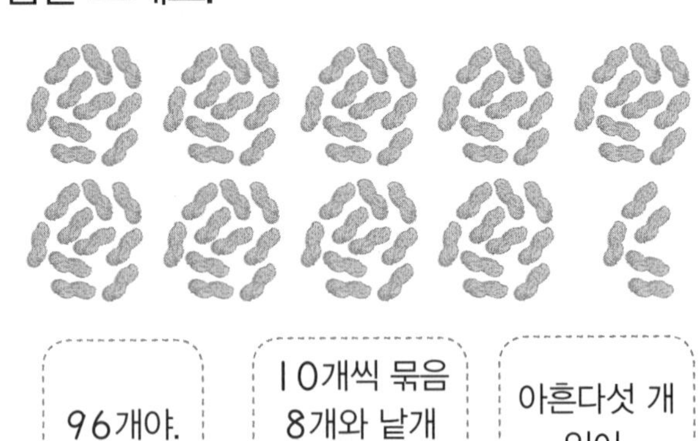

96개야.

10개씩 묶음 8개와 낱개 5개가 있어.

아흔다섯 개 있어.

민재　서준　은우

(　　　　　　)

❶~❹ 형성 평가

맞힌 문제 수 개/7개

공부한 날 월 일

[1~2] 구슬의 수를 세어 쓰세요.

1

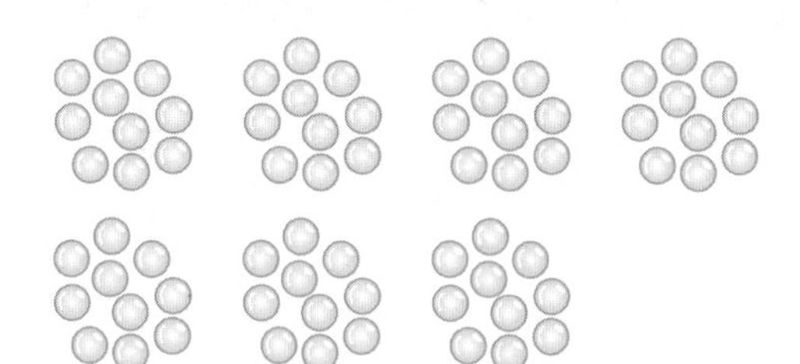

10개씩 묶음	낱개

➔ ☐

2

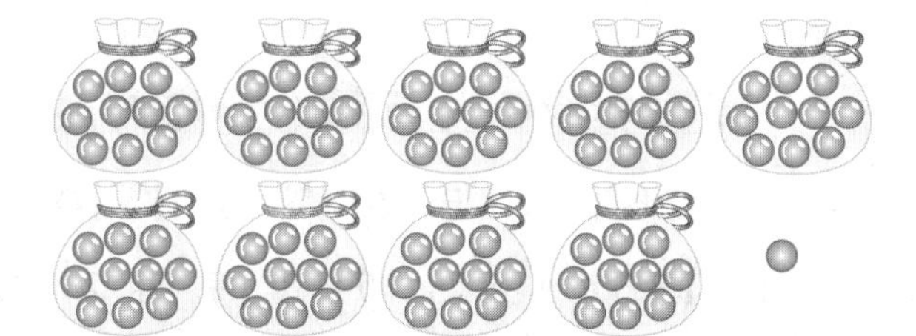

10개씩 묶음	낱개

➔ ☐

3 알맞게 이어 보세요.

오십삼 •	• 53 •	• 예순넷
육십사 •	• 72 •	• 쉰셋
칠십이 •	• 64 •	• 일흔둘

[4~5] 다음에서 밑줄 친 것을 수로 쓰세요.

4

준수가 좋아하는 야구 선수의 등 번호는 육십 번입니다.

( )

5

승연이가 훌라후프를 돌린 횟수는 여든 번입니다.

( )

6 98을 나타내는 것을 모두 찾아 기호를 쓰세요.

㉠ 구십팔
㉡ 일흔여덟
㉢ 10개씩 묶음 9개와 낱개 8개

( )

7 밑줄 친 수를 상황에 맞게 읽어 보세요.

가게가 생긴지 77년이 된 기념으로 손님들에게 음료를 드립니다.

77년 ➔ 읽기 ☐ 년

STEP 1

개념별 유형

개념 5 수의 순서

1씩 커짐.

10씩 커짐.

51	52	53	54	55	56	57	58	59	60
61	62	63	64	65	66	67	68	69	70
71	72	73	74	75	76	77	78	79	80
81	82	83	**84**	**85**	**86**	87	88	89	90
91	92	93	94	95	96	97	98	99	100

85보다 1만큼 더 작은 수: **84**

85보다 1만큼 더 큰 수: **86**

1만큼 더 작은 수는 바로 앞의 수야.

1만큼 더 큰 수는 바로 뒤의 수야.

1 □ 안에 알맞은 수를 써넣으세요.

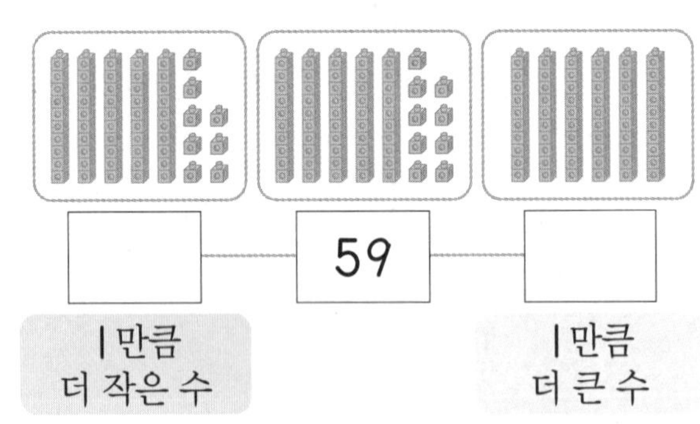

2 왼쪽의 수보다 1만큼 더 작은 수를 찾아 ○표 하세요.

68 — 70 69 67 86

3 □ 안에 알맞은 수를 써넣으세요.

(1) 72보다 1만큼 더 큰 수는 □입니다.

(2) 96보다 1만큼 더 작은 수는 □입니다.

실생활 연결

4 좌석 배치도를 보고 빈칸에 알맞은 수를 써넣으세요.

무대

1 2 3 4 5 6 7 8 9 10 11

12 13 14 15 16 17 18 19 20 21 22

23 24 25 26 27 28 29 30 31 32 33

⋮

78 79 82 83 87 88

□ □ 82 83 □ □ □

5 빈칸에 알맞은 수를 써넣으세요.

53	54	55	56		58
59	60			63	64
65	66		68	69	

6 75부터 시작하여 수를 순서대로 이어 보세요.

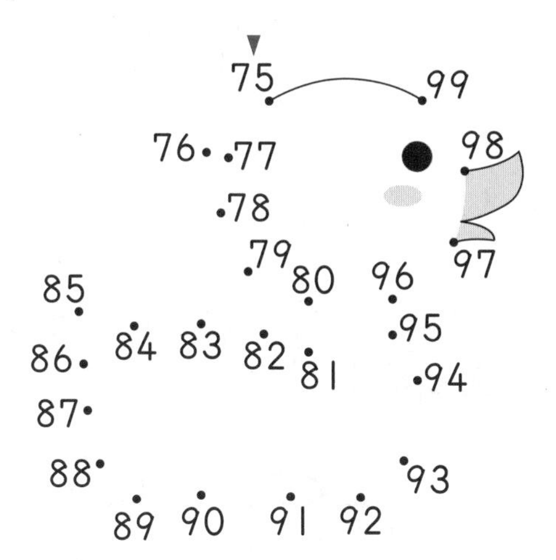

7 잘못 말한 사람을 찾아 이름을 쓰고, 바르게 고쳐 보세요.

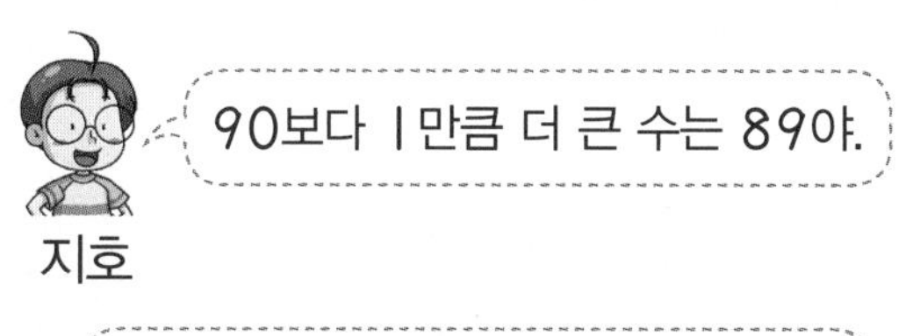

90보다 1만큼 더 큰 수는 89야.
지호

74보다 1만큼 더 작은 수는 73이야.
도윤

이름 ____________________

바르게 고치기 ____________________

8 수의 순서를 생각하여 알맞은 곳을 찾아 이어 보세요.

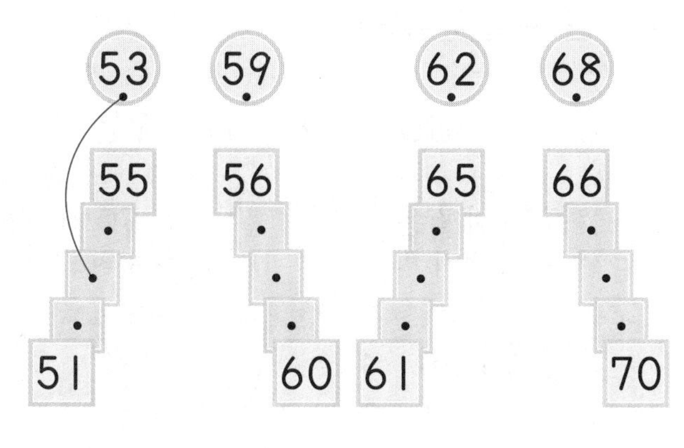

개념 6 100 알아보기

99보다 1만큼 더 큰 수	
100	백

참고 수를 순서대로 세었을 때
99 바로 뒤의 수는 **100**입니다.

9 빈칸에 알맞은 수는 얼마인지 쓰고 읽어 보세요.

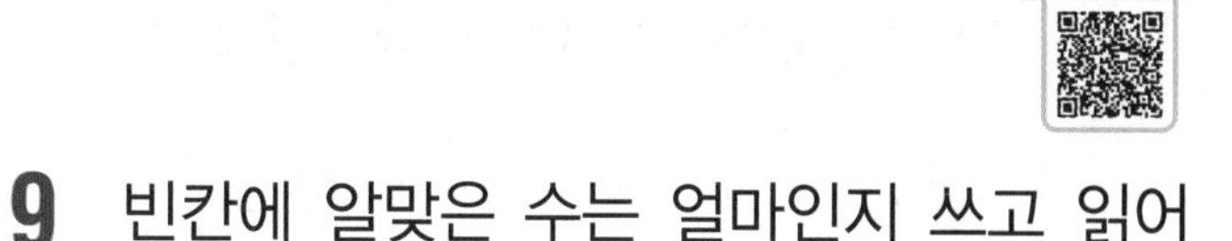

쓰기 (   )

읽기 (   )

10 나타내는 수가 다른 것을 찾아 기호를 쓰세요.

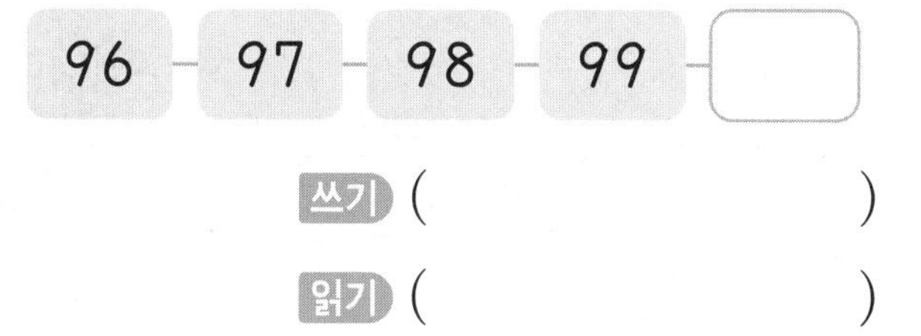

㉠ 백
㉡ 99보다 1만큼 더 큰 수
㉢ 99보다 1만큼 더 작은 수

(   )

실생활 연결

11 윤아네 학교 여학생은 99명이었는데 여학생 한 명이 전학을 왔습니다. 윤아네 학교 여학생은 몇 명이 되었나요?

(   )

개념 7 수의 크기 비교 (1) → 10개씩 묶음의 수가 다른 경우

예 73과 57의 크기 비교하기

수	10개씩 묶음	낱개
73		
57		

73은 57보다 큽니다. ➔ 73>57
57은 73보다 작습니다. ➔ 57<73

>, <는 더 큰 수 쪽으로 벌어지도록 나타내.

10개씩 묶음의 수가 클수록 큰 수입니다.

개념 동영상

12 연결 모형을 보고 더 큰 수에 ○표 하세요.

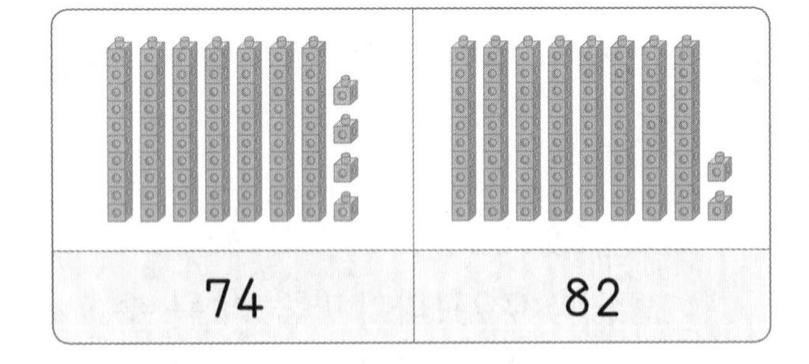

13 ○ 안에 >, <를 알맞게 써넣고, 알맞은 말에 ○표 하세요.

97 ○ 84

97은 84보다 (큽니다 , 작습니다).
84는 97보다 (큽니다 , 작습니다).

14 더 작은 수에 색칠해 보세요.

90	77

15 두 수의 크기를 잘못 비교한 것을 찾아 △표 하세요.

62<70 (　　　)

91<85 (　　　)

88>66 (　　　)

16 윤아는 자두를 60개 땄고, 준우는 55개 땄습니다. 윤아와 준우 중 자두를 더 많이 딴 사람의 이름을 쓰세요.

(　　　　　)

정보처리

17 주어진 수의 크기를 비교하여 빈칸에 알맞은 수를 써넣으세요.

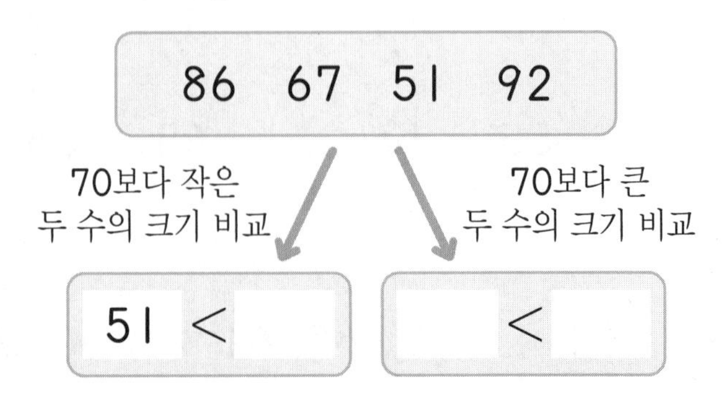

개념 8 수의 크기 비교 (2)→10개씩 묶음의 수가 같은 경우

예 82와 86의 크기 비교하기

수	10개씩 묶음	낱개
82		
86		

82<86

읽기 82는 86보다 작습니다.
86은 82보다 큽니다.

10개씩 묶음의 수가 같으면
낱개의 수가 클수록 큰 수입니다.

개념 동영상

18 수직선을 보고 ○ 안에 >, <를 알맞게 써넣으세요.

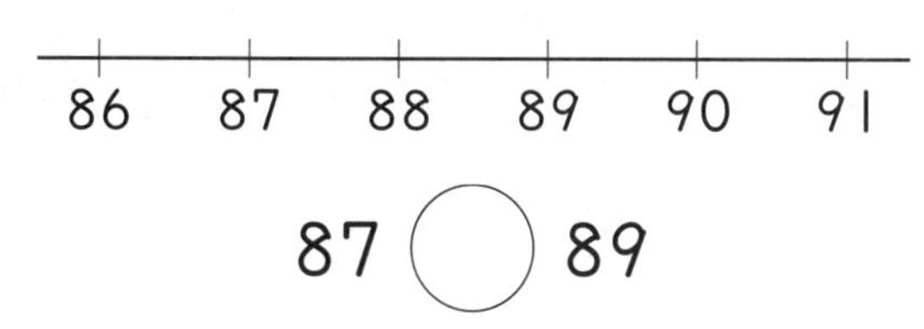

87 ○ 89

19 ○ 안에 >, <를 알맞게 써넣으세요.

(1) 75 ○ 76

(2) 97 ○ 94

20 수를 세어 □ 안에 써넣고, ○ 안에 >, <를 알맞게 써넣으세요.

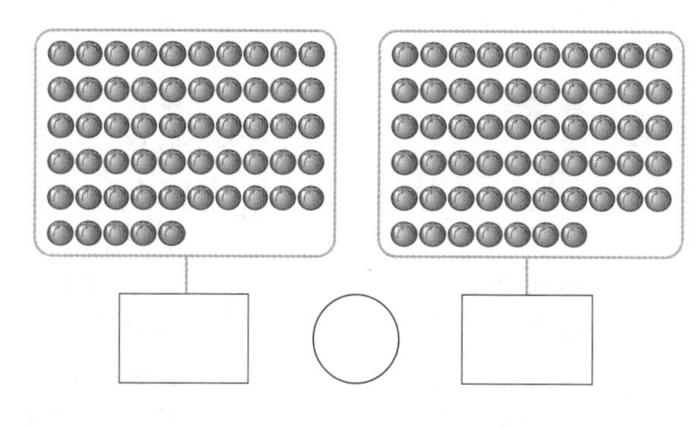

□ ○ □

21 왼쪽의 수보다 큰 수를 모두 찾아 ○표 하세요.

67 — 59 69 61 80

22 만두 가게에서 고기만두를 59접시, 김치만두를 51접시 팔았습니다. 고기만두와 김치만두 중 어느 것을 더 적게 팔았나요?

( )

23 가장 작은 수를 따라가면 다은이네 집이 나옵니다. 다은이네 집을 찾아 ○표 하세요.

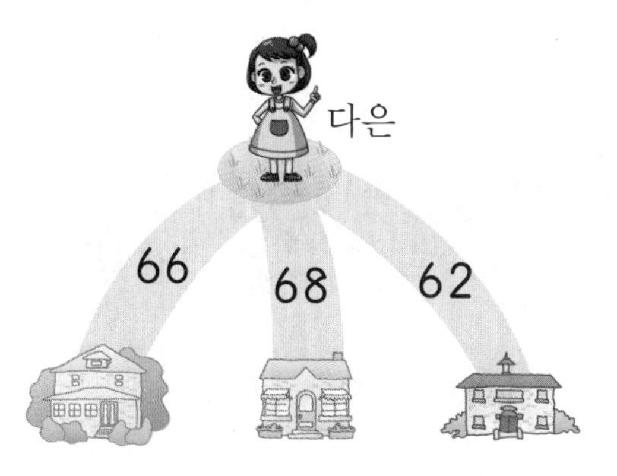

개념 9 짝수와 홀수

1	●	2	●●
3	●●●	4	●●●●
5	●●●●●	6	●●●●●●
7	●●●●●●●	8	●●●●●●●●
9	●●●●●●●●●	10	●●●●●●●●●●
11	●●●●●●●●●●●	12	●●●●●●●●●●●●

└ 둘씩 짝을 지을 때 하나가 남는 수

└ 둘씩 짝을 지을 때 남는 것이 없는 수

짝수: 2, 4, 6, 8, 10, 12와 같은 수

홀수: 1, 3, 5, 7, 9, 11과 같은 수

낱개의 수가 0, 2, 4, 6, 8이면 짝수이고,
낱개의 수가 1, 3, 5, 7, 9이면 홀수야.

개념 동영상

[24~25] 둘씩 짝을 지어 보고, 짝수인지 홀수인지 ○표 하세요.

24

6은 (짝수 , 홀수)입니다.

25

13은 (짝수 , 홀수)입니다.

26 수박을 상자에 담아 포장하고 있습니다. 알맞은 말에 ○표 하세요.

수박의 수는 (짝수 , 홀수)입니다.
상자의 수는 (짝수 , 홀수)입니다.

27 □ 안에 각 동물의 수를 써넣고, 짝수인지 홀수인지 ○표 하세요.

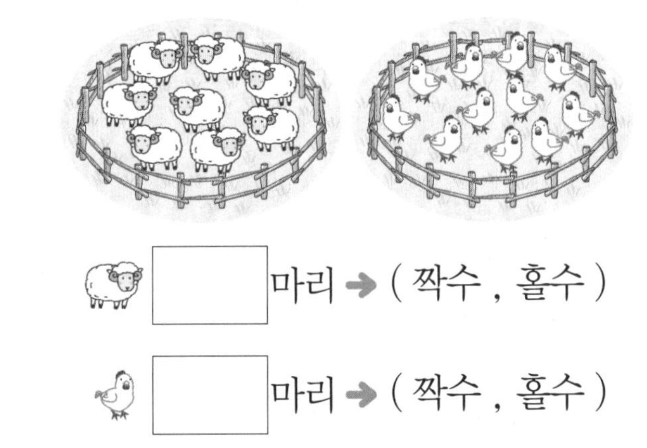

(양) □ 마리 → (짝수 , 홀수)

(닭) □ 마리 → (짝수 , 홀수)

정보처리

28 짝수만 모여 있는 상자를 찾아 ○표 하세요.

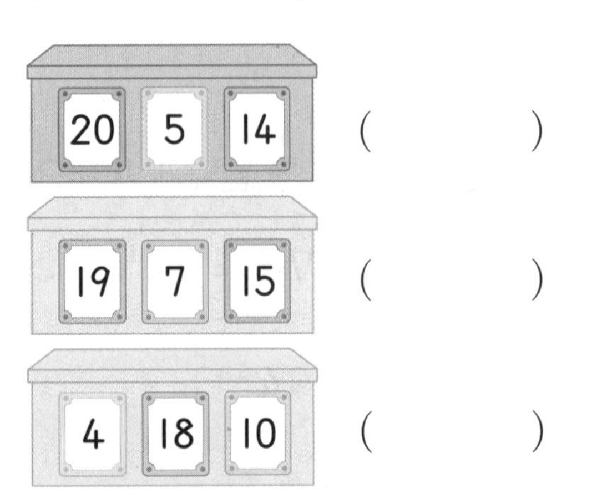

(　　　)

(　　　)

(　　　)

5~9 형성 평가

맞힌 문제 수 개/7개

공부한 날 월 일

1 빈 곳에 알맞은 수를 써넣으세요.

(1)

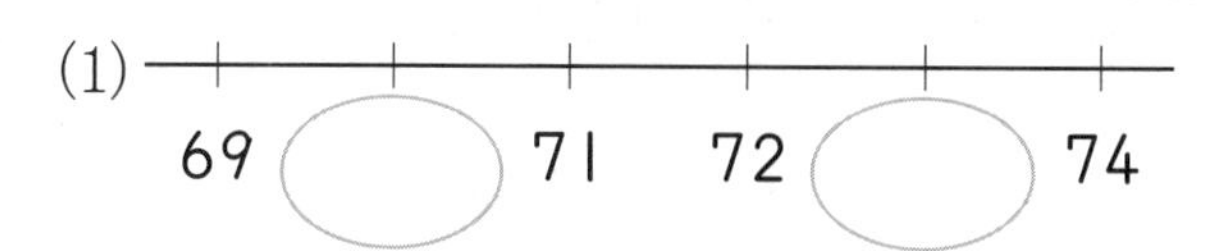

(2)

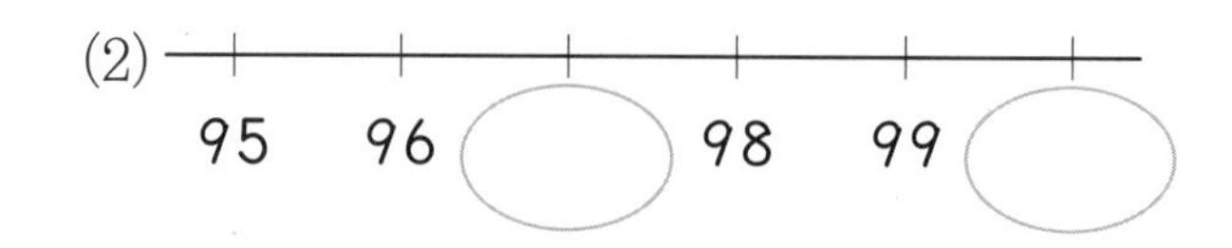

2 빈칸에 알맞은 수를 써넣으세요.

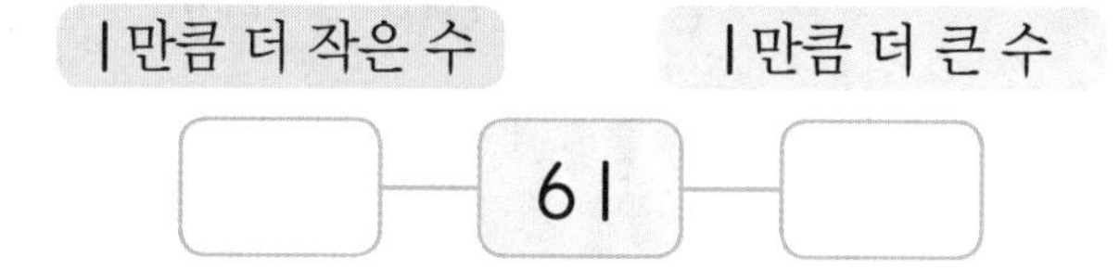

3 수의 순서를 생각하여 빈 곳에 알맞은 수를 써넣으세요.

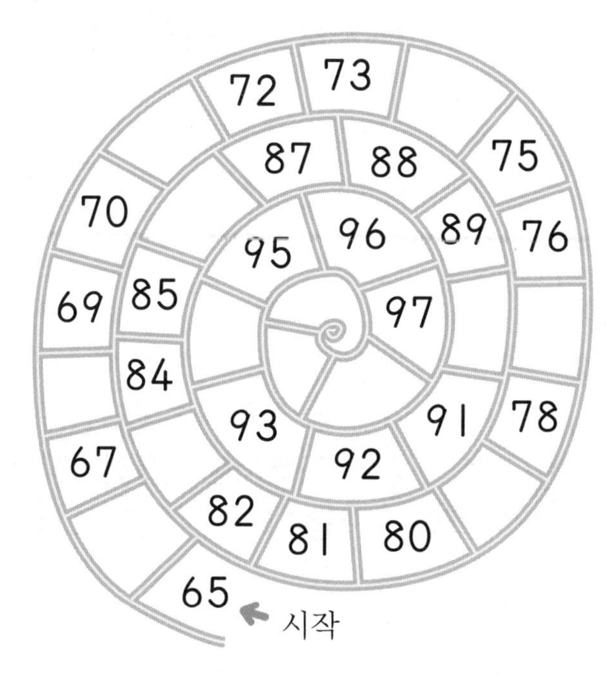

4 ○ 안에 >, <를 알맞게 써넣으세요.

(1)

(2) 90 ○ 93

5 짝수는 빨간색으로, 홀수는 노란색으로 칠해 보세요.

6 85보다 작은 수를 모두 찾아 ○표 하세요.

93	77	64	88

7 현서가 동전 노래방에 가서 노래를 불렀더니 점수가 100점보다 1점만큼 더 적게 나왔습니다. 현서의 점수는 몇 점인가요?

( )

STEP 2 꼬리를 무는 유형

1 순서를 거꾸로 하여 수를 쓰기

1 기본

91부터 순서를 거꾸로 하여 빈칸에 알맞은 수를 써넣으세요.

91			88

2 변형

79부터 순서를 거꾸로 하여 빈 곳에 알맞은 수를 써넣으세요.

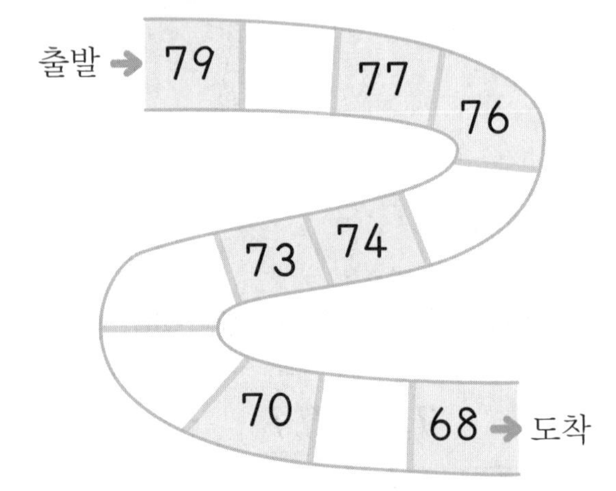

3 변형

수 카드를 순서를 거꾸로 하여 놓으려고 합니다. 58이 쓰여 있는 수 카드를 놓을 자리를 찾아 ○표 하세요.

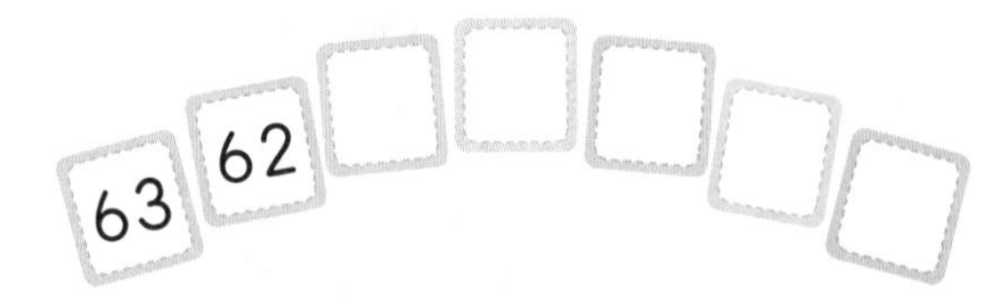

2 수의 크기 비교하기

4 기본

더 큰 수에 ○표 하세요.

74	71

5 변형

큰 수부터 순서대로 쓰세요.

80 64 69

(   )

6 실생활

수학 점수가 현아는 80점이고, 경수는 85점입니다. 현아와 경수 중 수학 점수가 더 높은 사람의 이름을 쓰세요.

(   )

7 실생활

지우의 가족 중 할머니는 68살, 할아버지는 72살, 아버지는 47살입니다. 먼저 태어난 사람부터 순서대로 쓰세요.

(   )

3 수를 세어 알아보기

8 기본

그림을 보고 잘못 말한 사람의 이름을 쓰세요.

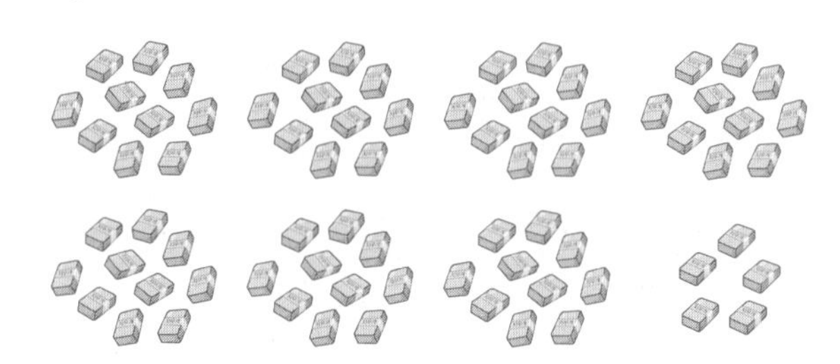

태겸: 지우개는 쉰일곱 개 있어.
지윤: 지우개는 10개씩 묶음 7개와 낱개 5개야.
다현: 지우개의 수는 홀수야.

( )

9 실생활

오늘은 할머니의 생신입니다. 케이크에 할머니의 연세만큼 초를 꽂으려고 다음과 같이 초를 준비했습니다. 바르게 말한 사람의 이름을 쓰세요.

긴 초 한 개는 10살을 나타내고, 짧은 초 한 개는 1살을 나타내.

윤아: 짧은 초가 6개, 긴 초가 2개야.
지윤: 할머니는 스물여섯 살이셔.
다현: 오늘은 할머니의 예순두 번째 생신이야.

( )

4 두 수 사이에 있는 수 구하기

10 기본

78과 82 사이에 있는 수를 빈칸에 써넣으세요.

78				82

11 변형

59와 64 사이에 있는 수는 모두 몇 개인가요?

( )

12 변형

63보다 크고 67보다 작은 수를 모두 쓰세요.

( )

13 실생활

우체국에서 한 사람이 1장씩 번호표를 뽑았습니다. 준석이의 번호표는 87번, 영미의 번호표는 90번입니다. 준석이와 영미 사이에 번호표를 뽑은 사람은 모두 몇 명인가요?

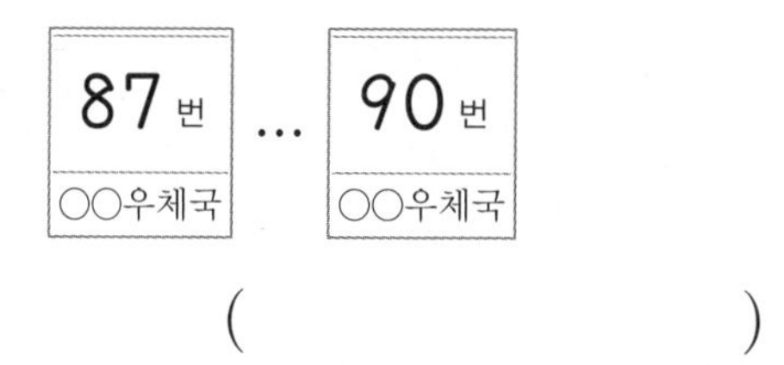

( )

꼬리를 무는 유형

5 짝수와 홀수 구하기

• 낱개의 수가 **0, 2, 4, 6, 8**이면 짝수입니다.
• 낱개의 수가 **1, 3, 5, 7, 9**이면 홀수입니다.

14 실력 30부터 40까지의 수 중에서 홀수를 모두 쓰세요.

(　　　　　　　　)

15 변형 조건을 만족하는 수를 모두 쓰세요.

조건
• 55부터 67까지의 수입니다.
• 짝수입니다.

(　　　　　　　　)

16 레벨업 다음 수는 홀수입니다. 0부터 9까지의 수 중에서 □ 안에 들어갈 수 있는 수는 모두 몇 개인가요?

8□

(　　　　　　　　)

6 1만큼 더 큰 수와 1만큼 더 작은 수의 관계

예 □보다 1만큼 더 큰 수가 75일 때 □ 구하기

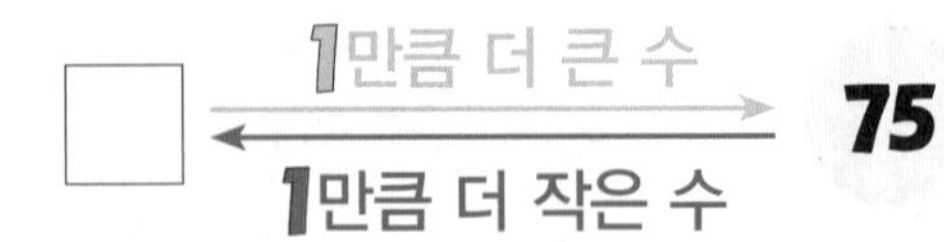

➔ □는 75보다 1만큼 더 작은 수인 74입니다.

17 실력 □ 안에 알맞은 수를 구하세요.

□보다 1만큼 더 큰 수는 88입니다.

(　　　　　　　　)

18 변형 □ 안에 알맞은 수를 구하세요.

□보다 1만큼 더 작은 수는 69입니다.

(　　　　　　　　)

19 레벨업 □ 안에 알맞은 수가 가장 큰 것을 찾아 기호를 쓰세요.

㉠ □보다 1만큼 더 큰 수는 95
㉡ □보다 1만큼 더 작은 수는 92
㉢ 94보다 1만큼 더 큰 수는 □

(　　　　　　　　)

7 □ 안에 들어갈 수 있는 수 구하기

- 10개씩 묶음의 수가 클수록 큰 수입니다.
- 10개씩 묶음의 수가 같으면 낱개의 수가 클수록 큰 수입니다.

20 실력 0부터 9까지의 수 중에서 □ 안에 들어갈 수 있는 수를 모두 구하세요.

87<8□

( )

21 변형 0부터 9까지의 수 중에서 □ 안에 들어갈 수 있는 수를 모두 구하세요.

6□<64

( )

22 레벨업 1부터 9까지의 수 중에서 □ 안에 들어갈 수 있는 가장 큰 수를 구하세요.

□9<72

( )

8 모두 몇 개인지 구하기

낱개 10개는 10개씩 묶음 1개와 같습니다.

10개씩 묶음	낱개
4	16

=

10개씩 묶음	낱개
4+1=5	6

낱개 10개=10개씩 묶음 1개

23 실력 꿀떡이 10개씩 묶음 5봉지와 낱개 15개가 있습니다. 꿀떡은 모두 몇 개인가요?

( )

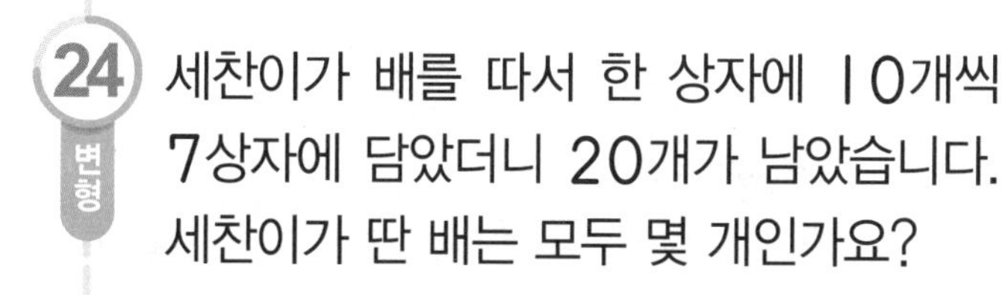

24 변형 세찬이가 배를 따서 한 상자에 10개씩 7상자에 담았더니 20개가 남았습니다. 세찬이가 딴 배는 모두 몇 개인가요?

( )

25 레벨업 윤재가 딸기를 사 와서 한 접시에 10개씩 6접시에 담았더니 다음과 같이 딸기가 남았습니다. 사 온 딸기는 모두 몇 개인가요?

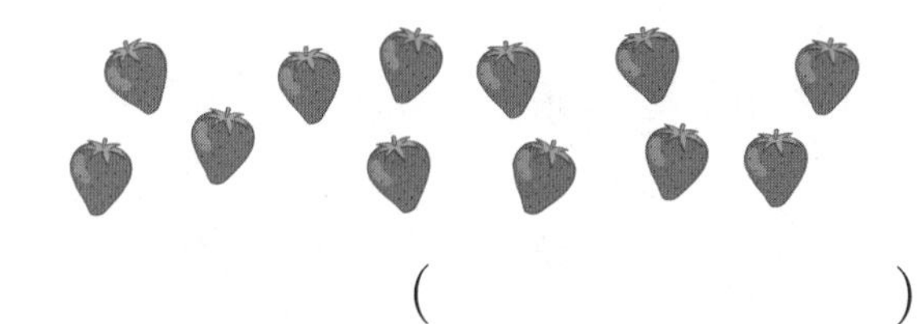

( )

STEP 3

수학 독해력 유형

독해력 유형 1 세 수의 크기 비교의 활용

구하려는 것에 밑줄을 긋고 풀어 보세요.

주하가 일정한 걸음으로 학교에서 학원, 공원, 문구점까지 각각 가는 데 걸은 걸음 수입니다. 학교에서 가장 먼 곳은 어디인지 구하세요.

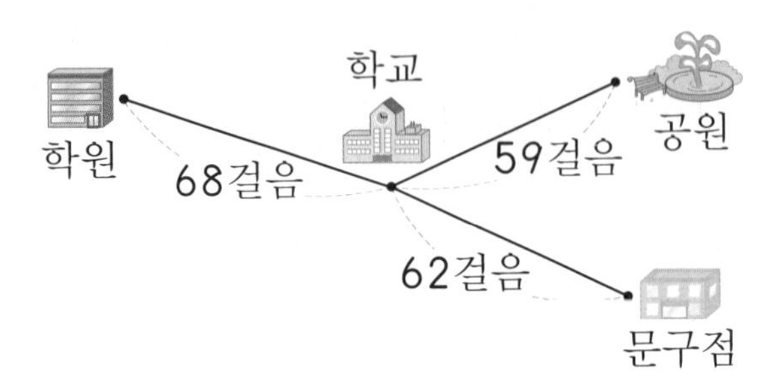

해결 비법

- 걸은 걸음 수가 많을수록 더 멉니다.
- 걸은 걸음 수가 적을수록 더 가깝습니다.

문제 해결

❶ 가장 먼 곳을 찾으려면 걸음 수 중 가장 (큰 , 작은) 수를 찾아야 합니다. (알맞은 말에 ○표 하기)

❷ 걸음 수의 크기 비교하기: ☐ < ☐ < ☐

❸ 학교에서 가장 먼 곳: ☐

답 ____________

쌍둥이 유형 1-1

위의 문제 해결 방법을 따라 풀어 보세요.

다윤이가 일정한 걸음으로 집에서 병원, 편의점, 분식집까지 각각 가는 데 걸은 걸음 수입니다. 다윤이네 집에서 가장 가까운 곳은 어디인가요?

병원	편의점	분식집
83걸음	70걸음	87걸음

따라 풀기 ❶

❷

❸

답 ____________

공부한 날 월 일

독해력 유형 2 개수 구하기

구하려는 것에 밑줄을 긋고 풀어 보세요.

세아네 집 냉장고에 요구르트가 10개씩 묶음 8개와 낱개 2개가 있습니다. 그중 10개씩 묶음 3개를 먹었습니다. 남은 요구르트는 몇 개인지 구하세요.

해결 비법

귤 10개씩 묶음 5개 중에서

10개씩 묶음 2개를 먹으면?

↓

남은 귤은 10개씩 묶음 5−2=3(개)입니다.
➔ 남은 귤: 30개

문제 해결

❶ 남은 요구르트 나타내기:

10개씩 묶음 8−3=☐(개)와 낱개 ☐개입니다.

❷ 남은 요구르트의 수: ☐개

답 ____________

쌍둥이 유형 2-1

위의 문제 해결 방법을 따라 풀어 보세요.

수족관에 열대어가 10마리씩 묶음 9개와 낱개 6마리가 있습니다. 그중 10마리씩 묶음 2개를 팔았습니다. 남은 열대어는 몇 마리인가요?

따라 풀기 ❶

❷

답 ____________

쌍둥이 유형 2-2

주훈이네 집에 즉석밥이 10개씩 묶음 1상자와 낱개 5개가 있습니다. 마트에서 10개씩 묶음 5상자를 더 사 왔습니다. 지금 주훈이네 집에 있는 즉석밥은 몇 개인가요?

따라 풀기 ❶

❷

답 ____________

수학 독해력 유형

독해력 유형 3 수 카드로 몇십몇 만들기

구하려는 것에 밑줄을 긋고 풀어 보세요.

3장의 수 카드 3, 8, 5 중에서 2장을 골라 한 번씩 사용하여 몇십몇을 만들려고 합니다. 가장 큰 수를 만들어 보세요.

해결 비법

예 1, 2, 3 중 2장을 사용하여 몇십몇 만들기

- 가장 큰 수: 3 2
  - 큰 수부터 순서대로 놓아 만듭니다.
- 가장 작은 수: 1 2
  - 작은 수부터 순서대로 놓아 만듭니다.

문제 해결

❶ 수 카드의 수의 크기 비교하기: ☐ > ☐ > ☐

❷ 가장 큰 몇십몇을 만들려면 10개씩 묶음의 수에 (3 , 8 , 5)을/를 놓고, 낱개의 수에 (3 , 8 , 5)을/를 놓아야 합니다. (알맞은 수에 ○표 하기)

➔ 만들 수 있는 가장 큰 수: ☐

답 ______________

쌍둥이 유형 3-1

위의 문제 해결 방법을 따라 풀어 보세요.

4장의 수 카드 8, 4, 9, 1 중에서 2장을 골라 한 번씩 사용하여 몇십몇을 만들려고 합니다. 가장 큰 수를 만들어 보세요.

따라 풀기 ❶

❷

답 ______________

쌍둥이 유형 3-2

4장의 수 카드 9, 6, 7, 8 중에서 2장을 골라 한 번씩 사용하여 몇십몇을 만들려고 합니다. 가장 작은 수를 만들어 보세요.

따라 풀기 ❶

❷

답 ______________

공부한 날 월 일

독해력 유형 4 조건을 만족하는 수 구하기

구하려는 것에 밑줄을 긋고 풀어 보세요.

조건을 모두 만족하는 수를 구하세요.

조건
- 10개씩 묶음의 수가 8입니다.
- 83보다 작은 수입니다.
- 홀수입니다.

해결 비법

예 10개씩 묶음의 수가 8일 때

10개씩 묶음	낱개
8	

낱개의 수는 0부터 9까지 될 수 있어.

문제 해결

❶ 10개씩 묶음의 수가 8인 수: 80부터 ☐까지의 수

❷ 위 ❶에서 구한 수 중 83보다 작은 수: ______

❸ 위 ❷에서 구한 수 중 홀수: ☐

➔ 조건을 모두 만족하는 수: ☐

답 ______

쌍둥이 유형 4-1

위의 문제 해결 방법을 따라 풀어 보세요.

조건을 모두 만족하는 수는 몇 개인가요?

조건
- 10개씩 묶음의 수가 6입니다.
- 65보다 큰 수입니다.
- 짝수입니다.

따라 풀기 ❶

❷

❸

답 ______

유형TEST

1 연결 모형을 보고 ☐ 안에 알맞은 수를 써넣으세요.

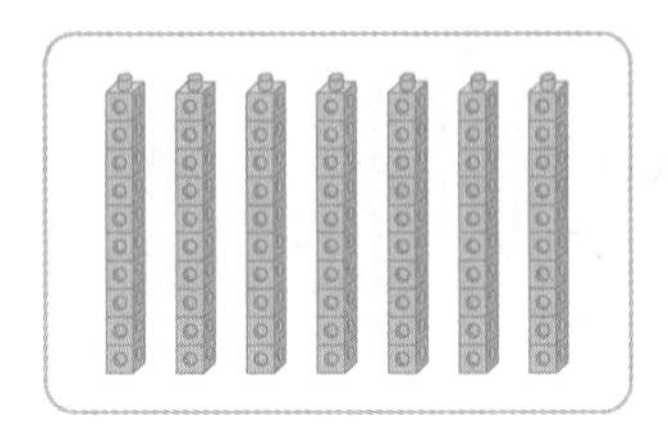

10개씩 묶음 7개를 ☐(이)라고 합니다.

2 수를 세어 쓰세요.

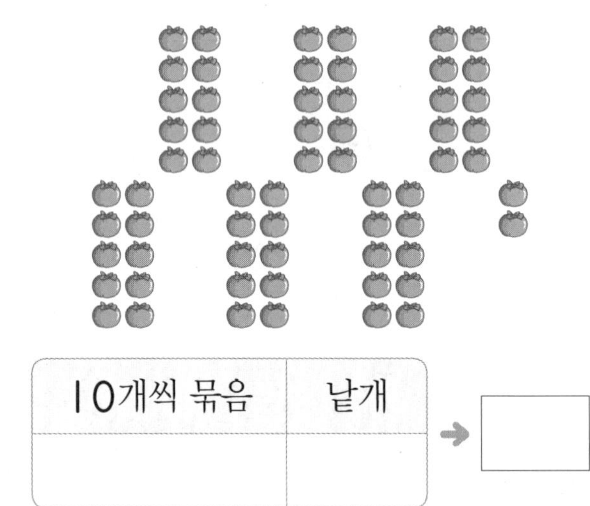

10개씩 묶음	낱개

→ ☐

3 ☐ 안에 알맞은 수나 말을 써넣으세요.

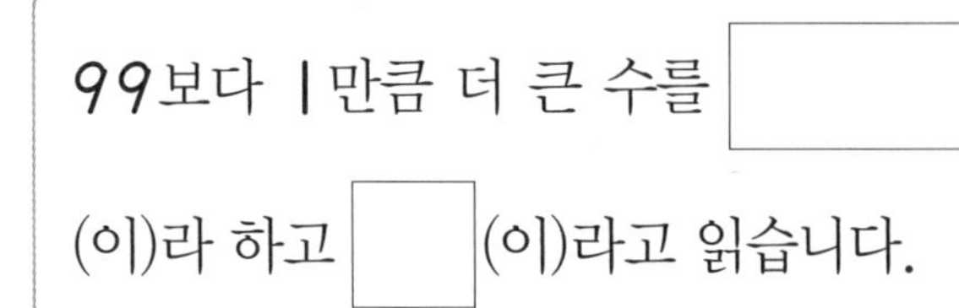

99보다 1만큼 더 큰 수를 ☐ (이)라 하고 ☐(이)라고 읽습니다.

실생활 연결

4 그림을 보고 수를 상황에 맞게 읽었으면 ○표, 그렇지 않으면 ×표 하세요.

버스 번호는 <u>팔십팔</u> 번입니다.

(　　　　)

5 그림을 보고 짝수인지 홀수인지 ○표 하세요.

12는 (짝수 , 홀수)입니다.

6 ○ 안에 >, <를 알맞게 써넣고, ☐ 안에 크기를 비교하는 말을 알맞게 써넣으세요.

86 ○ 80

86은 80보다 ☐.

80은 86보다 ☐.

점수 점

공부한 날 월 일

7 빈칸에 알맞은 수를 써넣으세요.

I만큼 더 작은 수		I만큼 더 큰 수
	83	

8 알맞게 이어 보세요.

60 •	• 팔십 •	• 예순
70 •	• 육십 •	• 여든
80 •	• 구십 •	• 일흔
90 •	• 칠십 •	• 아흔

9 6I부터 시작하여 수를 순서대로 이어 보세요.

78 64 77 79 63 65 76 66 61 62 75 67 74 68 73 69 72 71 70

10 수를 세어 □ 안에 써넣고, 알맞게 이어 보세요.

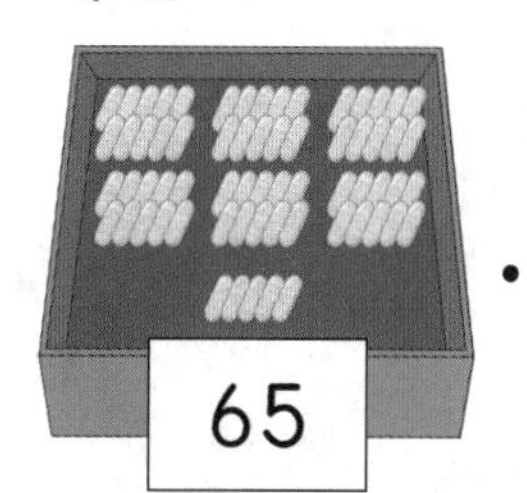

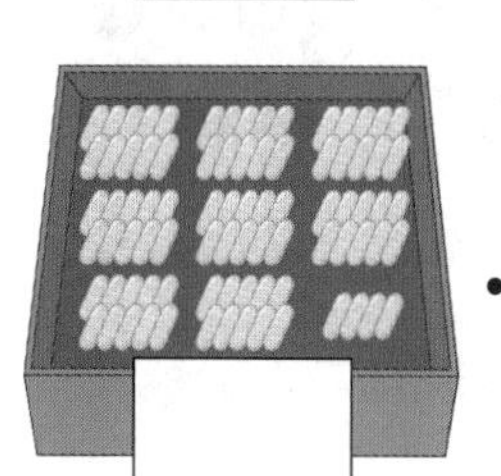

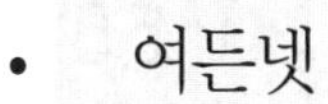

65 •		• 예순다섯
		• 일흔넷
□ •		• 여든넷

11 모두 80이 되도록 ●를 더 그려 넣으세요.

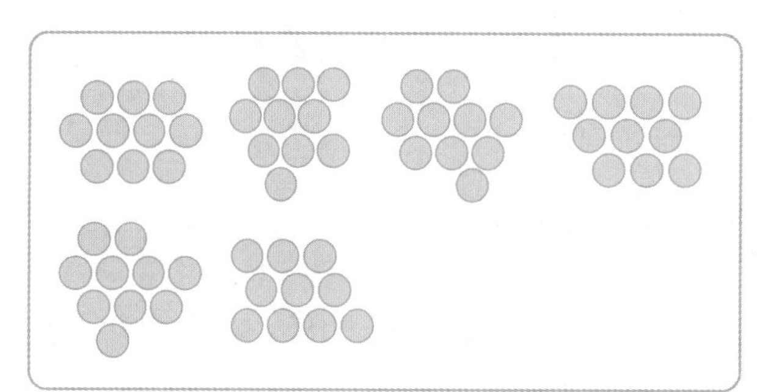

12 수를 잘못 읽은 것을 찾아 기호를 쓰세요.

㉠ 62 → 예순둘	㉡ 79 → 일흔구
㉢ 83 → 여든셋	㉣ 98 → 아흔여덟

( )

13 그림을 보고 바둑돌의 수와 관계있는 것을 모두 고르세요. (　　　　　)

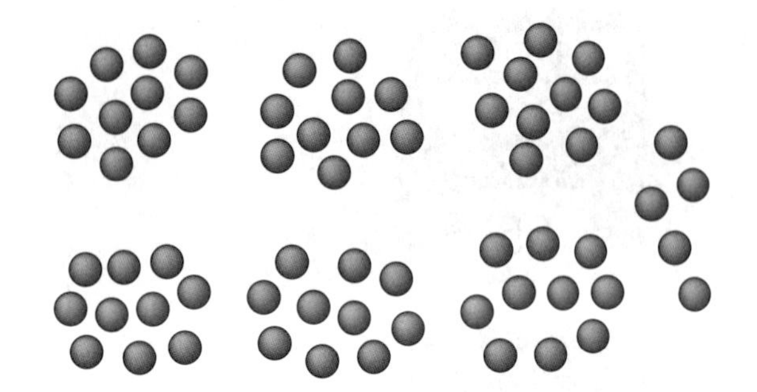

① 55　② 56　③ 65
④ 예순다섯　⑤ 쉰여섯

14 빈칸에 알맞은 수를 써넣으세요.

수	10개씩 묶음	낱개
79	7	
81		1
	9	6

실생활 연결

15 선아네 반 학생 수는 22명입니다. 오늘 학생 1명이 선아네 반으로 전학을 왔습니다. 전학을 온 후 선아네 반 학생 수는 짝수인가요, 홀수인가요?

(　　　　　)

16 짝수는 초록색으로, 홀수는 빨간색으로 칠해 보세요.

17 72보다 크고 77보다 작은 수를 모두 쓰세요.

(　　　　　)

18 국어 점수가 성연이는 75점이고, 준희는 90점입니다. 성연이와 준희 중 국어 점수가 더 낮은 사람의 이름을 쓰세요.

(　　　　　)

19 밑줄 친 수를 상황에 맞게 읽어 보세요.

> 54일 후에 피아노 경연대회가 열리는데 모두 100명이 참가 신청을 하였습니다.

54일 → 읽기 [　　　] 일

100명 → 읽기 [　　　] 명

공부한 날 월 일

20 주어진 수의 크기를 비교하여 빈칸에 알맞은 수를 써넣으세요.

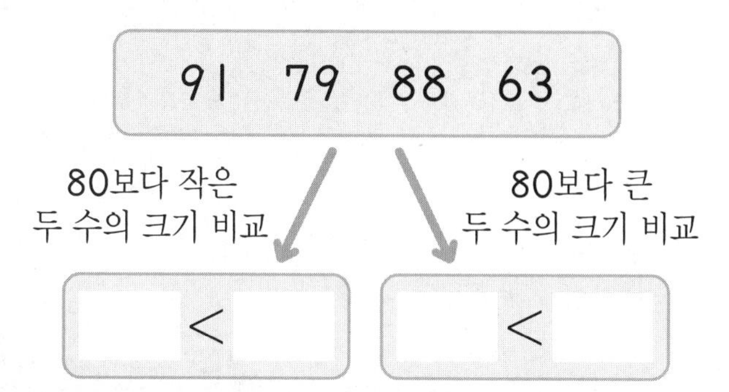

21 어떤 수보다 1만큼 더 큰 수는 80입니다. 어떤 수는 얼마인가요?

( )

문제 해결

22 줄넘기를 가장 많이 넘은 사람의 이름을 쓰세요.

나는 87번 넘었어.
난 여든한 번 넘었어.
나는 일흔여덟 번 넘었어.
지호
다은
도윤

( )

23 0부터 9까지의 수 중에서 □ 안에 들어갈 수 있는 수를 모두 구하세요.

$95>9\square$

( )

24 조건을 모두 만족하는 수를 구하세요.

- 10개씩 묶음의 수가 7입니다.
- 72보다 작은 수입니다.
- 짝수입니다.

( )

서술형

25 지아 어머니께서 송편을 만들어 한 봉지에 10개씩 5봉지에 담았더니 낱개 13개가 남았습니다. 만든 송편은 모두 몇 개인지 풀이 과정을 쓰고 답을 구하세요.

풀이

답

2 덧셈과 뺄셈 (1)

싱싱한 채소 나라를 잘 지나왔나요?
이제 온천 나라에서 덧셈과 뺄셈에 대해 배워 볼 거예요.
한 칸씩 통과해 가면서 이번 단원에서 배울 내용을 알아봐요.

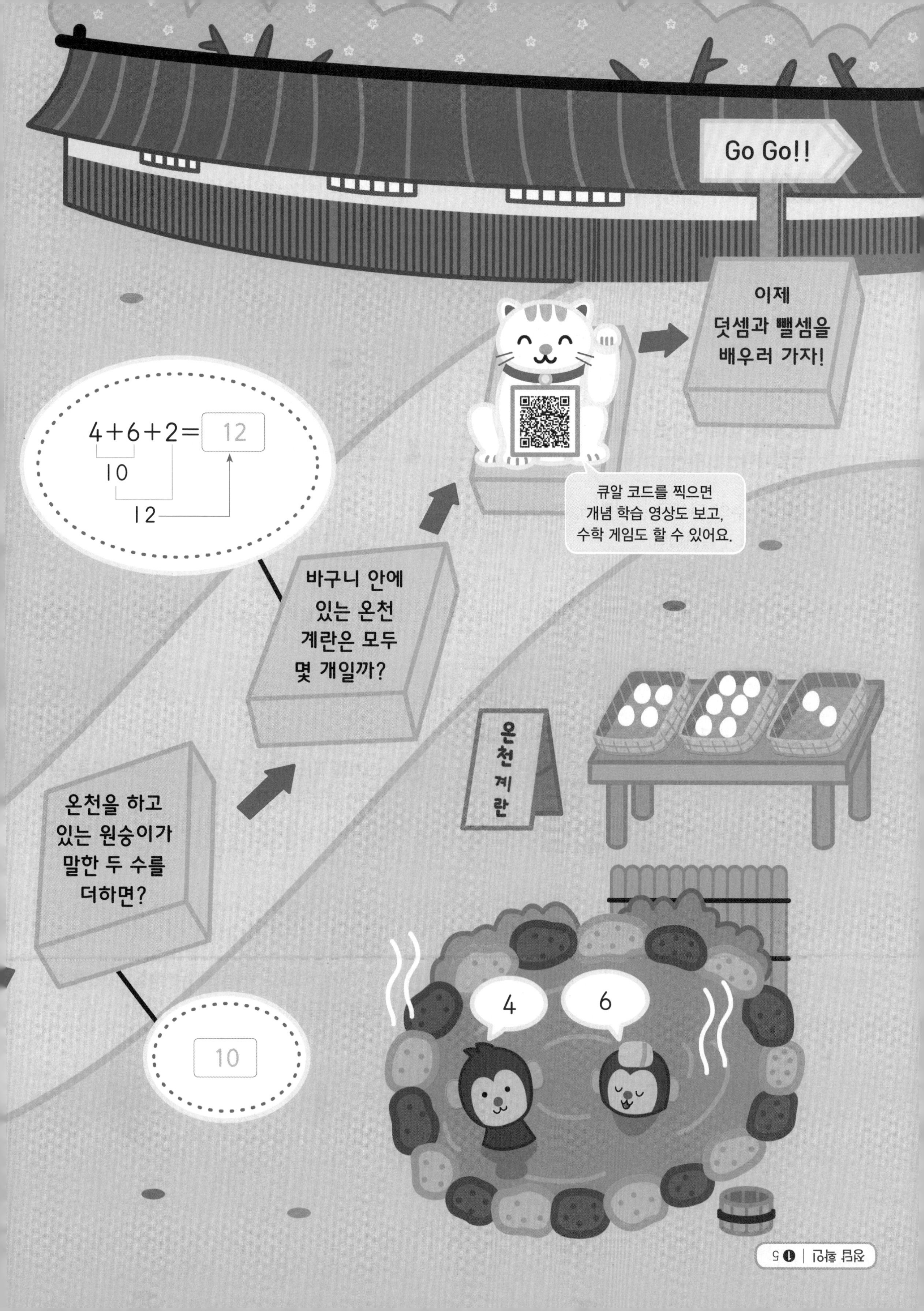
Go Go!!
이제
덧셈과 뺄셈을
배우러 가자!
큐알 코드를 찍으면
개념 학습 영상도 보고,
수학 게임도 할 수 있어요.
$4+6+2=$ 12
10
12
바구니 안에
있는 온천
계란은 모두
몇 개일까?
온천 계란
온천을 하고
있는 원숭이가
말한 두 수를
더하면?
10
4
6

STEP 1

개념별 유형

개념 1 세 수의 덧셈

예 $4+2+1$의 계산

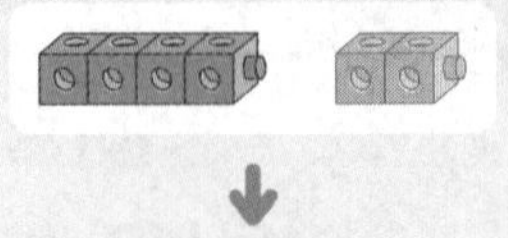

$4+2=6$

$6+1=7$

$4+2+1=7$

두 수를 더해서 나온 수에 나머지 한 수를 더합니다.

참고 세 수의 덧셈은 순서를 바꾸어 더해도 결과가 같습니다.

$4+2+1=7$ (4+2=6, 6+1=7)　　$4+2+1=7$ (2+1=3, 4+3=7)

[1~2] 그림을 보고 알맞은 덧셈식을 만들어 보세요.

1

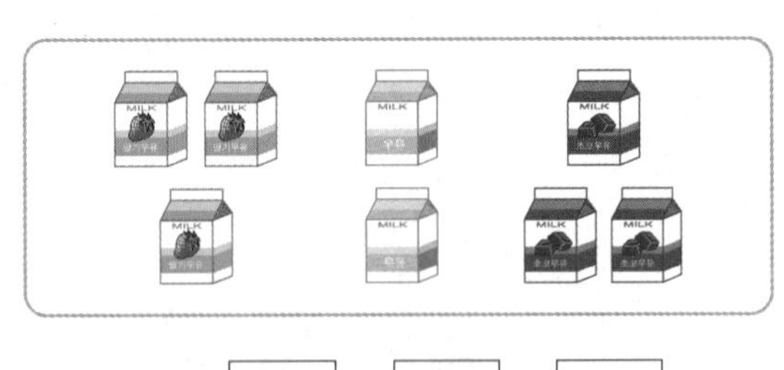

3+□+□=□

2

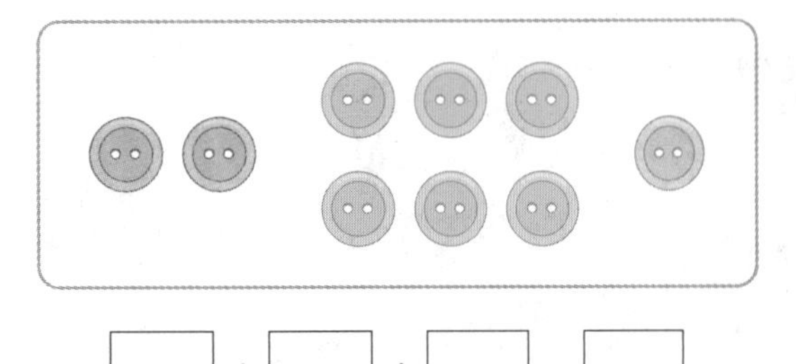

□+□+□=□

3 보기 와 같이 계산해 보세요.

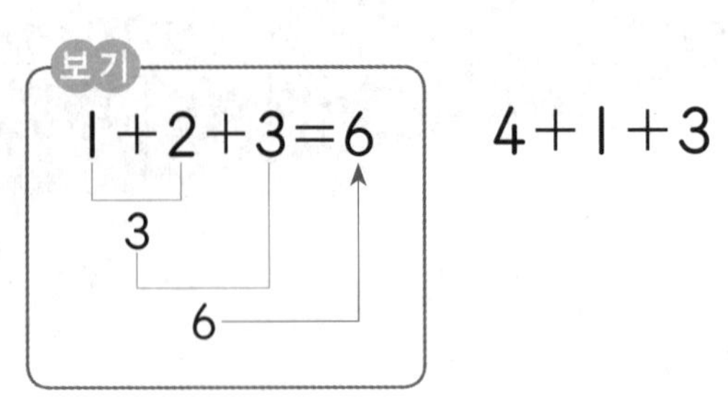

$4+1+3$

4 합을 구하여 이어 보세요.

$1+2+2$ •		• 5
$2+4+3$ •		• 7
		• 9

5 크기를 비교하여 ○ 안에 >, =, <를 알맞게 써넣으세요.

$3+3+3$ ○ 8

6 세 가지 색으로 책을 모두 색칠하고, 덧셈식을 만들어 보세요.

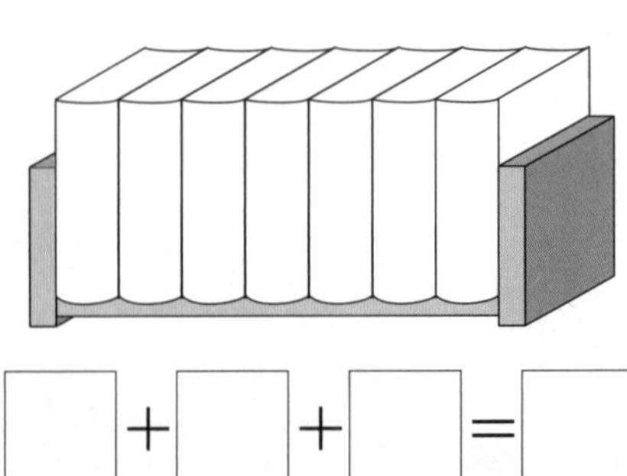

□+□+□=□

개념 2 세 수의 뺄셈

예 7－3－1의 계산

7－3＝4

4－1＝3

7－3－1＝3

앞에 있는 두 수의 뺄셈을 하여 나온 수에서 나머지 한 수를 뺍니다.

주의 세 수의 뺄셈은 계산하는 순서에 주의합니다.

7－3－1＝3 (7－3＝4, 4－1＝3)

~~7－3－1＝5~~ (3－1＝2, 7－2＝5)

개념 동영상

7 그림을 보고 알맞은 뺄셈식을 만들어 보세요.

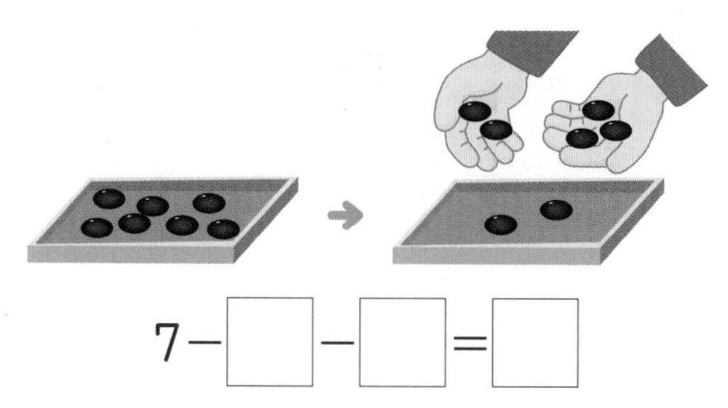

7－□－□＝□

8 □ 안에 알맞은 수를 써넣으세요.

5－1－3＝□

5－1＝□

□－3＝□

9 바르게 계산했으면 ○표, 그렇지 않으면 ×표 하세요.

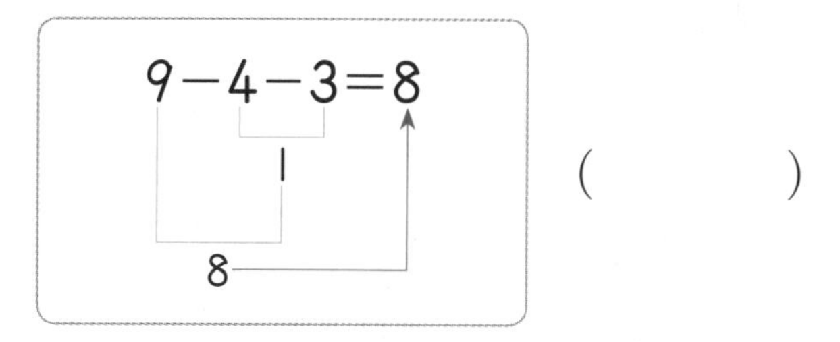

9－4－3＝8
1
8

(　　　)

10 계산 결과가 3인 것에 ○표 하세요.

7－3－3 (　　　)

9－1－5 (　　　)

11 □ 안에 알맞은 수를 써넣으세요.

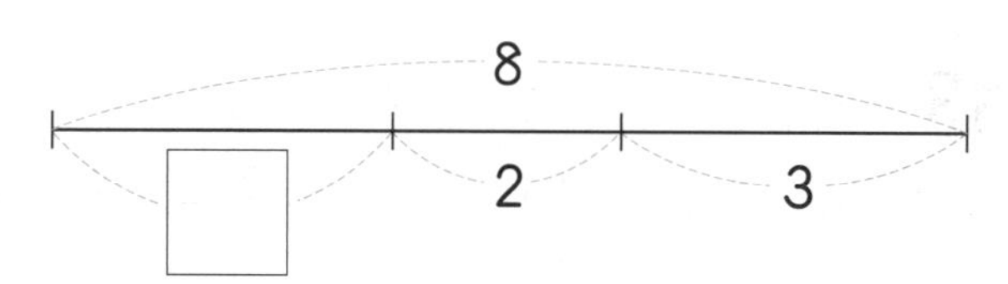

8
2
3

문제 해결

12 남는 자두는 몇 개인가요?

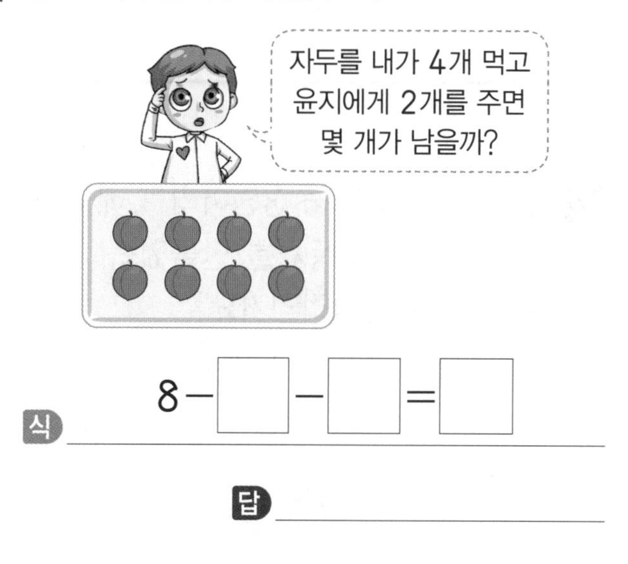

자두를 내가 4개 먹고
윤지에게 2개를 주면
몇 개가 남을까?

식 8－□－□＝□

답 ____________

개념 3 세 수의 덧셈, 뺄셈의 활용

예 농장에 소 4마리, 양 2마리, 닭 1마리가 있습니다. **동물은 모두 몇 마리**인가요?

동물이 모두 몇 마리인지 구해야 하므로 세 동물의 수를 모두 더하자.

→ (동물의 수)$=4+2+1=7$(마리)

예 딸기 7개 중 준수가 3개, 형이 1개를 먹었습니다. **남은 딸기는 몇 개**인가요?

남은 딸기가 몇 개인지 구해야 하므로 먹은 딸기의 수를 모두 빼자.

→ (남은 딸기의 수)$=7-3-1=3$(개)

13 흰색 솜사탕이 2개, 하늘색 솜사탕이 3개, 분홍색 솜사탕이 2개 있습니다. 솜사탕은 모두 몇 개인가요?

식 $\square+\square+\square=\square$

답 ______

14 찰흙 6덩어리 중 3덩어리로 배를 만들고 2덩어리로 자동차를 만들었습니다. 남은 찰흙은 몇 덩어리인가요?

식 $\square-\square-\square=\square$

답 ______

15 운동장에 있는 사람 수입니다. 운동장에 있는 사람은 모두 몇 명인가요?

달리기를 하는 사람	1명
줄넘기를 하는 사람	3명
공놀이를 하는 사람	5명

식 ______

답 ______

16 버스에 8명이 타고 있었습니다. 정류장에서 어린이 1명과 어른 5명이 내렸습니다. 버스에 남아 있는 사람은 몇 명인가요?

식 ______

답 ______

의사소통

17 지호는 분식집에 가서 어묵 5개를 사 왔습니다. 지호와 동생이 어묵을 각각 2개씩 먹은 다음, 남은 어묵을 형이 먹었습니다. 형이 먹은 어묵은 몇 개인가요?

식 ______

답 ______

정답과 해설 7쪽

1~3 형성 평가

맞힌 문제 수 개/7개

공부한 날 월 일

1 그림을 보고 알맞은 뺄셈식을 만들어 보세요.

8－4－☐＝☐

2 빈칸에 알맞은 수를 써넣으세요.

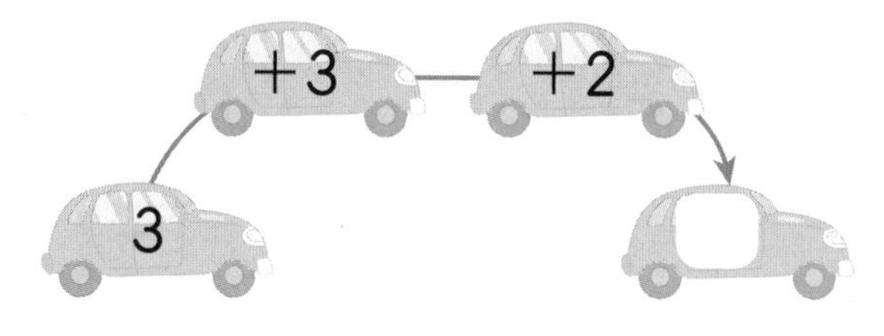

3 잘못 계산한 것에 ×표 하세요.

1＋3＋3＝7	4＋3＋2＝7
(　　　)	(　　　)

4 가장 큰 수에서 나머지 두 수를 빼면 얼마가 나오는지 구하세요.

3　5　9

(　　　　　)

5 차를 구하여 이어 보세요.

4－1－1 •	• 1
6－2－1 •	• 2
8－3－4 •	• 3

6 버스에 3명이 타고 있었습니다. 정류장에서 남자 2명과 여자 1명이 더 탔습니다. 지금 버스에 타고 있는 사람은 모두 몇 명인가요?

식 ____________________

답 ____________________

7 진서가 음악 소리의 크기를 7칸에서 2칸을 줄이고 다시 2칸을 더 줄였습니다. 지금 듣고 있는 음악 소리의 크기만큼 칸을 색칠해 보세요.

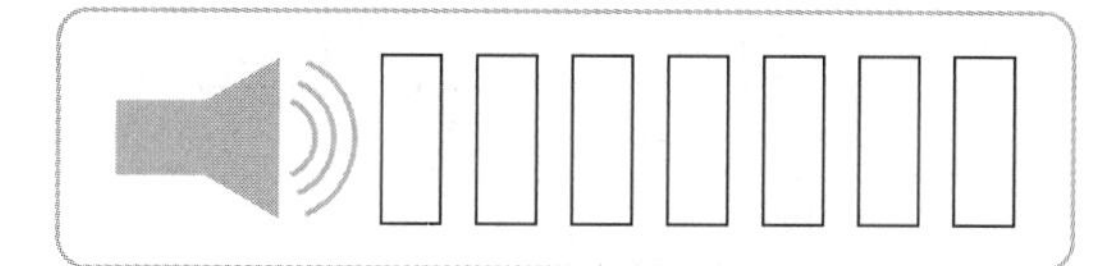

STEP 1

개념별 유형

개념 4 10이 되는 더하기

파란색 빨간색

	1+9=10
	2+8=10
	3+7=10
	4+6=10
	5+5=10
	6+4=10
	7+3=10
	8+2=10
	9+1=10

파란색 연결 모형 수에 빨간색 연결 모형 수를 이어서 세면 10이 됩니다.

1+9=10, 9+1=10과 같이 더하는 두 수를 서로 바꾸어 더해도 합은 10으로 같아.

개념 동영상

1 그림을 보고 알맞은 덧셈식을 쓰세요.

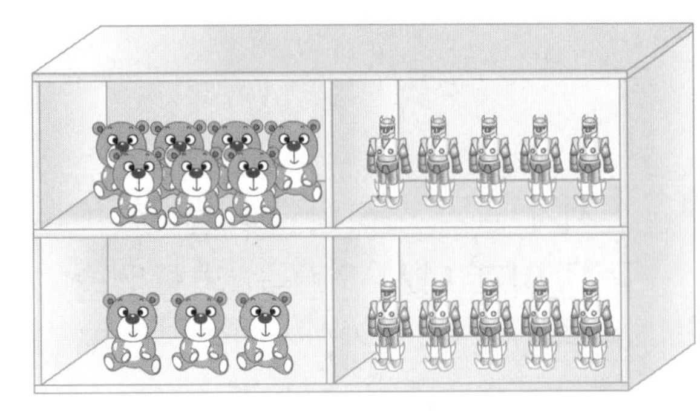

 : 7+☐=☐

: ☐+☐=☐

서술형

2 두 수를 서로 바꾸어 더하고, 알게 된 점을 쓰세요.

2+8=☐ 8+2=☐

두 수를 서로 바꾸어 더해도 합이 ______

3 합이 10이 되도록 두 수를 이어 보세요.

4 • • 7

3 • • 6

4 준하는 수학 문제를 어제 9문제 풀고, 오늘 1문제 풀었습니다. 준하가 어제와 오늘 푼 수학 문제는 모두 몇 문제인가요?

식 ______

답 ______

의사소통

5 두 가지 색으로 칸을 모두 색칠하여 덧셈식을 만들고, 설명해 보세요.

난 ☐색으로 ☐칸, ☐색으로 ☐칸 색칠해서 ☐+☐=10을 만들었어.

2 덧셈과 뺄셈(1)

정답과 해설 8쪽

공부한 날 월 일

개념 5 10이 되는 더하기에서 □ 구하기

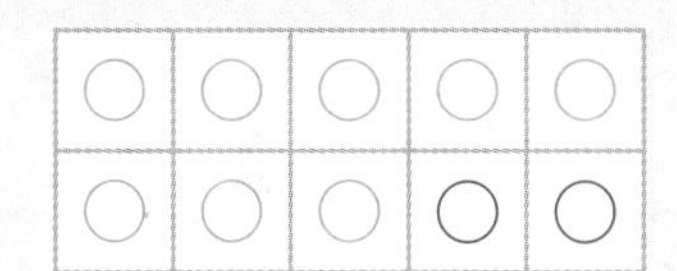

8 + [2] = 10

○가 8개 그려져 있는데 **10**개가 되려면 **2**개를 더 그려야 합니다.

더해서 10이 되는 두 수는
1과 9, 2와 8, 3과 7, 4와 6, 5와 5야.

6 10이 되도록 빈 곳에 ●을 그리고, □ 안에 알맞은 수를 써넣으세요.

● ● ● ●

4 + □ = 10

7 □ 안에 들어갈 수를 바르게 쓴 것에 ○표 하세요.

5 + [5] = 10	[1] + 1 = 10
(　　)	(　　)

추론

8 □ 안에 알맞은 수가 더 큰 것을 찾아 기호를 쓰세요.

㉠ 3 + □ = 10

㉡ 2 + □ = 10

(　　　　)

개념 6 10에서 빼기

	10−1=9
	10−2=8
	10−3=7
	10−4=6
	10−5=5
	10−6=4
	10−7=3
	10−8=2
	10−9=1

10에서 빼는 수만큼 연결 모형을 /으로 지우면 남는 연결 모형 수가 뺄셈 결과입니다.

개념 동영상

9 그림을 보고 알맞은 뺄셈식을 쓰세요.

남은 (새): 10 − □ = □

남은 (사과): 10 − □ = □

10 파란색 연결 모형은 빨간색 연결 모형보다 몇 개 더 많은지 뺄셈식으로 나타내 보세요.

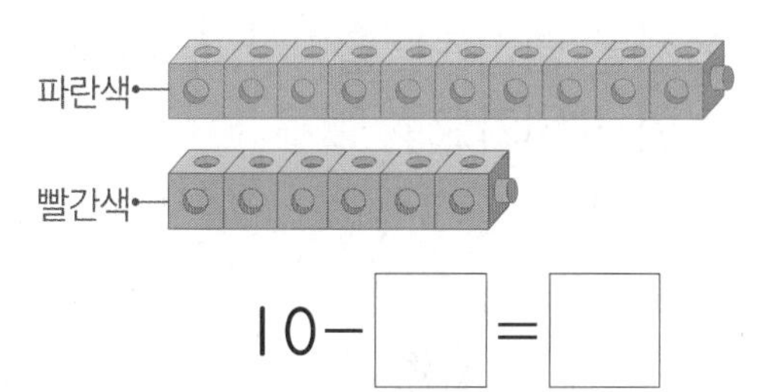

10 − □ = □

11 펼친 손가락은 몇 개인지 뺄셈식으로 나타내 보세요.

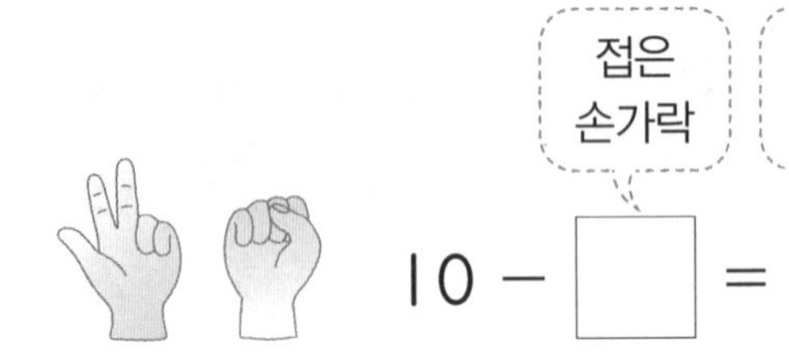

10 − □ = □

12 /을 그어 뺄셈식을 만들고, 설명해 보세요.

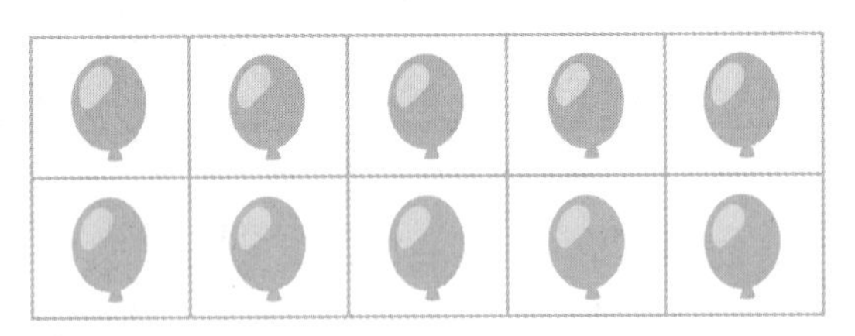

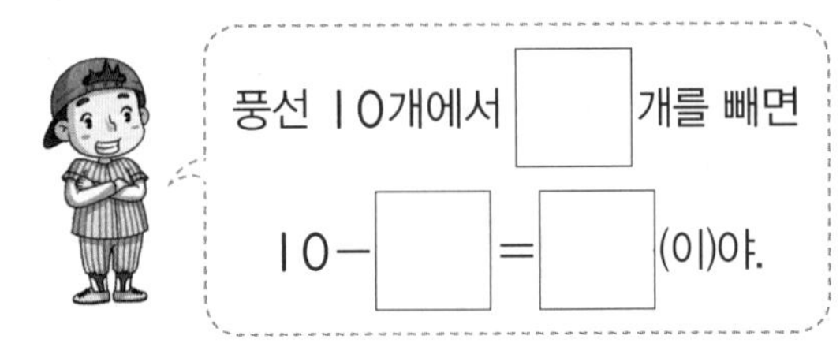

13 두 수의 차가 1인 것을 찾아 ○표 하세요.

10과 5	10과 1	10과 9
(　　)	(　　)	(　　)

의사소통

14 컵 넘어뜨리기 놀이에서 빈우는 컵 10개 중 8개를 넘어뜨렸습니다. 넘어지지 않은 컵은 몇 개인가요?

식 ______________________

답 ______________________

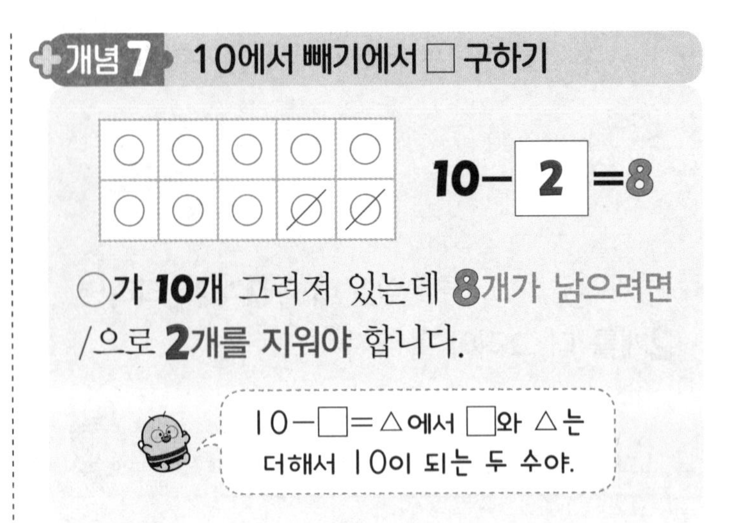

개념 7 10에서 빼기에서 □ 구하기
10−2=8
○가 10개 그려져 있는데 8개가 남으려면 /으로 2개를 지워야 합니다.
10−□=△에서 □와 △는 더해서 10이 되는 두 수야.

15 붕어빵 10개 중 7개가 남도록 /으로 지우고, □ 안에 알맞은 수를 써넣으세요.

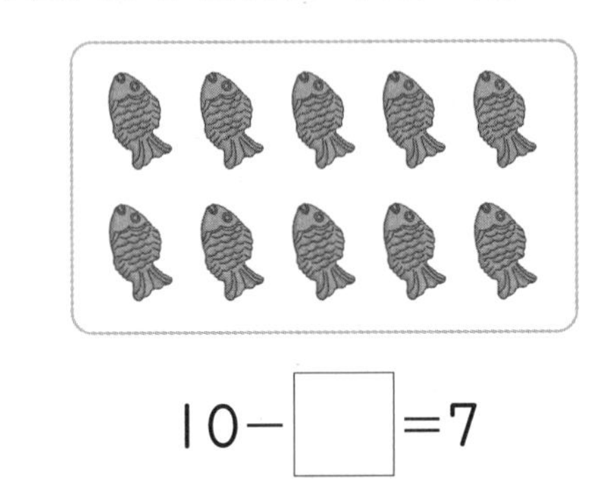

10−□=7

정보처리

16 □ 안에 알맞은 수를 써넣고, 보기 에서 그 수와 짝 지어진 글자를 찾아 □ 안에 써넣으세요.

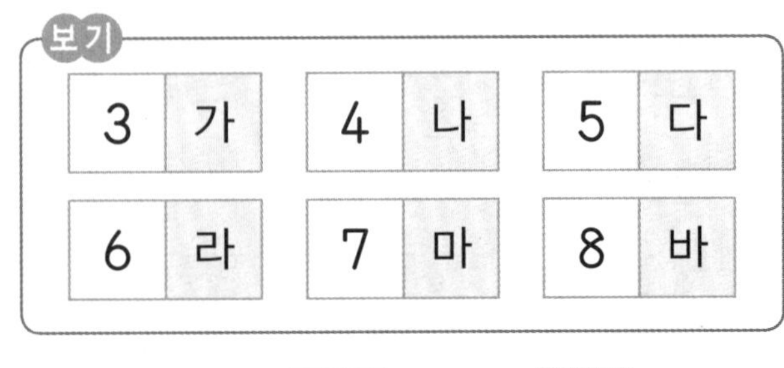

10−□=6 → □

10−□=4 → □

개념 8 앞의 두 수로 10을 만들어 더하기

예

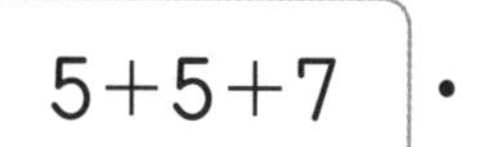

$8+2+3=13$

① 10

② 13

① 합이 10이 되는 앞의 두 수를 먼저 더합니다.

② 10에 남은 수를 더합니다.

두 수를 더해 10을 만들면 남은 수를 쉽게 더할 수 있어.

개념 동영상

17 그림을 보고 □ 안에 알맞은 수를 써넣으세요.

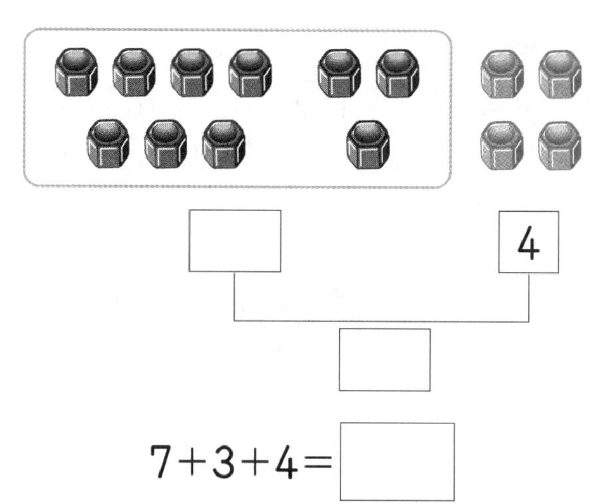

$7+3+4=$ □

18 덧셈을 하세요.

(1) $4+6+2=$ □

(2) $1+9+7=$ □

19 합이 같은 것끼리 이어 보세요.

5+5+7 •	• 10+8
	• 10+7
3+7+6 •	• 10+6

20 보기와 같이 합이 10이 되는 두 수를 묶고, 세 수의 합을 구하세요.

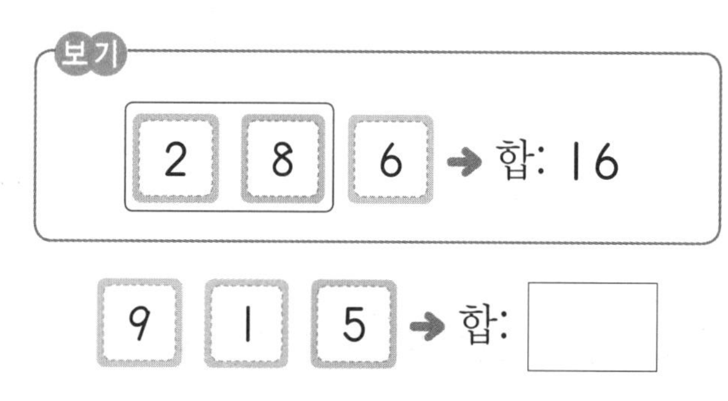

9 1 5 → 합: □

21 □ 안에 알맞은 수를 써넣으세요.

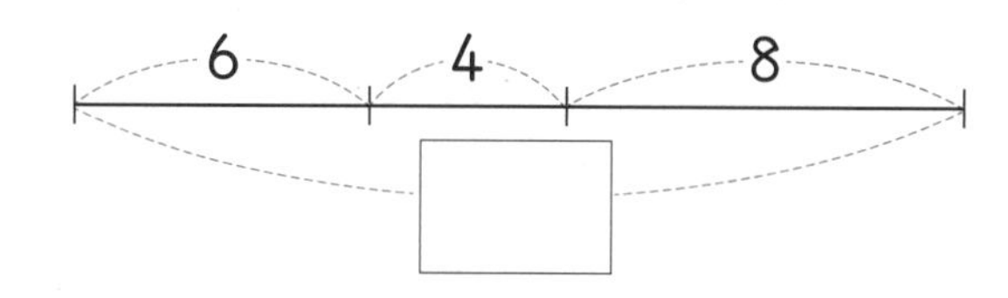

22 잘못 계산한 사람의 이름을 쓰고, 바르게 계산한 값을 구하세요.

( ), ( )

개념 9 뒤의 두 수로 10을 만들어 더하기

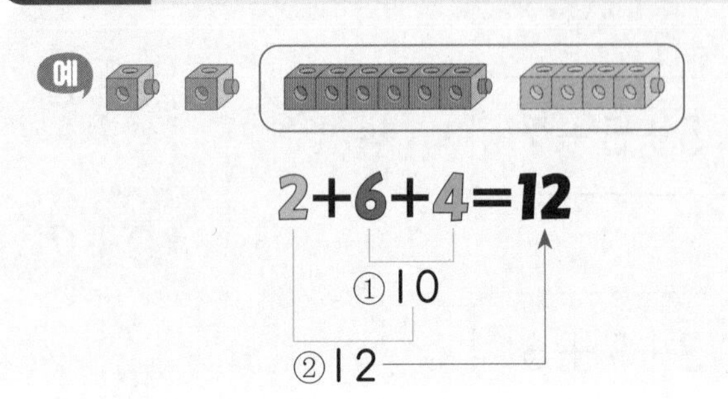

① 합이 10이 되는 뒤의 두 수를 먼저 더합니다.

② 10에 남은 수를 더합니다.

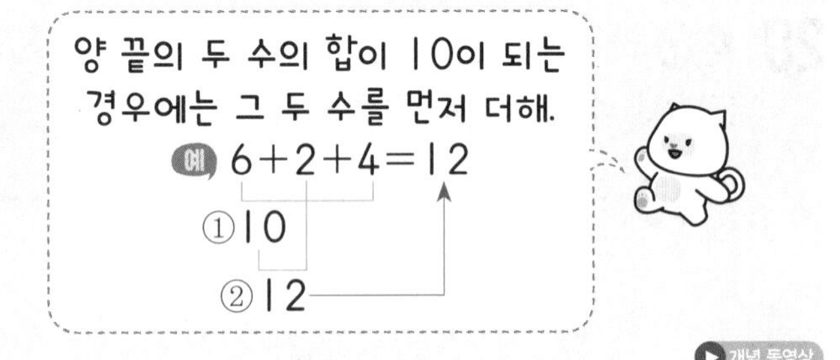

양 끝의 두 수의 합이 10이 되는 경우에는 그 두 수를 먼저 더해.
예 6+2+4=12
①10
②12

개념 동영상

23 그림을 보고 □ 안에 알맞은 수를 써넣으세요.

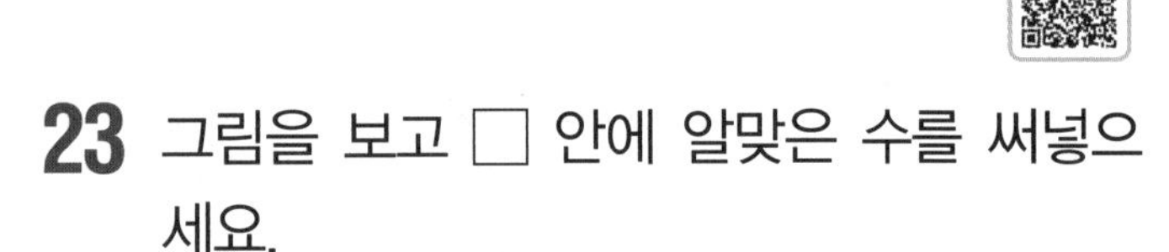

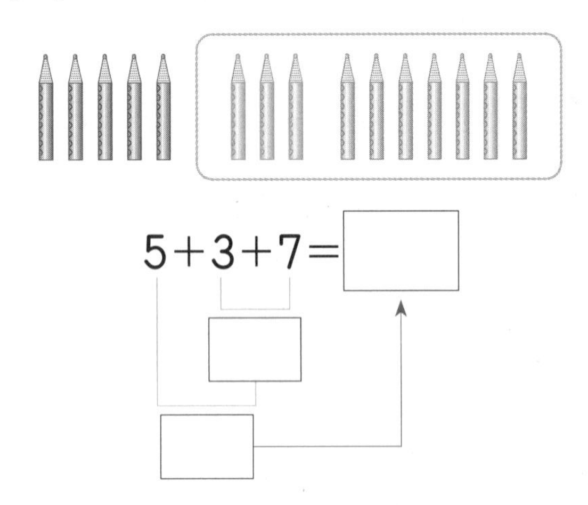

24 합이 10이 되는 두 수를 ⬭로 묶고, 세 수의 합을 구하세요.

$9+2+8=$ □

25 두 수로 10을 만들어 계산했으면 ○표, 아니면 ×표 하세요.

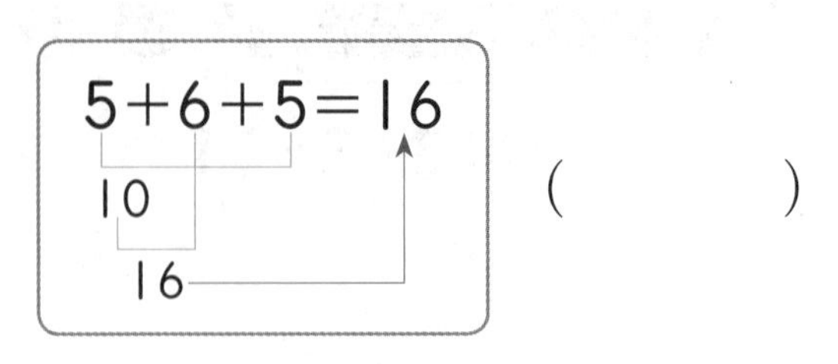

(　　　　)

26 세 수의 합을 구하세요.

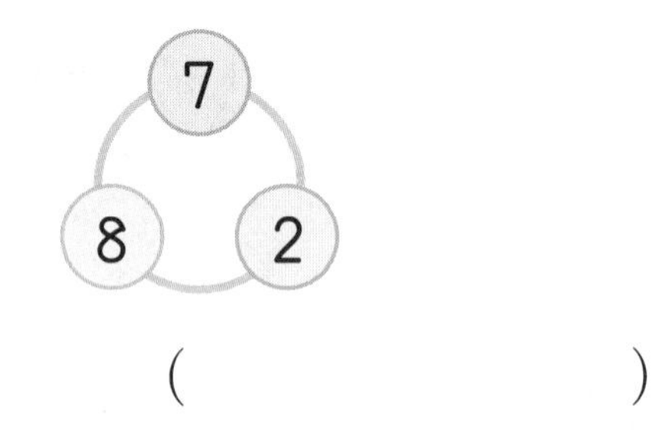

(　　　　　　　)

실생활 연결

27 식에 알맞게 빈 꼬치에 합이 10이 되도록 ○를 그리고, □ 안에 알맞은 수를 써넣으세요.

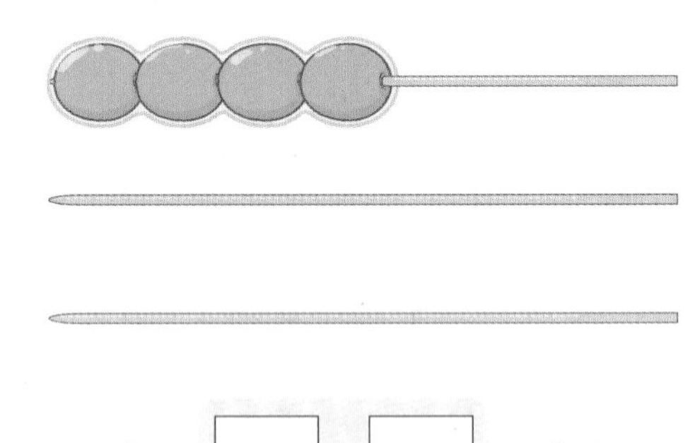

$4+$ □ $+$ □ $=14$

28 계산 결과를 비교하여 ○ 안에 >, =, < 를 알맞게 써넣으세요.

$3+1+9$ ○ $1+7+3$

④~⑨ 형성 평가

맞힌 문제 수 개/7개

공부한 날 월 일

1 그림을 보고 □ 안에 알맞은 수를 써넣으세요.

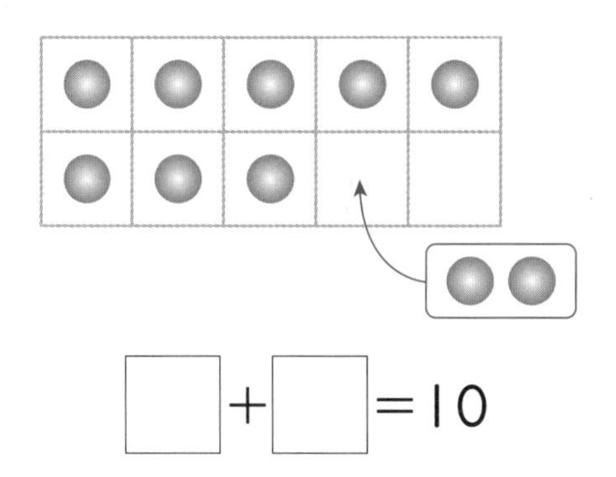

□+□=10

2 관계있는 것끼리 이어 보고, □ 안에 알맞은 수를 써넣으세요.

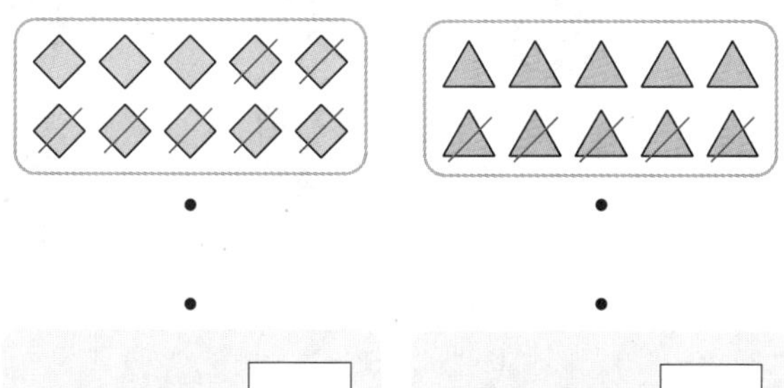

10−5=□ 10−7=□

3 합이 10이 되는 두 수를 ⬭로 묶고, □ 안에 세 수의 합을 써넣으세요.

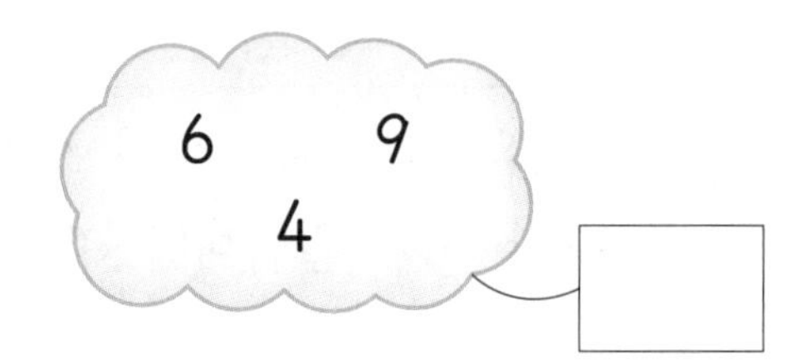

4 빈 곳에 세 수의 합을 써넣으세요.

5 □ 안에 알맞은 수가 8인 식에 ○표 하세요.

10−□=5	2+□=10
( )	( )

6 합이 10이 되는 덧셈이 적힌 칸을 모두 색칠해 보세요.

8+2	1+7	3+6
0+9	4+4	7+3

7 수 카드 두 장을 골라 덧셈식을 완성해 보세요.

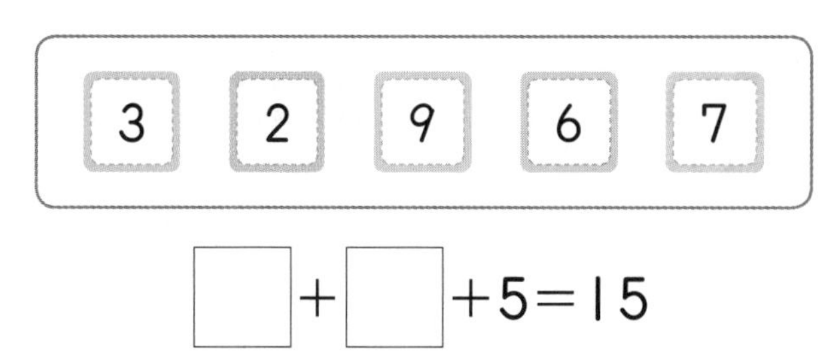

□+□+5=15

STEP 2

꼬리를 무는 유형

1 세 수의 덧셈, 세 수의 뺄셈

1 기본

세 수의 합을 빈 곳에 써넣으세요.

	3	
3		2

2 변형

빈칸에 알맞은 수를 써넣으세요.

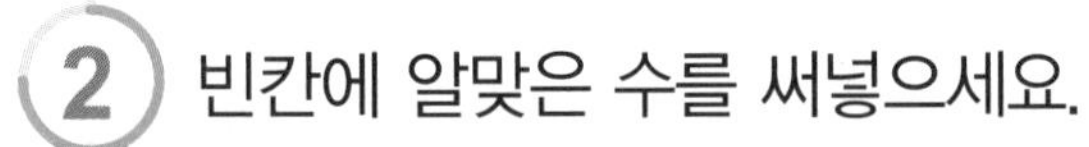

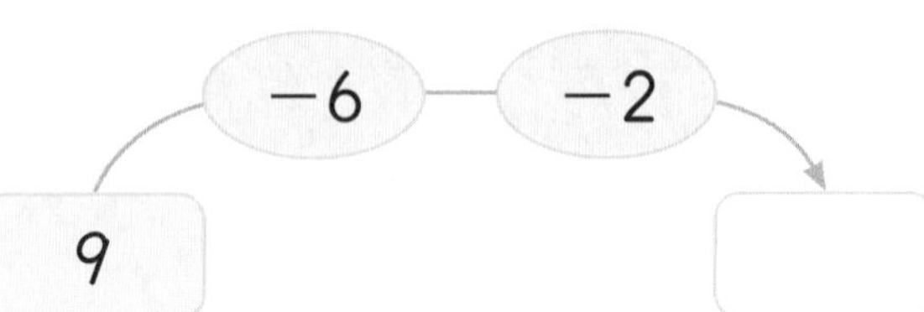

3 변형

펼친 손가락 수의 합은 몇 개인가요?

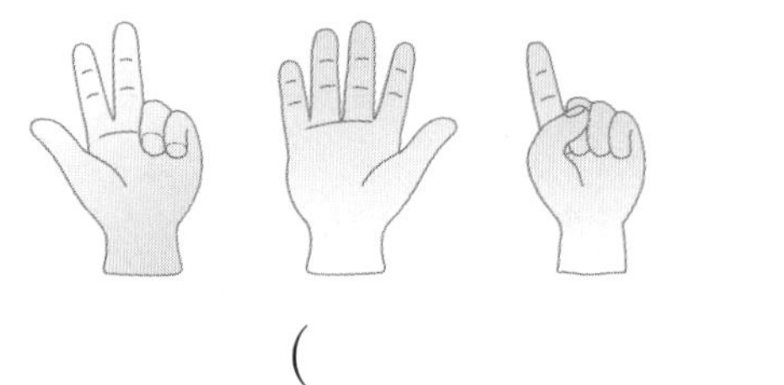

(　　　　　　　　)

4 변형

가장 큰 수에서 나머지 두 수를 빼면 얼마가 나오는지 구하세요.

7　2　5

(　　　　　　　　)

2 두 수를 서로 바꾸어 더하기

5 기본

□ 안에 알맞은 수를 써넣으세요.

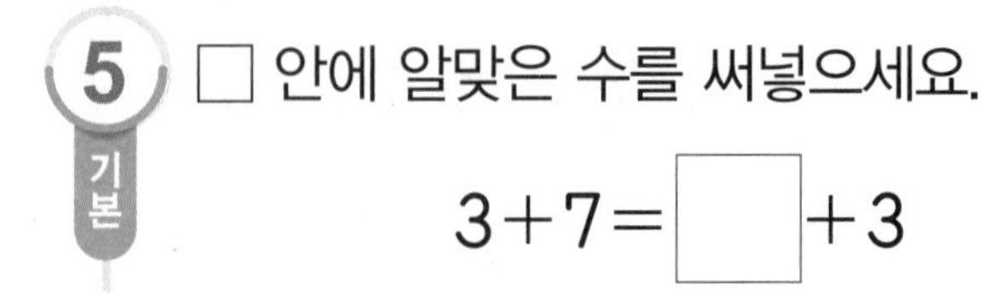

6 변형

합이 다른 덧셈을 말한 사람의 이름을 쓰세요.

(　　　　　　　　)

7 실생활

원숭이가 바나나를 어제는 아침에 4개, 저녁에 6개 먹었고, 오늘은 아침에 6개, 저녁에 4개 먹었습니다. 알맞은 말에 ○표 하세요.

어제 먹은 바나나의 수와 오늘 먹은 바나나의 수는 (같습니다 , 다릅니다).

3 10을 만들어 더하기의 활용

8 기본

가게에서 팔고 있는 색깔별 손수건의 수입니다. 손수건은 모두 몇 장인가요?

노란색	파란색	초록색
4장	6장	5장

식 ______________________

답 ______________

9 변형

지윤이는 치즈 케이크 6조각, 생크림 케이크 2조각, 초콜릿 케이크 8조각을 사 왔습니다. 사 온 케이크는 모두 몇 조각인가요?

식 ______________________

답 ______________

10 실생활

우진이의 간식 상자에는 젤리가 들어 있습니다. 젤리를 낮에 3봉지, 저녁에 1봉지 꺼내어 먹었더니 젤리가 7봉지 남았습니다. 처음 간식 상자에 들어 있던 젤리는 몇 봉지인가요?

( )

4 계산식에서 모르는 수 구하기

11 기본

□ 안에 알맞은 수를 써넣으세요.

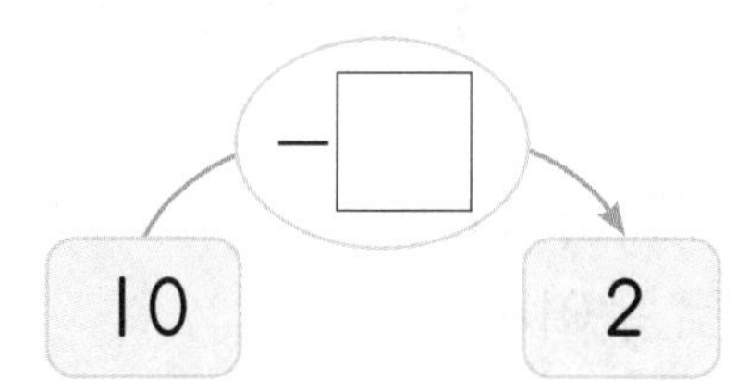

12 변형

덧셈식에서 얼룩이 묻어 보이지 않는 수를 구하세요.

$\square + 3 = 10$

( )

13 실생활

은서네 반에서는 비가 오면 우산을 빌려줍니다. 10개의 우산 중 몇 개를 빌려 가서 1개가 남았습니다. 빌려 간 우산은 몇 개인가요?

( )

STEP 2

꼬리를 무는 유형

5 더해서 10이 되는 두 수 찾기

더해서 10이 되는 두 수는 **1**과 **9**, **2**와 **8**, **3**과 **7**, **4**와 **6**, **5**와 **5**입니다.

14 실력 더해서 10이 되는 두 수를 찾아 ◯로 묶어 보세요.

1	3	7	5
4	2	0	5
6	1	9	2

15 변형 더해서 10이 되는 두 수끼리 같은 색으로 색칠해 보세요.

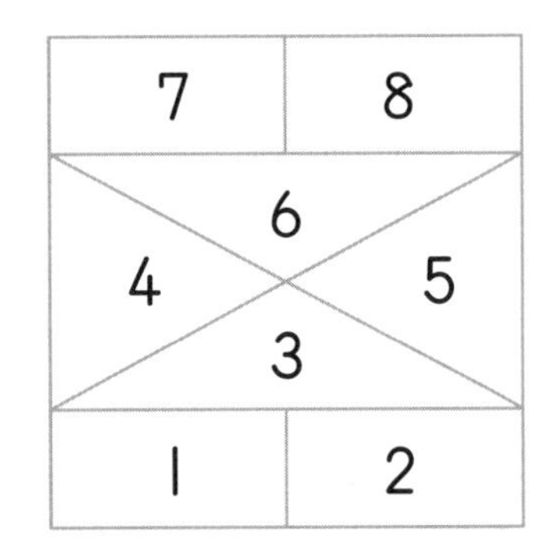

16 레벨업 더해서 10이 되는 두 수를 찾아 ◯로 묶고, 덧셈식을 쓰세요.

7	6	1	0
8	3	4	7
5	1	8	2

덧셈식 6+4=10,

6 10을 만들어 세 수 더하기

10이 되는 더하기는 다음과 같습니다.

1+9=10	2+8=10	3+7=10
4+6=10	5+5=10	6+4=10
7+3=10	8+2=10	9+1=10

17 실력 밑줄 친 두 수의 합이 10이 되도록 ◯ 안에 수를 써넣고 계산해 보세요.

4+◯+8=□

18 변형 밑줄 친 두 수의 합이 10이 되도록 ◯ 안에 수를 써넣고 계산해 보세요.

◯+◯+7=□

19 레벨업 수 카드를 2장씩 골라 덧셈식을 각각 완성해 보세요.

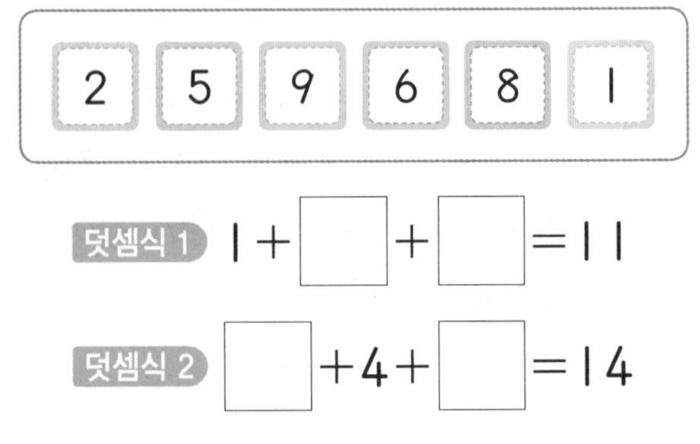

2 덧셈과 뺄셈(1)

7 모르는 수 구하기

① 계산할 수 있는 식을 먼저 계산하고
② 계산 결과가 같음을 이용하여 모르는 수를 구합니다.

20 실력 두 식의 계산 결과는 같습니다. ㉠에 알맞은 수를 구하세요.

3+㉠ 9+1

( )

21 변형 두 식의 계산 결과는 같습니다. ㉠에 알맞은 수를 구하세요.

10−㉠ 8−2−2

( )

22 레벨업 진서와 민우가 각각 주사위 2개를 던졌습니다. 두 사람이 던져 나온 눈의 수의 합이 같을 때 빈 곳에 주사위의 눈을 알맞게 그려 보세요.

진서 

민우 

8 수 카드로 식 완성하기

1+□+□=5

1에 4만큼 더해야 5가 되므로 □ 안에는 합이 4인 두 수가 들어갈 수 있어.

예 1+1+3=5 (합이 4)
1+2+2=5 (합이 4)

6−□−□=1

6에서 5만큼 빼야 1이 나오므로 □ 안에는 합이 5인 두 수가 들어갈 수 있어.

예 6−2−3=1 (합이 5)
6−4−1=1 (합이 5)

23 실력 수 카드 두 장을 골라 덧셈식을 완성해 보세요.

2 3 4 6

1+□+□=8

24 변형 수 카드 두 장을 골라 뺄셈식을 완성해 보세요.

1 2 4 5

7−□−□=2

STEP 3

수학 독해력 유형

독해력 유형 1 한 반이 넣은 골의 수 구하기

구하려는 것에 밑줄을 긋고 풀어 보세요.

축구 경기에서 몇 골을 넣었는지 나타낸 것입니다. 1반이 넣은 골은 모두 몇 골인지 구하세요.

1반	2반
2	2

1반	3반
1	3

1반	4반
2	1

해결 비법

예 1반이 넣은 골의 수 구하기

1반	2반
③	1

1반	3반
①	2

각 경기에서 1반이 넣은 골의 수를 찾아 그 수를 더합니다.

➔ 3+1=4(골)

문제 해결

❶ 각 경기에서 1반이 넣은 골의 수를 순서대로 쓰기:

2골, □골, □골

❷ (1반이 넣은 골의 수)=2+□+□=□(골)

답 ______

쌍둥이 유형 1-1

위의 문제 해결 방법을 따라 풀어 보세요.

축구 경기에서 몇 골을 넣었는지 나타낸 것입니다. 2반이 넣은 골은 모두 몇 골인지 구하세요.

1반	2반
1	3

2반	3반
2	1

2반	4반
3	2

따라 풀기 ❶

❷

답 ______

공부한 날 월 일

독해력 유형 2 □ 안에 들어갈 수 있는 수 구하기

구하려는 것에 밑줄을 긋고 풀어 보세요.

1부터 9까지의 수 중 $4+●<10$ 의 ●에 들어갈 수 있는 가장 큰 수를 구하세요.

해결 비법

주어진 식에서 >, <를 =로 바꾸어 □의 값을 구한 다음, 실제 □가 될 수 있는 수를 구합니다.

예

$8+□<10$

$8+□=10$일 때 $□=2$

실제 □는 2보다 작아야 합니다.

문제 해결

❶ <를 =로 바꾼 식에서 ●의 값 구하기:

$4+●=10$일 때 ●= □ 입니다.

❷ $4+●<10$에서

알맞은 말에 ○표 하기

●에는 6보다 (큰 , 작은) 수가 들어갈 수 있습니다.

➔ ●에 들어갈 수 있는 가장 큰 수: □

답 ______

위의 문제 해결 방법을 따라 풀어 보세요.

쌍둥이 유형 2-1

1부터 9까지의 수 중 $5+□<10$ 의 □ 안에 들어갈 수 있는 수를 모두 구하세요.

따라 풀기 ❶

❷

답 ______

쌍둥이 유형 2-2

1부터 9까지의 수 중 $10-□>1$ 의 □ 안에 들어갈 수 있는 가장 큰 수를 구하세요.

따라 풀기 ❶

❷

답 ______

수학 독해력 유형

독해력 유형 3 남는 개수 비교하기

구하려는 것에 밑줄을 긋고 풀어 보세요.

진주와 준수가 각자 가지고 있는 공책을 다음과 같이 나누어 주려고 합니다. 남는 공책이 더 많은 사람은 누구인지 구하세요.

> 진주: 공책 8권 중 친구에게 2권, 언니에게 4권을 줄 거야.
> 준수: 공책 9권 중 형에게 3권, 동생에게 3권을 줄 거야.

해결 비법

남는 개수를 구하려면 처음 개수에서 나누어 준 개수를 모두 빼서 구합니다.

(남는 개수)
=(처음 개수)
−(나누어 준 개수)

문제 해결

❶ (진주에게 남는 공책의 수)=8−□−□=□(권)

(준수에게 남는 공책의 수)=9−□−□=□(권)

❷ 남는 공책의 수를 비교하여 답 구하기:

진주 □ ○ 준수 □ 이므로

└→ >, < 중 알맞은 것 쓰기

남는 공책이 더 많은 사람의 이름은 □입니다.

답 ____________

쌍둥이 유형 3-1

위의 문제 해결 방법을 따라 풀어 보세요.

보라와 승아가 각자 가지고 있는 붕어빵을 다음과 같이 먹으려고 합니다. 남는 붕어빵이 더 적은 사람은 누구인지 구하세요.

> 보라: 붕어빵 8개 중 지금 2개를 먹고 저녁에 3개를 먹어야지.
> 승아: 붕어빵 6개 중 지금 1개를 먹고 이따가 1개를 먹을 거야.

따라 풀기 ❶

❷

답 ____________

공부한 날 월 일

독해력 유형 4 모양이 나타내는 수 구하기

구하려는 것에 밑줄을 긋고 풀어 보세요.

같은 모양은 같은 수를 나타냅니다. ◆에 알맞은 수를 구하세요.

- 10−●=6
- 7+3+●=◆

해결 비법

모르는 수가 하나 있는 식에서 먼저 모르는 수를 구합니다.

예 ▲에 알맞은 수 구하기

- 10−3=■
- ■−1−5=▲

모르는 수가 2개이므로 위의 식에서 먼저 ■의 값을 구해야 ▲의 값을 구할 수 있습니다.

문제 해결

❶ ●의 값 구하기:

10−☐=6이므로 ●=☐입니다.

❷ ◆의 값 구하기:

7+3+●=7+3+☐=☐이므로

◆=☐입니다.

답 ____________

쌍둥이 유형 4-1

위의 문제 해결 방법을 따라 풀어 보세요.

같은 모양은 같은 수를 나타냅니다. ★에 알맞은 수를 구하세요.

- 9−5−1=■
- ■+5+5=★

따라 풀기 ❶

❷

답 ____________

유형 TEST

1 그림을 보고 □ 안에 알맞은 수를 써넣으세요.

$10-2=\square$

2 그림을 보고 □ 안에 알맞은 수를 써넣으세요.

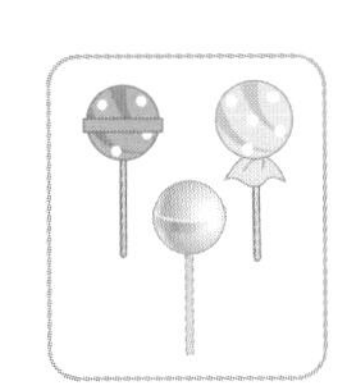

$3+6+4=\square$

3 그림을 보고 알맞은 뺄셈식을 만들어 보세요.

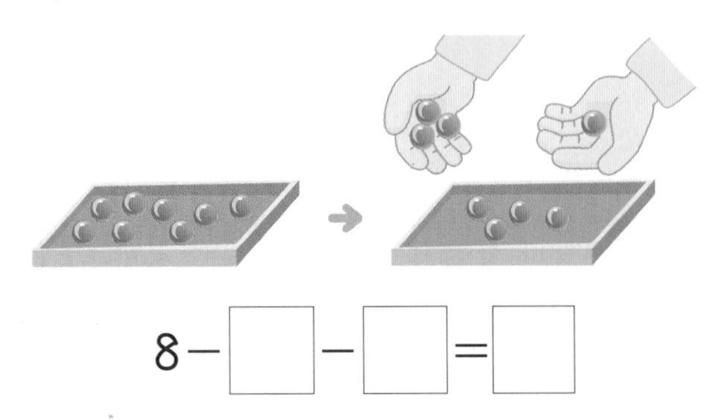

$8-\square-\square=\square$

4 □ 안에 알맞은 수를 써넣으세요.

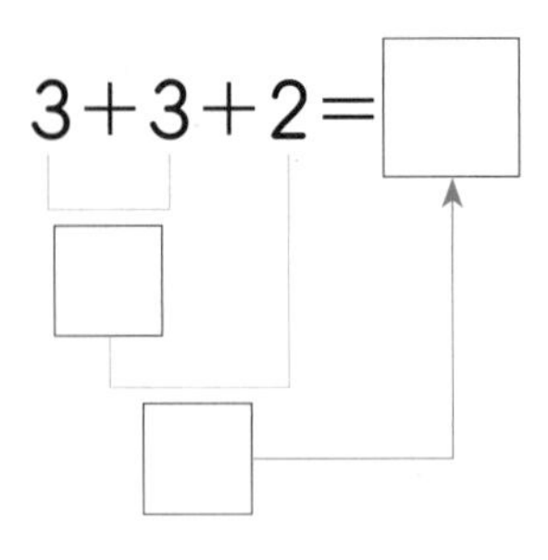

5 합이 10이 되는 두 수를 ⬭로 묶고, 세 수의 합을 구하세요.

$9+1+4=\square$

6 빈 곳에 알맞은 수를 써넣으세요.

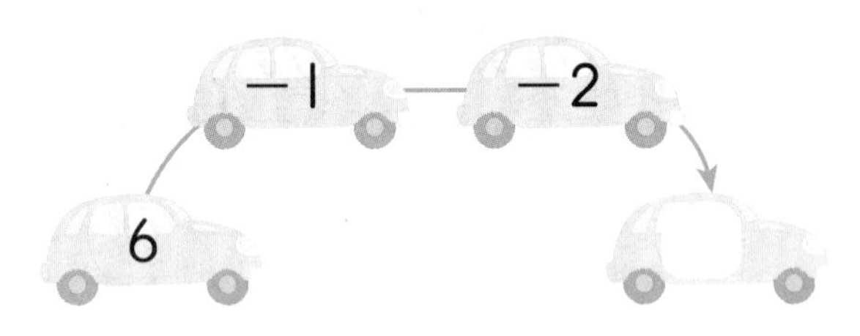

7 □ 안에 알맞은 수를 써넣으세요.

$8+2=\square+8$

점수 점

공부한 날 월 일

8 바르게 계산했으면 ○표 하고, 잘못 계산했으면 바르게 계산한 답을 쓰세요.

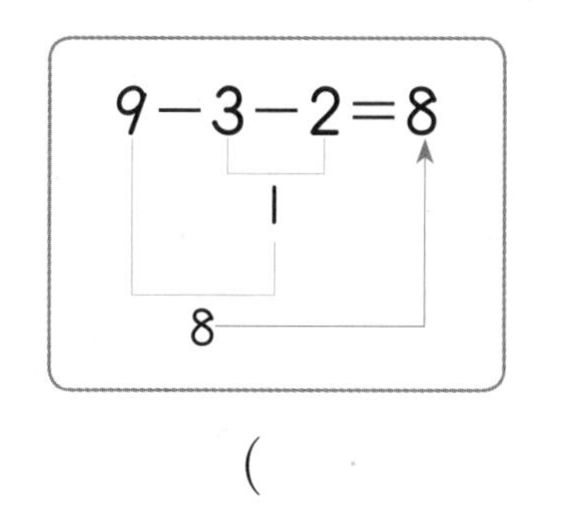

(　　　　　　)

9 계산 결과가 3인 것에 ○표 하세요.

10−7	10−5
(　　)	(　　)

10 수 카드의 세 수를 더해 보세요.

5　5　4

□+□+□=□

실생활 연결

11 고리가 모두 몇 개 걸렸는지 덧셈식으로 나타내 보세요.

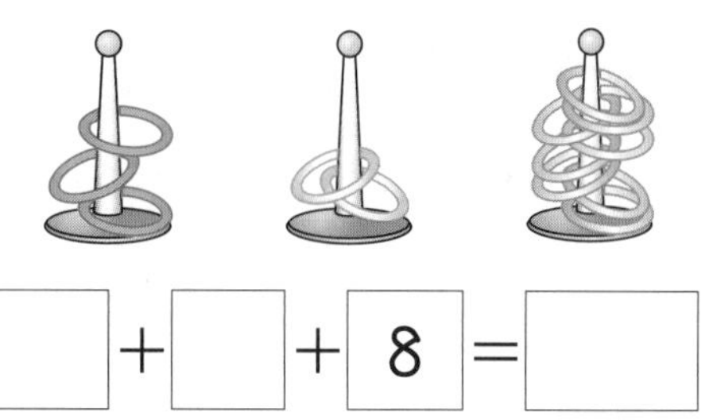

□+□+8=□

12 합이 10이 되는 두 수를 찾아 쓰세요.

3　1　6　9

(　　　　　　)

추론

13 합이 같은 것끼리 이어 보세요.

4+6+5	8+3+7
8+10	10+5

14 보기 와 같이 밑줄 친 두 수의 합이 10이 되도록 ○ 안에 수를 써넣고 계산해 보세요.

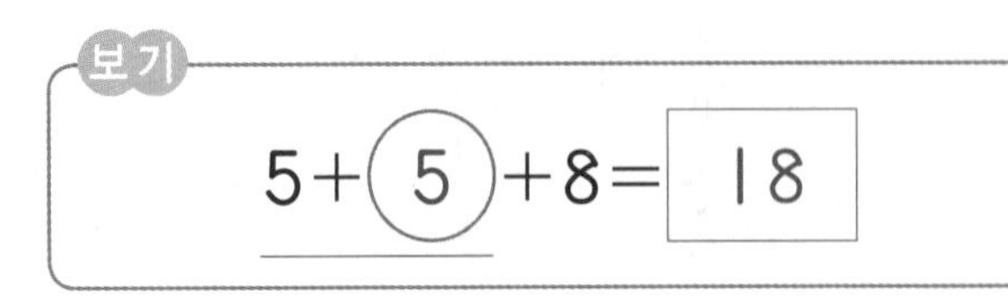

1+○+6=□

15 □ 안에 알맞은 수를 써넣으세요.

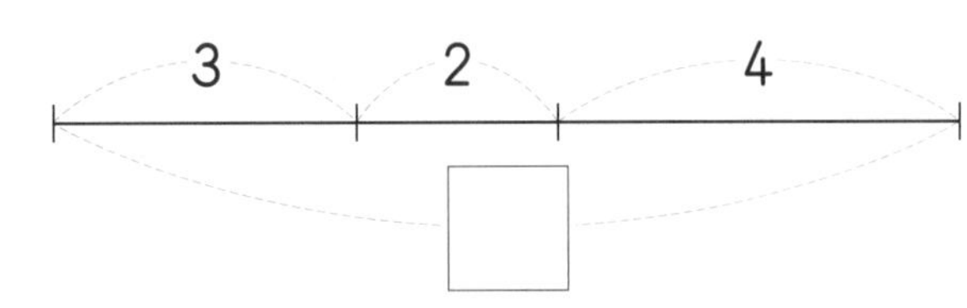

16 서진이는 지금까지 장애물을 6개 넘었습니다. 장애물을 4개 더 넘으면 모두 몇 개를 넘는 것인가요?

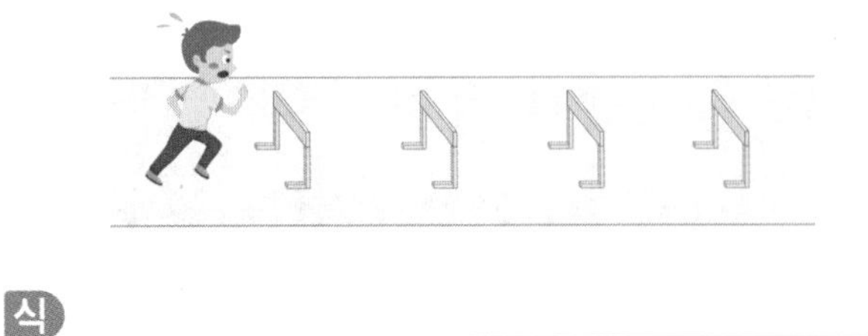

식 ____________________

답 ____________________

17 색이 같은 부분의 두 수를 더해서 10이 되도록 빈 곳에 알맞은 수를 써넣으세요.

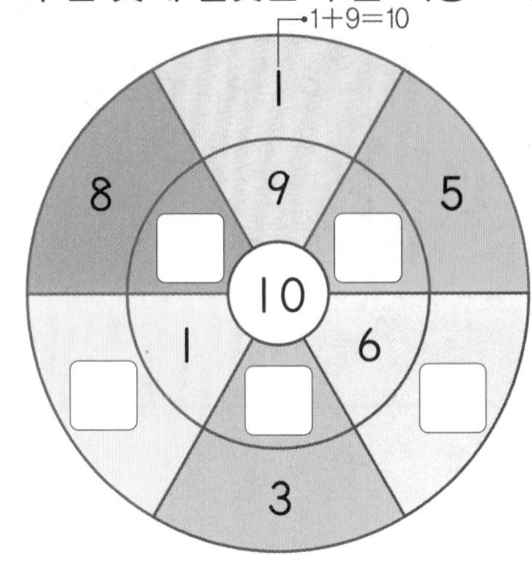

18 가장 큰 수에서 나머지 두 수를 빼면 얼마가 나오는지 구하세요.

2　　8　　4

(　　　　　　)

19 냉장고에 사과가 3개, 배가 2개, 감이 3개 들어 있습니다. 냉장고에 들어 있는 사과, 배, 감은 모두 몇 개인가요?

식 ____________________

답 ____________________

20 계산 결과가 더 큰 식에 ○표 하세요.

( ) ( )

21 □ 안에 알맞은 수가 가장 큰 것을 찾아 기호를 쓰세요.

㉠ $10-\square=5$

㉡ $10-3=\square$

㉢ $10-\square=9$

( )

추론

22 1부터 9까지의 수 중 □ 안에 들어갈 수 있는 수를 모두 구하세요.

$10-\square>6$

( )

23 두 식의 계산 결과는 같습니다. □ 안에 알맞은 수를 써넣으세요.

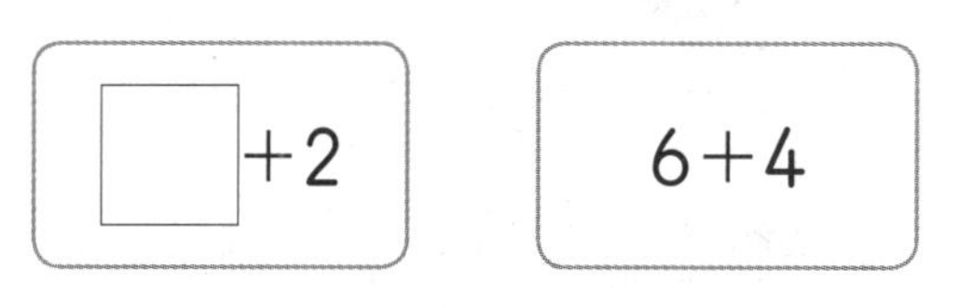

24 서로 다른 수 카드 두 장을 골라 덧셈식을 완성해 보세요.

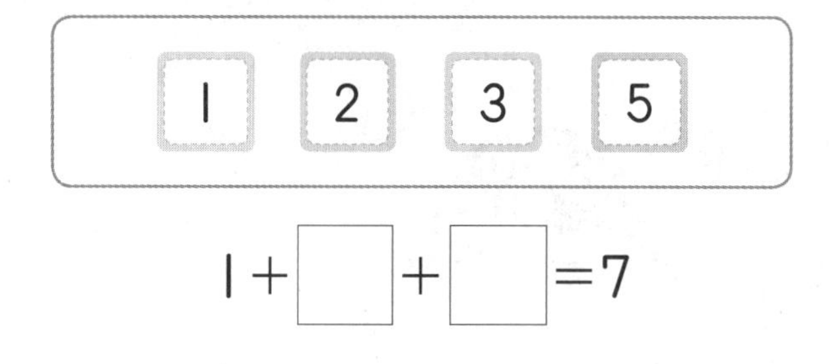

$1+\square+\square=7$

서술형

25 지유와 지호 중 남은 찐빵이 더 많은 사람은 누구인지 풀이 과정을 쓰고 답을 구하세요.

찐빵 6개 중 1개를 먹고 1개를 언니에게 줬어.
찐빵 9개 중 3개를 먹고 1개를 형에게 줬어.
지유
지호

풀이

답

3 모양과 시각

따뜻한 온천 나라를 잘 지나왔나요? 이제 우주 나라에서 모양과 시각에 대해 배워볼 거예요.
한 칸씩 통과해 가면서 이번 단원에서 배울 내용을 알아봐요.

달나라 여행을
시작해 볼까요?

크레이터는 위에
있는 것처럼 크고 작은
구덩이야~ 운석과 충돌해서
생기기도 해.

큐알 코드를 찍으면
개념 학습 영상도 보고,
수학 게임도
할 수 있어요.

달은
어떤 모양
일까요?

❶ (□, □, ○)

우주선에
있는 물건 중 달과
같은 모양인 물건에
○표 해 봐!

❷

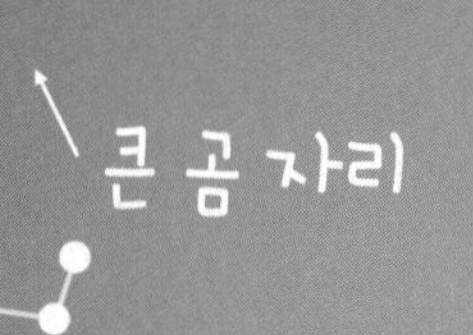

큰 곰 자리는 북쪽
하늘에서 볼 수 있는 별자리로,
곰으로 변한 칼리스토를 제우스가
별자리로 만들었다고 해요.

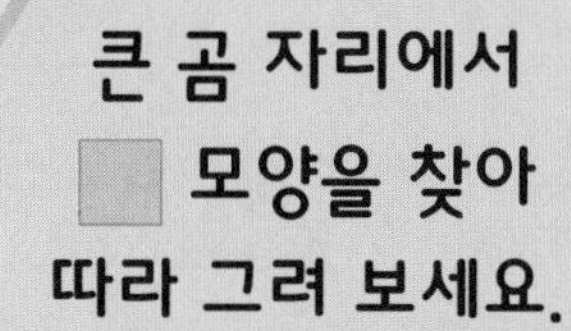

큰 곰 자리에서
□ 모양을 찾아
따라 그려 보세요.

힌트!
□ 모양은
뾰족한 부분이
4군데 있어!

큰 곰 자리에서
△ 모양을 찾아
따라 그려 보세요.

△ 모양은 뾰족한
부분이 3군데 있어!
큰 곰 자리의 머리
부분을 살펴봐.

이제
모양과 시각을
배우러 가 보자!

우주에서 먹는
아이스크림은
뭔지 아니?

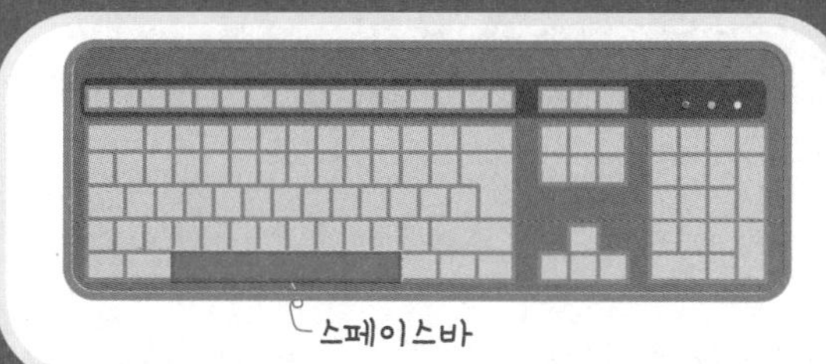

정답 확인 | ❶ ◯에 ◯표 ❷ 농구공에 ◯표

STEP 1

개념별 유형

개념 1 여러 가지 모양 찾기

개념 동영상

1 주어진 모양을 찾아 이어 보세요.

■ ▲ ●

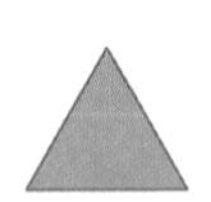

2 ▲ 모양의 쿠키를 찾아 그 모양을 따라 그려 보세요.

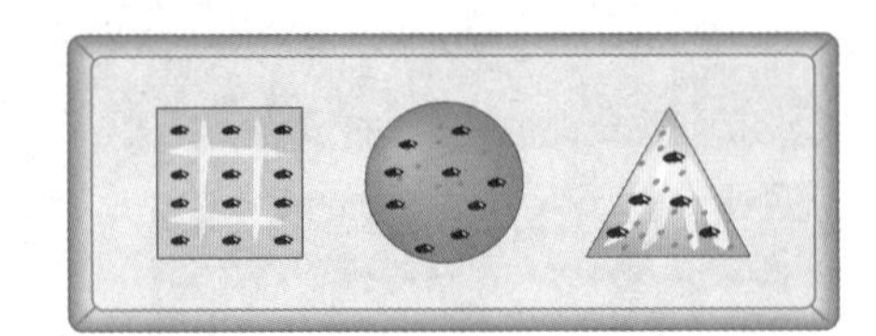

3 ■ 모양의 물건은 모두 몇 개인가요?

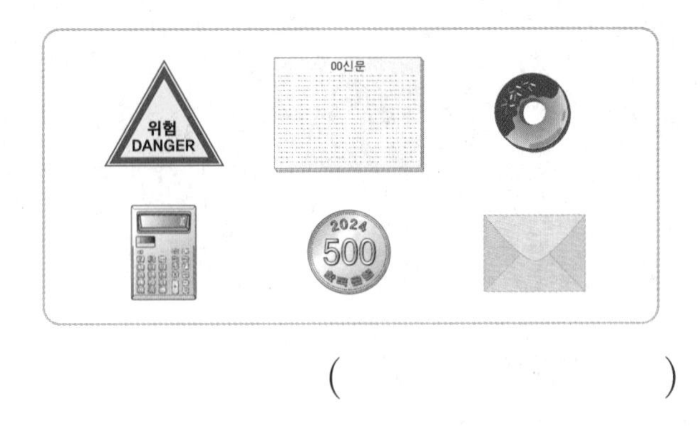

(　　　　　　)

4 오른쪽 조각 케이크에서 찾을 수 없는 모양을 찾아 ×표 하세요.

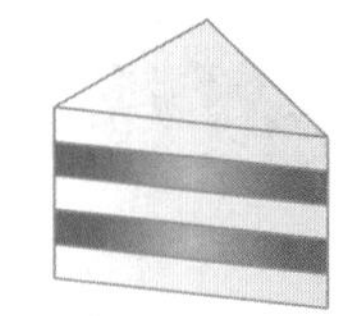

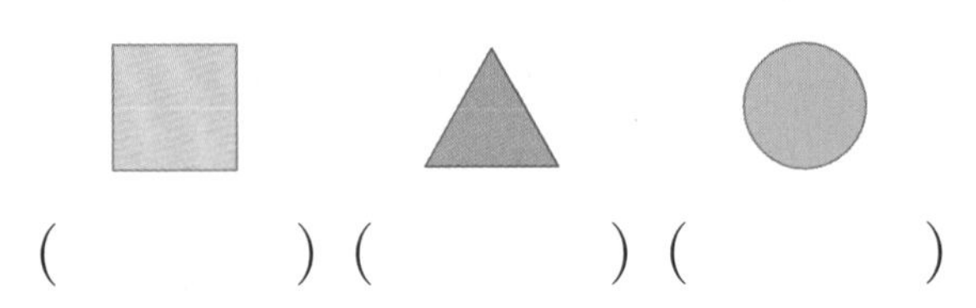

(　　　) (　　　) (　　　)

서술형　실생활 연결

5 서현이 방 안의 모습입니다. 보기와 같이 ■, ▲, ● 모양의 물건을 1개 찾아 쓰세요.

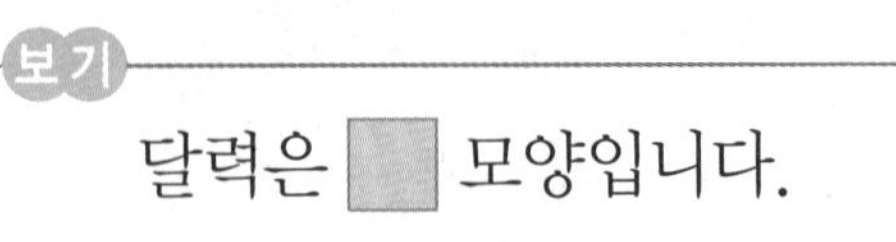

3 모양과 시각

정답과 해설 13쪽

공부한 날　　월　　일

개념 2 같은 모양끼리 모으기

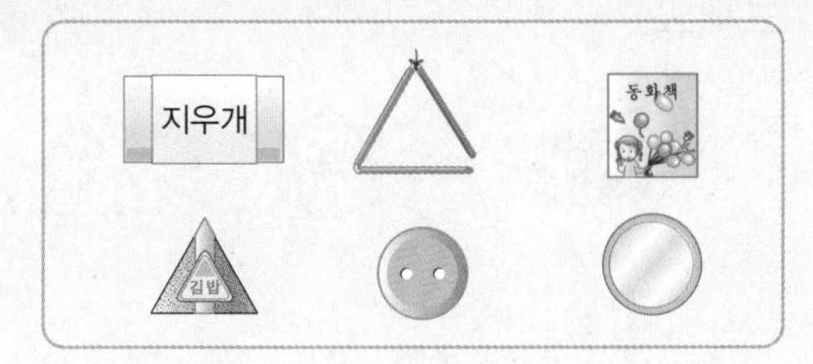

같은 모양끼리 모을 때는
크기나 색깔에 관계없이
모양만 살펴봐.

개념 동영상

6 어떤 모양끼리 모은 것인지 알맞은 모양에 ○표 하세요.

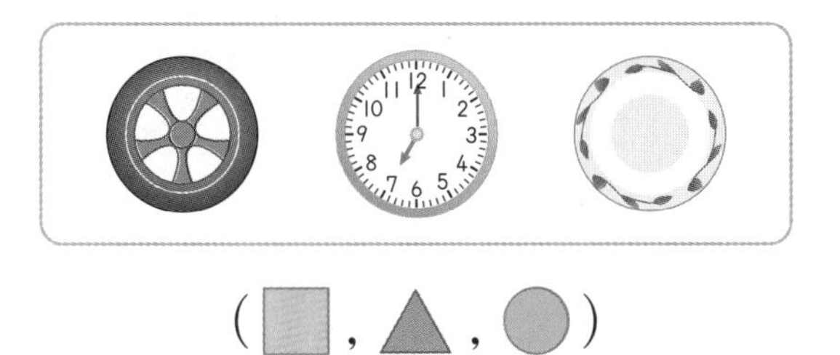

(■ , ▲ , ●)

7 같은 모양끼리 모은 것에 ○표 하세요.

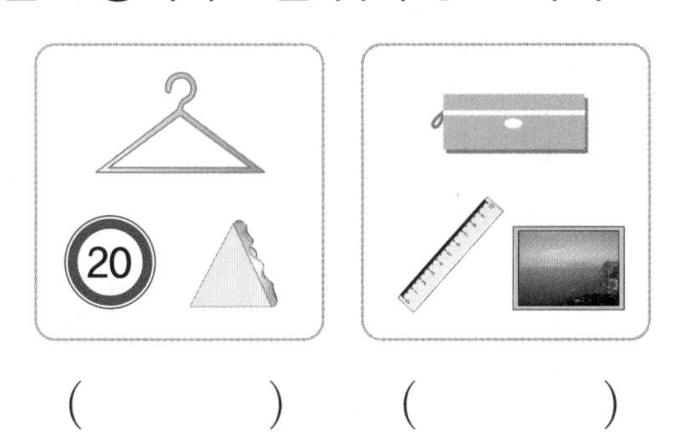

(　　　　) (　　　　)

8 같은 모양끼리 이어 보세요.

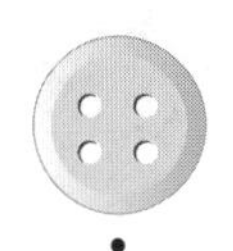
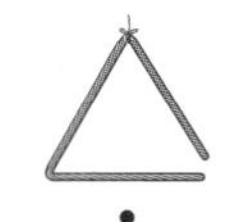

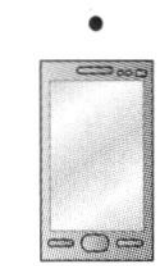
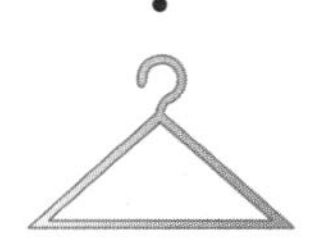

9 같은 모양끼리 모은 것입니다. 잘못 모은 사람의 이름을 쓰세요.

(　　　　　　)

정보처리

10 같은 모양끼리 모아 빈칸에 알맞은 기호를 써넣으세요.

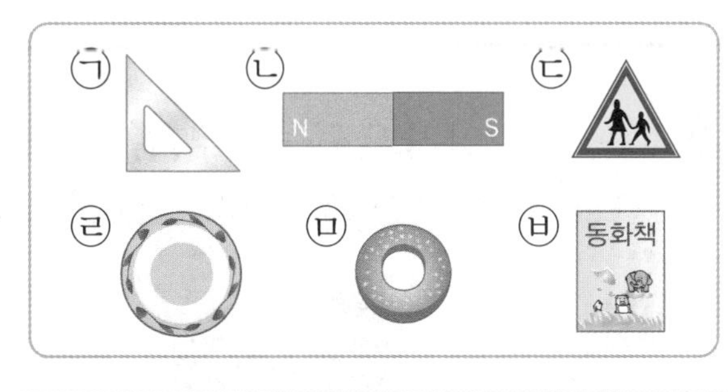

■ 모양	▲ 모양	● 모양

개념 3 여러 가지 모양 알아보기

예 여러 가지 방법으로 ■, ▲, ● 모양 나타내기

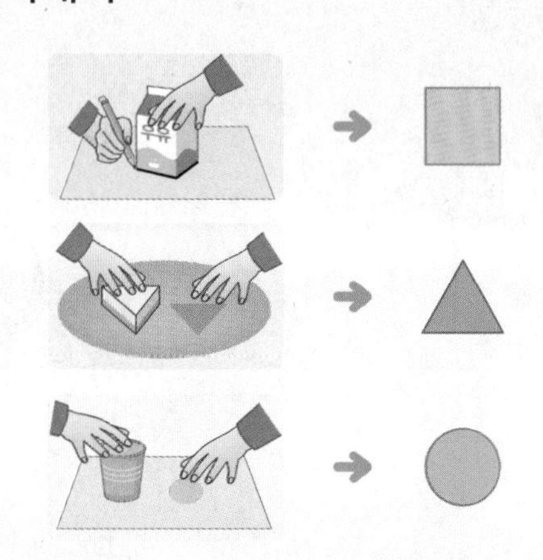

참고 물건을 본뜨기, 고무찰흙 위에 찍기, 물감을 묻혀 찍기를 하면 물건의 아랫부분 모양을 나타낼 수 있습니다.

개념 동영상

11 손가락으로 표현한 모양을 찾아 ○표 하세요.

(1)  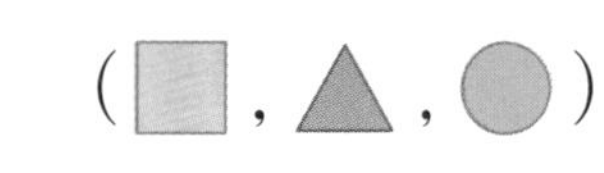

(2)  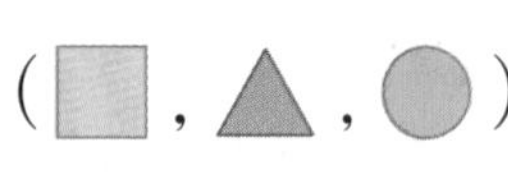

12 그림과 같이 병뚜껑을 고무찰흙 위에 찍었을 때 나오는 모양을 찾아 ○표 하세요.

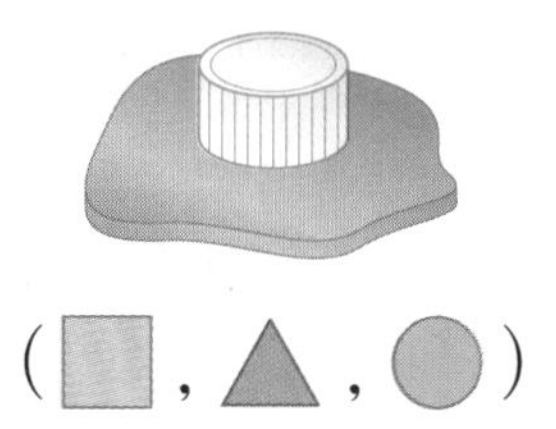

(■, ▲, ●)

13 물건을 본떴을 때 나오는 모양을 찾아 이어 보세요.

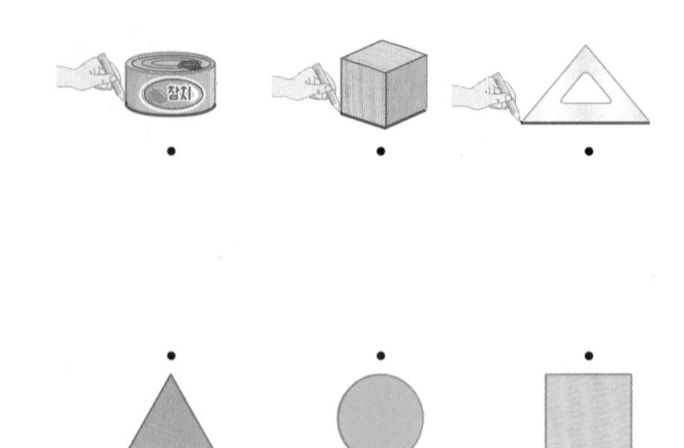

14 팔로 오른쪽 그림과 같이 표현한 모양의 물건을 찾아 기호를 쓰세요.

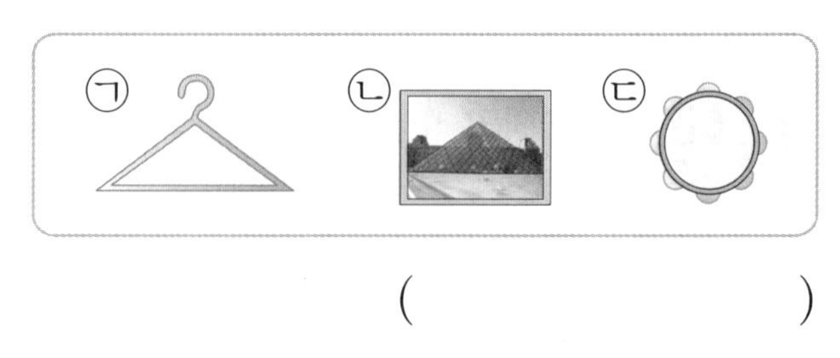

(　　　　　　　)

추론

15 오른쪽 나무토막에 물감을 묻혀 찍을 때 나올 수 있는 모양을 모두 찾아 ○표 하세요.

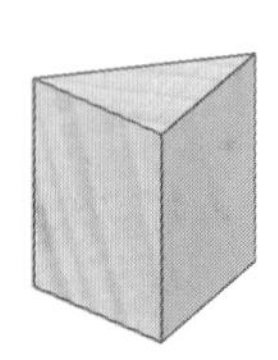

 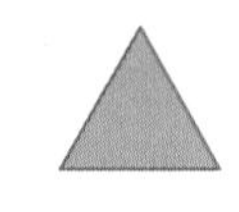 

(　　　) (　　　) (　　　)

개념 4 여러 가지 모양의 특징 알아보기

모양	특징
■	• 뾰족한 부분이 4군데입니다. • 곧은 선이 4개입니다. • 둥근 부분이 없습니다.
▲	• 뾰족한 부분이 3군데입니다. • 곧은 선이 3개입니다. • 둥근 부분이 없습니다.
●	• 뾰족한 부분이 없습니다. • 곧은 선이 없습니다. • 둥근 부분이 있습니다.

개념 동영상

16 ■ 모양에 대한 설명입니다. □ 안에 알맞은 수를 써넣고, 알맞은 말에 ○표 하세요.

(1) 뾰족한 부분이 □ 군데입니다.

(2) 곧은 선이 □ 개입니다.

(3) 둥근 부분이 (있습니다 , 없습니다).

17 은우가 설명한 모양을 찾아 ○표 하세요.

은우
뾰족한 부분이 3군데 있어.

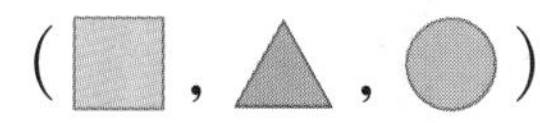

(■ , ▲ , ●)

18 곧은 선이 없는 모양을 찾아 색칠해 보세요.

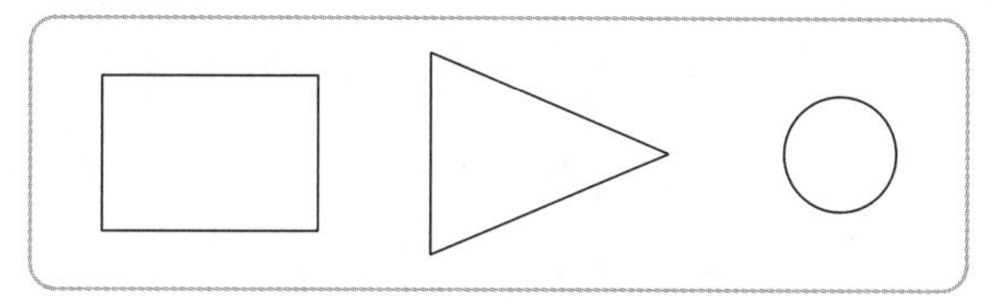

의사소통

19 ■ 모양과 ▲ 모양을 비교하였습니다. 바르게 말한 사람의 이름을 쓰세요.

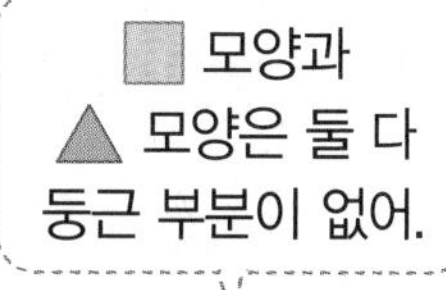
■ 모양과
▲ 모양은 둘 다
둥근 부분이 없어.

건우

■ 모양은 뾰족한 부분이 3군데이고, ▲ 모양은 뾰족한 부분이 4군데야.

유찬

( )

[20~21] 물건에 물감을 묻혀 찍으려고 합니다. 설명에 맞는 모양이 나올 수 있는 물건을 찾아 기호를 쓰세요.

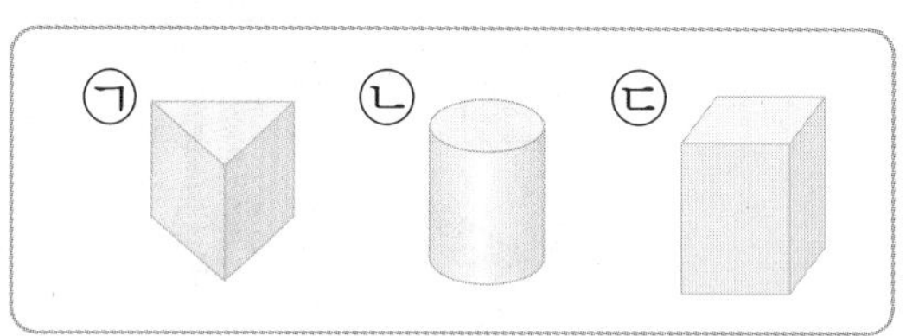
㉠
㉡
㉢

20 곧은 선이 3개입니다.

( )

21 뾰족한 부분이 한 군데도 없습니다.

( )

개념 5 여러 가지 모양을 만들기

예 □, △, ○ 모양으로 기차 모양을 만들어 스케치북을 꾸몄을 때 이용한 □, △, ○ 모양 세어 보기

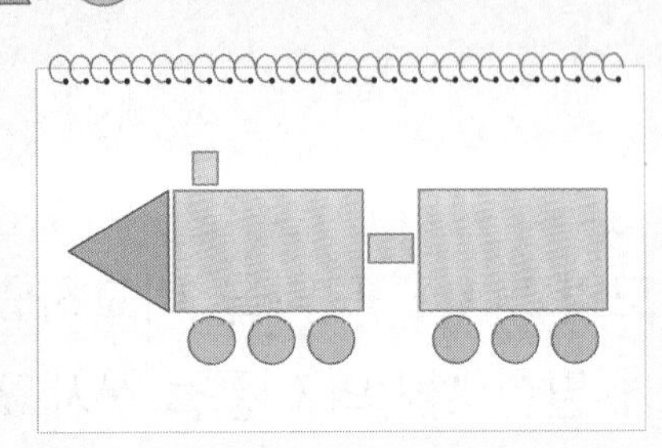

□ 모양	△ 모양	○ 모양
4개	1개	6개

빠뜨리거나 두 번 세지 않도록 모양별로 다른 표시를 하면서 세어 봐.

22 놀이기구를 □, △, ○ 모양으로 꾸몄습니다. 이용한 모양은 각각 몇 개인가요?

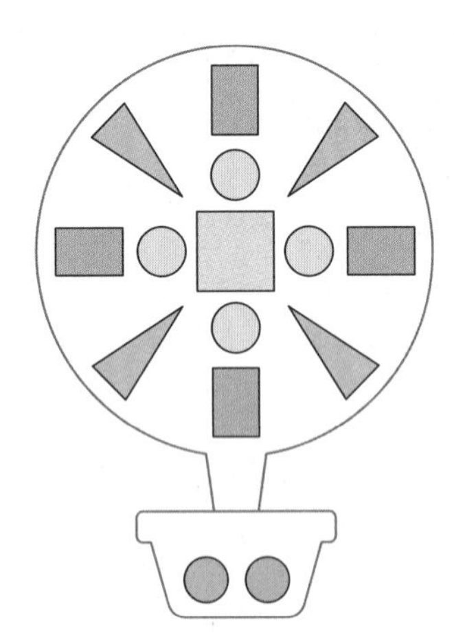

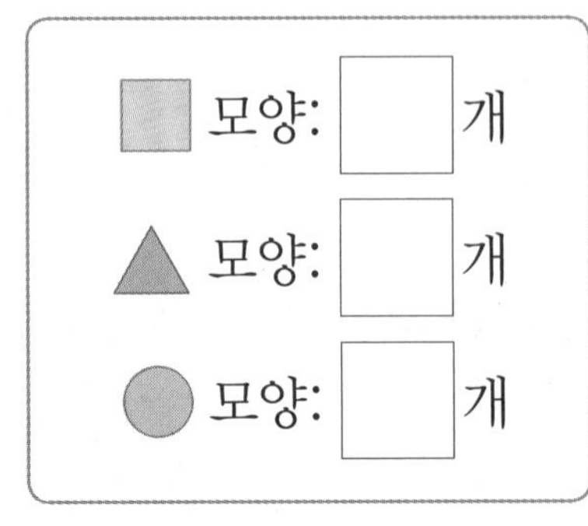

23 □, △ 모양을 이용하여 꾸민 창문에 ○표 하세요.

( ) ( )

문제 해결

24 배를 꾸미는 데 ○ 모양은 □ 모양보다 몇 개 더 많이 이용했나요?

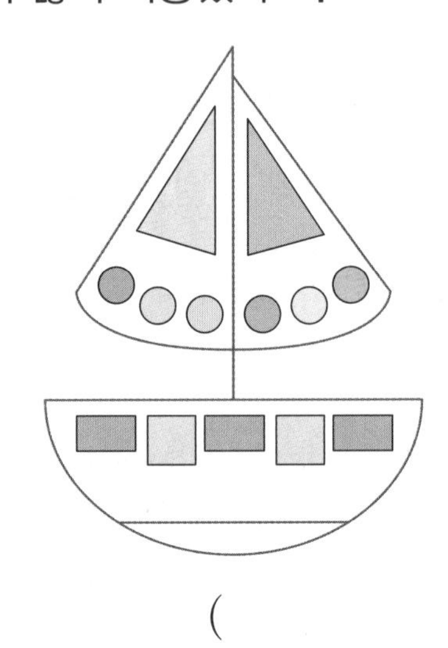

( )

25 □, △, ○ 모양을 모두 이용하여 원숭이의 얼굴을 꾸며 보세요.

정답과 해설 13쪽

1~5 형성 평가

맞힌 문제 수 개/6개

공부한 날 월 일

1 왼쪽과 같은 모양의 물건에 ○표 하세요.

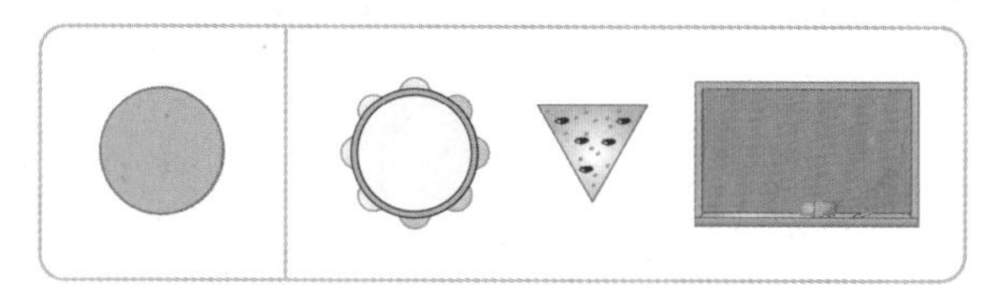

2 성냥개비로 만든 모양을 찾아 ○표 하세요.

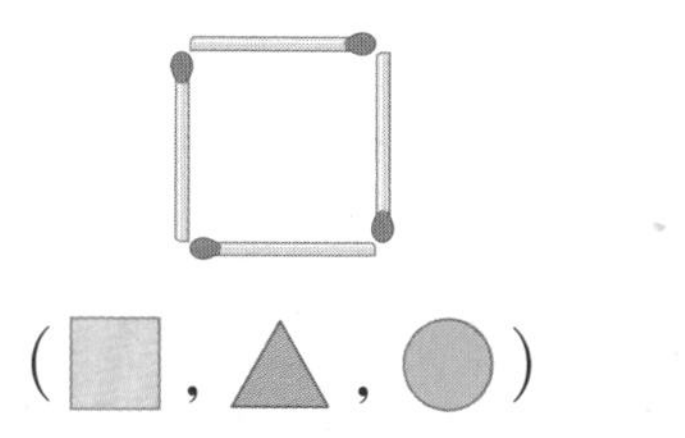

3 같은 모양끼리 모으고 있습니다.  을 놓아야 할 곳에 ○표 하세요.

( )

( )

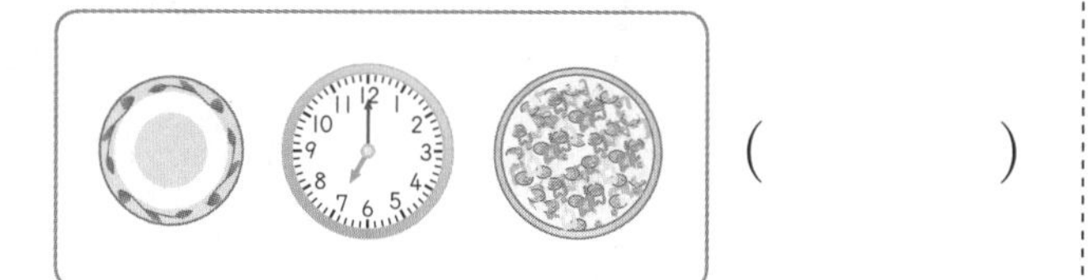

( )

4 물건을 본떴을 때 나오는 모양이 나머지와 다른 하나를 찾아 ×표 하세요.

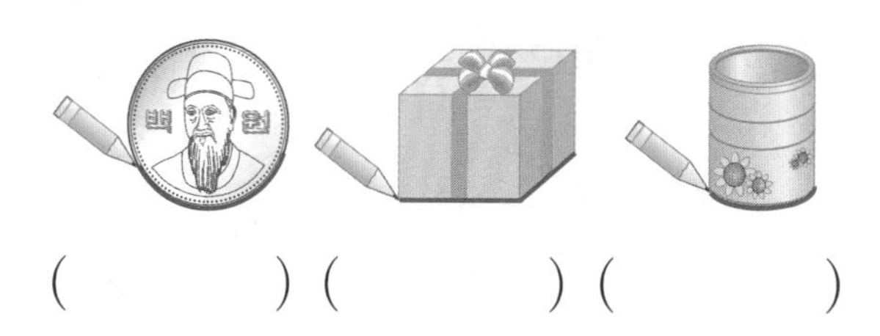

( ) ( ) ( )

5 모양에 대해 바르게 말한 사람의 이름을 쓰세요.

□ 모양은 곧은 선이 3개 있어.
△ 모양은 둥근 부분이 있어.
○ 모양은 뾰족한 부분이 없어.
지안
서준
서아

( )

6 □, △, ○ 모양 중 고래를 꾸미는 데 가장 많이 이용한 모양을 찾아 ○표 하세요.

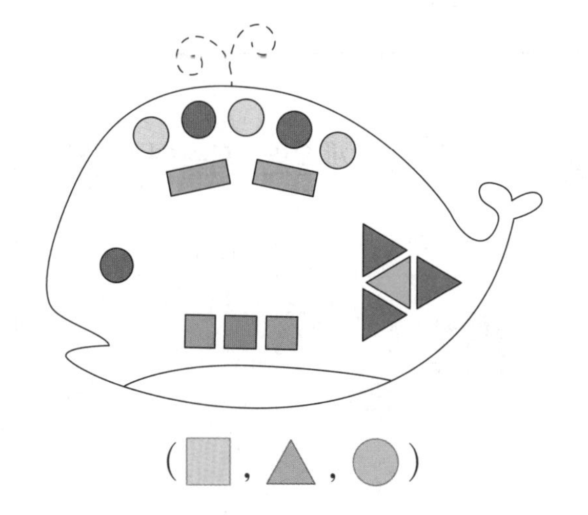

(□, △, ○)

개념별 유형

개념 6 몇 시 알아보기

예 6시 알아보기

짧은바늘이 6,
긴바늘이 12를 가리킬 때
시계는 6시를 나타냅니다.

6시는 여섯 시라고 읽습니다.

'몇 시'일 때
긴바늘이 12를 가리켜.

참고 6시, 7시 등을 시각이라고 합니다.

개념 동영상

1 시계를 보고 몇 시인지 쓰세요.

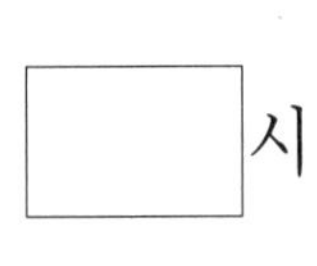 시

2 시각을 바르게 읽은 사람의 이름을 쓰세요.

다섯 시

열두 시

( )

3 같은 시각끼리 이어 보세요.

• 2:00

• 3:00

• 

정보처리

4 시곗바늘이 다음과 같이 가리킬 때의 시각을 쓰고 읽어 보세요.

• 짧은바늘: 7 • 긴바늘: 12

쓰기 ( )

읽기 ( )

5 나타내는 시각이 나머지와 다른 하나를 찾아 기호를 쓰세요.

㉠ 12시 ㉡ 열두 시

㉢ 

㉣ 

( )

개념 7 몇 시를 나타내기

예 8시를 나타내기
① 짧은바늘이 8을 가리키도록 그립니다.
② 긴바늘이 12를 가리키도록 그립니다.

짧은바늘과 긴바늘의 길이가 구분되도록 그려야 해.

6 3시를 바르게 나타낸 것에 ○표 하세요.

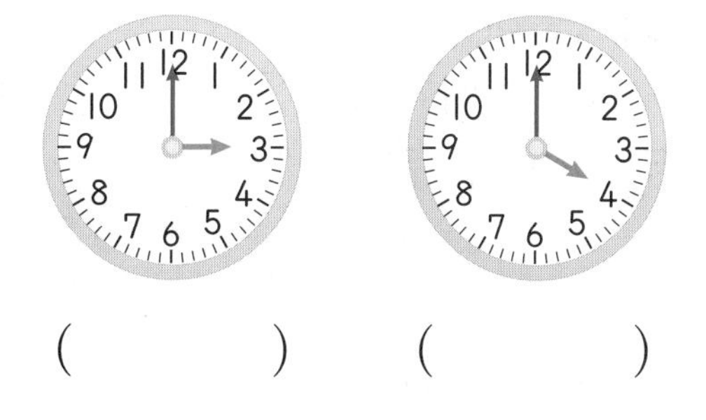

( ) ( )

7 시각에 맞게 시계에 긴바늘을 그려 보세요.

8 시각에 맞게 오른쪽 시계에 짧은바늘을 그려 보세요.

9 11시를 시계에 나타내려고 합니다. 바르게 설명한 사람의 이름을 쓰세요.

짧은바늘이 11, 긴바늘이 12를 가리키도록 그려야 해.

짧은바늘이 12, 긴바늘이 11을 가리키도록 그려야 해.

( )

10 □ 안에 알맞은 수를 써넣고, 10시를 시계에 나타내 보세요.

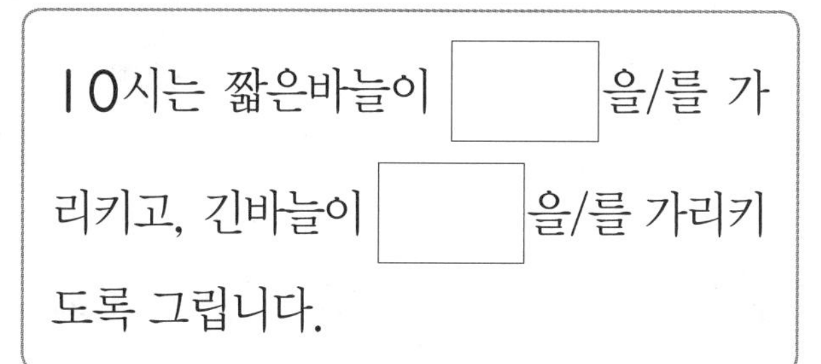

10시는 짧은바늘이 □ 을/를 가리키고, 긴바늘이 □ 을/를 가리키도록 그립니다.

실생활 연결

11 상황에 맞게 시각을 시계에 나타내 보세요.

기차를 타고 6시에 출발하여 9시에 도착하였습니다.

출발 도착

STEP 1

개념별 유형

개념 8 몇 시 30분 알아보기

예 9시 30분 알아보기

짧은바늘이 9와 10의 가운데,
긴바늘이 6을 가리킬 때
시계는 9시 30분을 나타냅니다.

9시 30분은 아홉 시 삼십 분이라고 읽습니다.

'몇 시 30분'일 때
긴바늘이 6을 가리켜.

개념 동영상

12 시계를 보고 몇 시 몇 분인지 쓰세요.

13 시각을 바르게 쓴 것에 ○표 하세요.

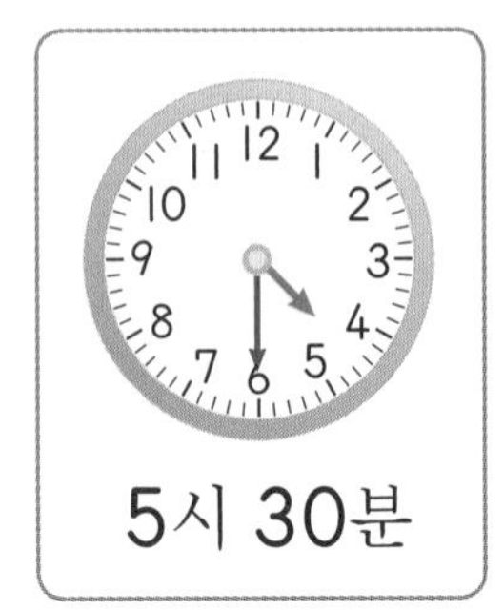

5시 30분

( )

12시 30분

( )

14 두 시계를 보고 같은 점을 쓰세요.

같은 점 긴바늘이 □을/를 가리킵니다.

15 지금은 몇 시 몇 분인가요?

지금 시계의 짧은바늘이 3과 4의 가운데,
긴바늘이 6을 가리키고 있어.

( )

정보처리

16 시계의 긴바늘이 6을 가리키는 시각을 모두 찾아 기호를 쓰세요.

㉠ 6시 ㉡ 12시
㉢ 6시 30분 ㉣ 4시 30분

( )

17 다음을 보고 □ 안에 알맞은 수를 써넣으세요.

숙제 시작

숙제 끝

숙제를 □시 □분에 시작하여
□시 □분에 끝냈습니다.

정답과 해설 14쪽

개념 9 몇 시 30분을 나타내기

예 4시 30분을 나타내기

① 짧은바늘이 **4**와 **5**의 가운데를 가리키도록 그립니다.

② 긴바늘이 **6**을 가리키도록 그립니다.

18 시각에 맞게 시계에 긴바늘을 그려 보세요.

3시 30분

19 □ 안에 알맞은 수를 써넣고, 시각에 맞게 짧은바늘을 그려 보세요.

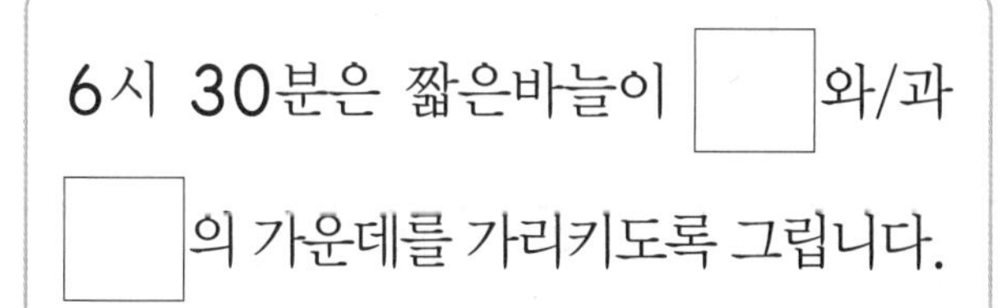

6시 30분은 짧은바늘이 □ 와/과 □ 의 가운데를 가리키도록 그립니다.

20 11시 30분을 시계에 나타내려고 합니다. 바르게 설명한 사람의 이름을 쓰세요.

은우: 짧은바늘이 10과 11의 가운데를 가리키도록 그려.

유찬: 긴바늘이 6을 가리키도록 그려.

(　　　　　　)

21 시곗바늘이 잘못 그려진 시계를 찾아 ×표 하세요.

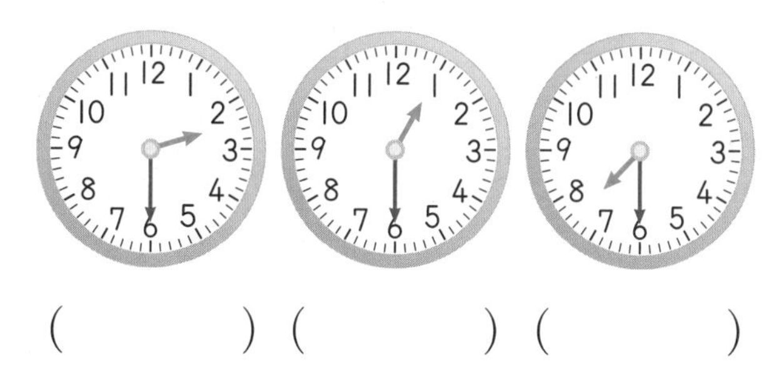

(　　　) (　　　) (　　　)

22 시각을 오른쪽 시계에 나타내 보세요.

서술형

23 다음 시각을 시계에 나타내고, 그 시각에 하고 싶은 일을 쓰세요.

10시 30분

____

____

개념 10 생활 속 시각 알아보기

그림을 보고 '몇 시' 또는 '몇 시 30분'에 하는 일을 알아봅니다.

예

8시 **30**분에 학교에 갔습니다.

[24~25] 그림을 보고 □ 안에 알맞은 수를 써넣으세요.

24

□시에 일어났습니다.

25

□시 □분에 양치를 했습니다.

26 줄넘기를 하고 있는 시각을 쓰세요.

(　　　　　　　　)

27 책을 읽은 시각에 맞게 시계에 긴바늘을 그려 보세요.

| 시에 책을 읽었습니다.

28 그림을 보고 □ 안에 알맞은 수를 써넣으세요.

□시 □분에 식사를 하고

□시에 피아노를 쳤습니다.

문제 해결

29 휘서는 2시 30분에 축구를 하고, 5시에 문제집을 풀었습니다. 상황에 맞게 시각을 시계에 나타내 보세요.

축구를 한 시각

문제집을 푼 시각

정답과 해설 14쪽

❻~❿ 형성 평가

맞힌 문제 수 개/6개

공부한 날 월 일

1 시각을 쓰고 읽어 보세요.

쓰기 (   )

읽기 (   )

2 그림을 보고 □ 안에 알맞은 수를 써넣으세요.

□시 □분에 잠을 잤습니다.

3 잼잼 제과점에서 빵이 나오는 시각을 나타내는 시계에 ○표 하세요.

잼잼 제과점
빵 나오는 시각: 8시

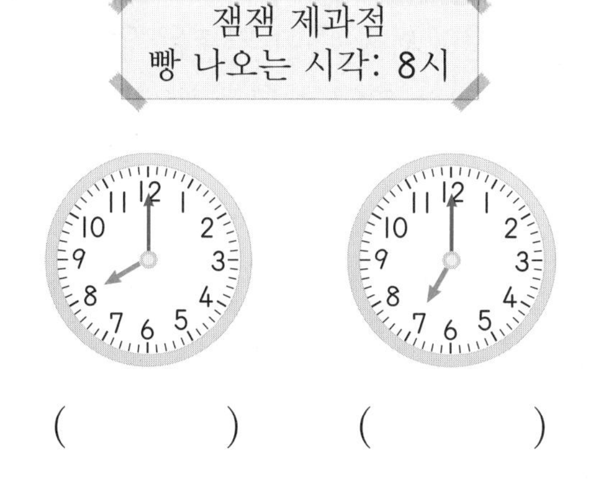

(   )   (   )

4 예솔이는 친구들과 함께 토론을 11시에 시작하여 1시 30분에 끝냈습니다. 상황에 맞게 시각을 시계에 나타내 보세요.

5 다음과 같이 시곗바늘을 그려 넣고, 시계가 나타내는 시각을 쓰세요.

- 짧은바늘: 4와 5의 가운데
- 긴바늘: 6

(   )

6 시각을 오른쪽 시계에 나타냈을 때 긴바늘이 12를 가리키는 시각을 모두 찾아 기호를 쓰세요.

(   )

STEP 2 꼬리를 무는 유형

1 주어진 모양이 나오는 물건 찾기

1 기본

물건을 종이 위에 대고 그렸을 때 △ 모양이 나오는 것을 찾아 기호를 쓰세요.

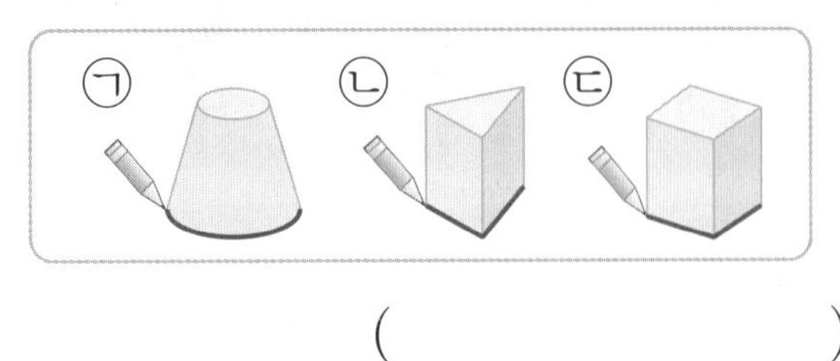

(　　　　　　　　)

2 변형

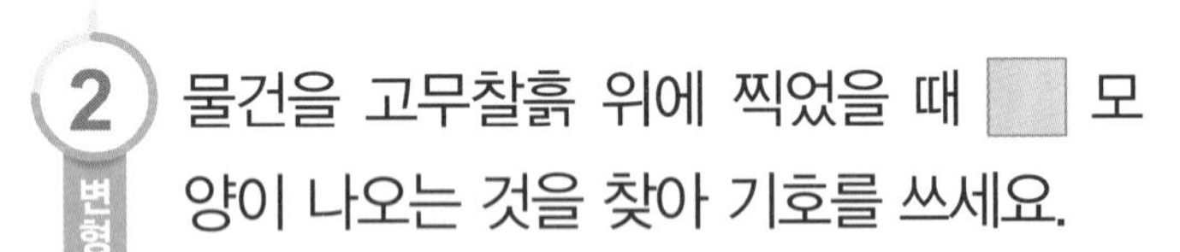

물건을 고무찰흙 위에 찍었을 때 □ 모양이 나오는 것을 찾아 기호를 쓰세요.

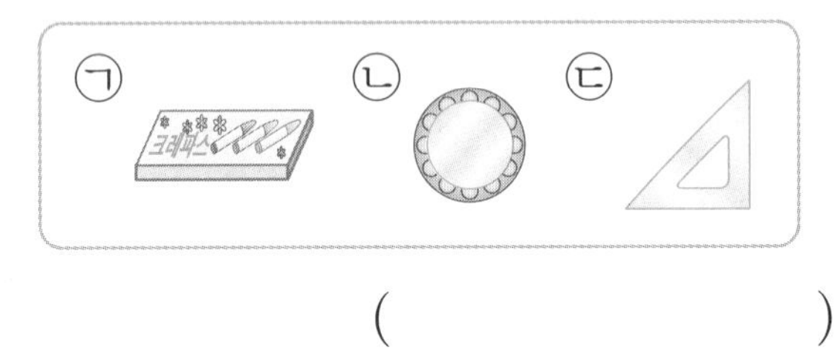

(　　　　　　　　)

3 변형

물건에 물감을 묻혀 찍을 때 ○ 모양이 나올 수 있는 것을 찾아 기호를 쓰세요.

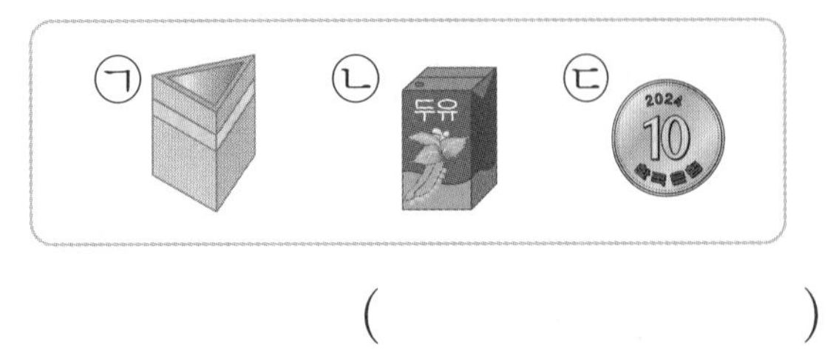

(　　　　　　　　)

2 설명하는 모양 찾기

4 기본

민재가 설명하는 모양을 찾아 ○표 하세요.

민재: 뾰족한 부분이 4군데 있어.

(□ , △ , ○)

5 변형

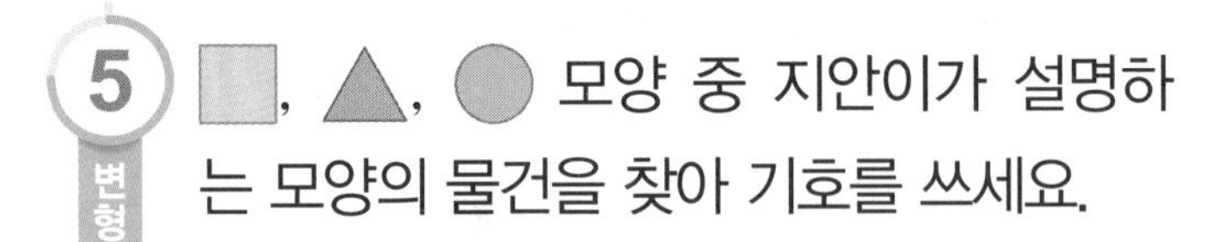

□, △, ○ 모양 중 지안이가 설명하는 모양의 물건을 찾아 기호를 쓰세요.

지안: 곧은 선이 3개 있어.

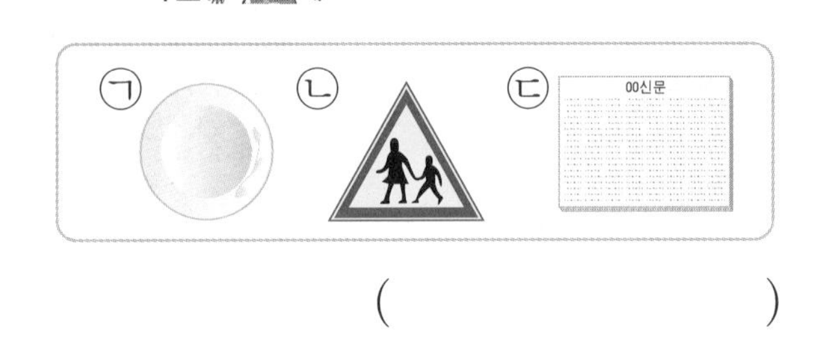

(　　　　　　　　)

6 변형

다음에서 뾰족한 부분은 없고, 둥근 부분만 있는 모양은 모두 몇 개인가요?

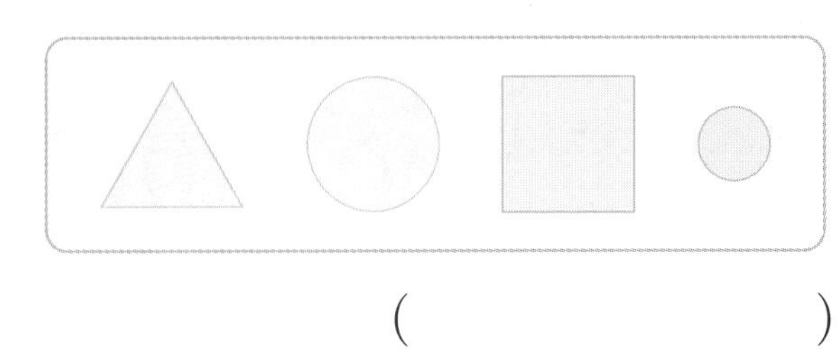

(　　　　　　　　)

3 여러 가지 시계의 시각 알아보기

7 기본 진하의 손목 시계입니다. 이 시계가 나타내는 시각을 쓰세요.

(　　　　　　　　　　)

8 변형 소민이의 방에 있는 시계입니다. 이 시계가 나타내는 시각을 쓰세요.

(　　　　　　　　　　)

9 변형 거울에 비친 시계입니다. 이 시계가 나타내는 시각을 쓰세요.

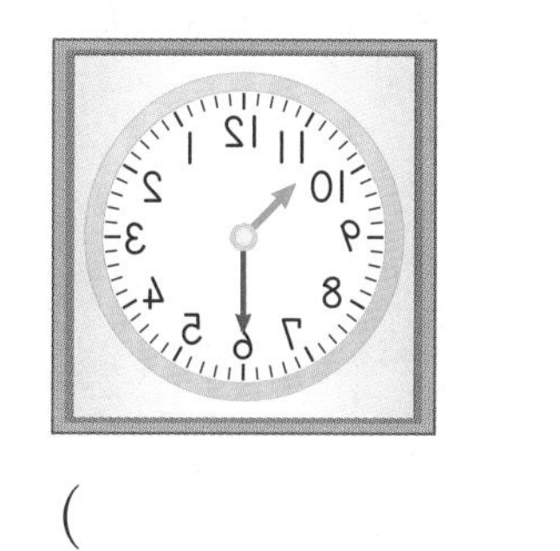

(　　　　　　　　　　)

4 알맞게 그려진 시계 찾기

10 기본 '몇 시'를 나타내는 시계입니다. 짧은바늘과 긴바늘이 알맞게 그려진 시계를 모두 찾아 ○표 하세요.

(　　　) (　　　) (　　　)

11 변형 '몇 시 30분'을 나타내는 시계입니다. 짧은바늘과 긴바늘이 알맞게 그려진 시계를 모두 찾아 ○표 하세요.

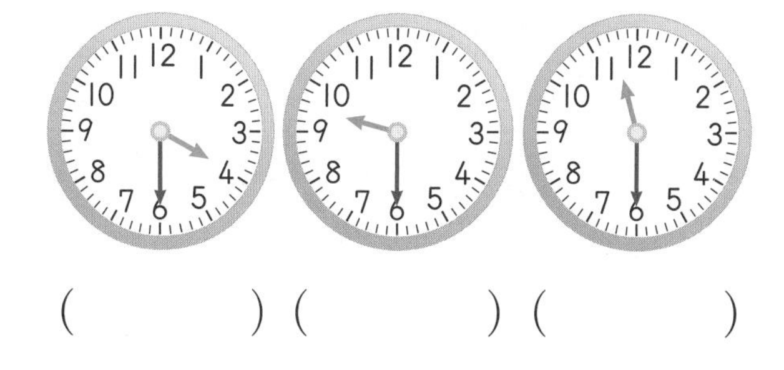

(　　　) (　　　) (　　　)

12 변형 시곗바늘이 잘못 그려진 시계를 모두 찾아 ×표 하세요.

(　　　) (　　　) (　　　)

5 모양의 부분을 보고 전체 모양 알아보기

뾰족한 부분, 곧은 선, 둥근 부분 등을 생각하면서 주어진 모양의 부분을 보고 전체 모양을 완성해 봅니다.

13 실력 오른쪽은 어떤 모양의 부분을 나타낸 그림인지 찾아 기호를 쓰세요.

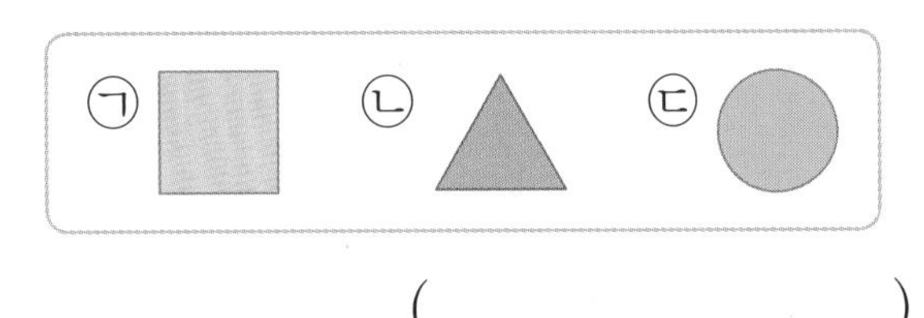

( )

14 변형 오른쪽은 어떤 모양의 부분을 나타낸 그림인지 찾아 기호를 쓰세요.

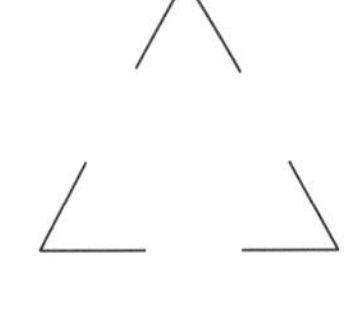

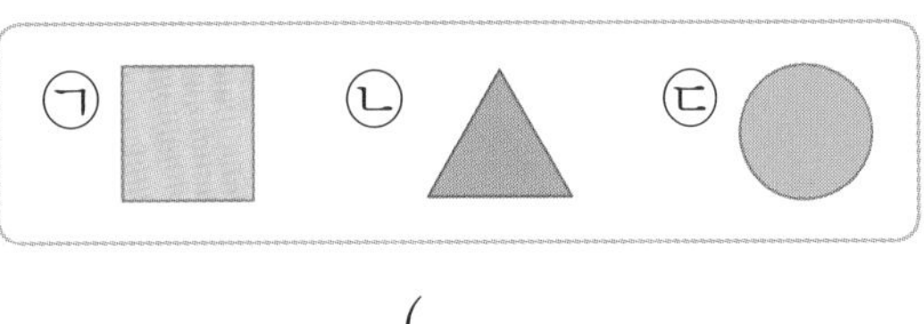

( )

15 레벨업 오른쪽은 다음 중 한 물건을 본뜬 모양의 부분입니다. 본뜬 물건을 찾아 기호를 쓰세요.

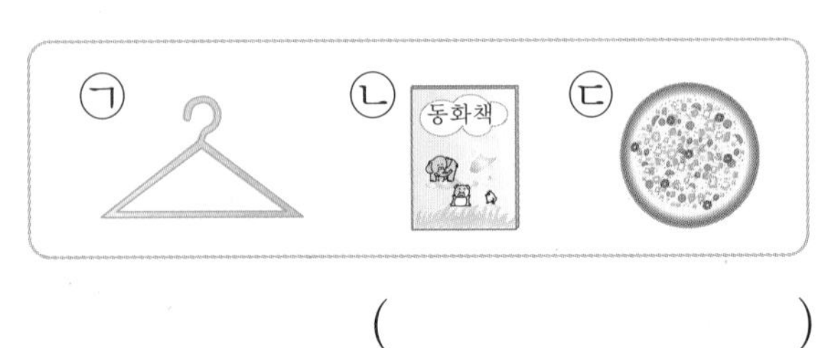

( )

6 시곗바늘의 움직임 알아보기

시계의 긴바늘을 한 바퀴 돌리면 짧은바늘은 숫자 눈금 한 칸만큼 움직입니다.

예

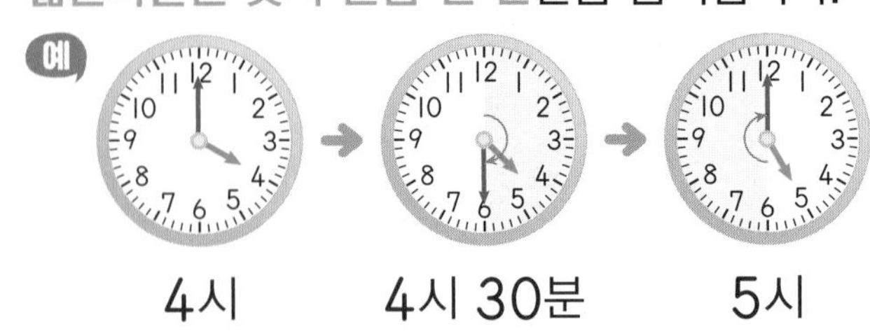

16 실력 오른쪽 시각에서 시계의 긴바늘이 한 바퀴 돌았을 때의 시각을 구하세요.

( )

17 변형 오른쪽 시각에서 시계의 긴바늘이 한 바퀴 돌면 짧은바늘은 어떤 숫자를 가리키나요?

( )

18 레벨업 만화 영화가 9시 30분에 시작하여 긴바늘이 한 바퀴 돌았을 때 끝났습니다. 만화 영화가 끝난 시각을 시계에 나타내 보세요.

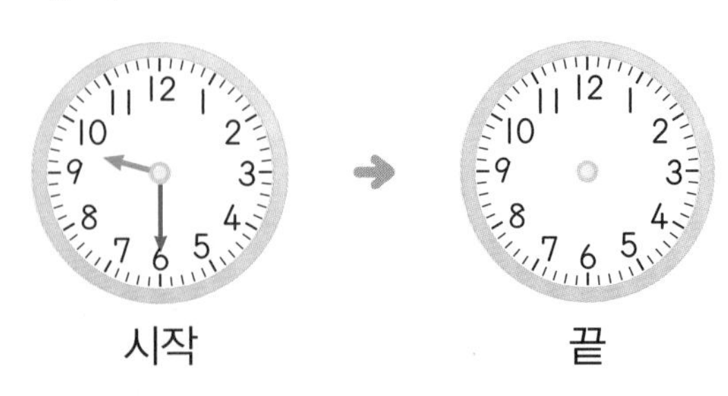

7 시각의 순서 알아보기

시각이 빠른 것은 먼저 한 것이고,
시각이 늦은 것은 나중에 한 것입니다.

19 실력 재호와 다은이가 오늘 낮에 놀이터에 도착한 시각입니다. 놀이터에 더 늦게 도착한 사람의 이름을 쓰세요.

( )

[20~21] **진수, 태겸, 승하가 분식집 앞에 도착한 시각입니다. 물음에 답하세요.**

20 변형 가장 먼저 분식집 앞에 도착한 사람의 이름을 쓰세요.

( )

21 레벨업 진수, 태겸, 승하가 4시에 분식집 앞에서 만나기로 약속했다면 약속한 시각보다 늦게 도착한 사람은 누구인가요?

( )

8 색종이를 접어 잘랐을 때 나오는 모양의 개수

예

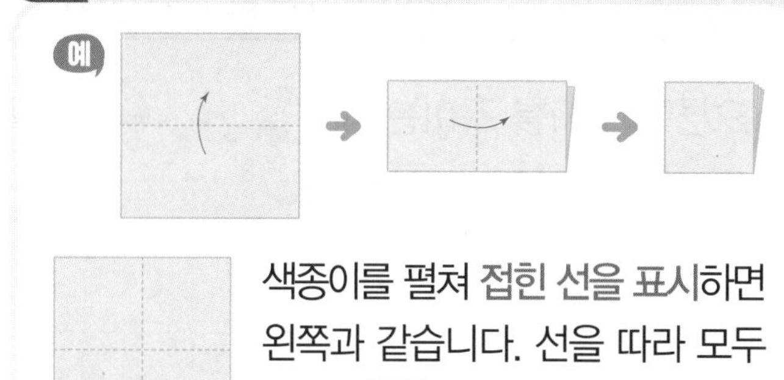

색종이를 펼쳐 접힌 선을 표시하면 왼쪽과 같습니다. 선을 따라 모두 자르면 ▢ 모양 4개가 생깁니다.

22 실력 다음 그림과 같이 색종이를 2번 접은 후 펼쳐서 접힌 선을 따라 모두 잘랐습니다. △ 모양이 몇 개 생기나요?

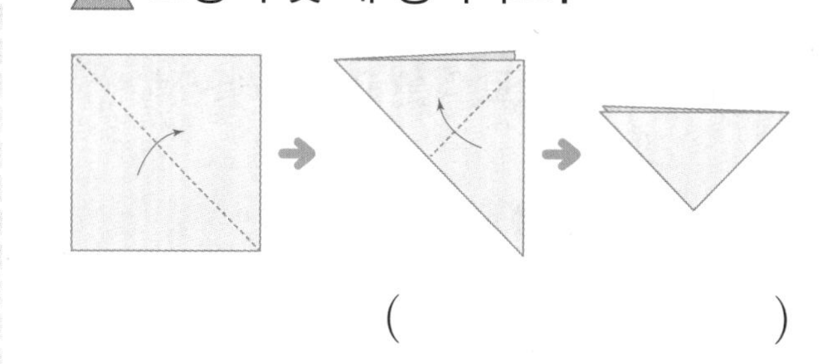

( )

23 레벨업 다음 그림과 같이 색종이를 3번 접은 후 펼쳐서 접힌 선을 따라 모두 잘랐습니다. ▢ 모양이 몇 개 생기나요?

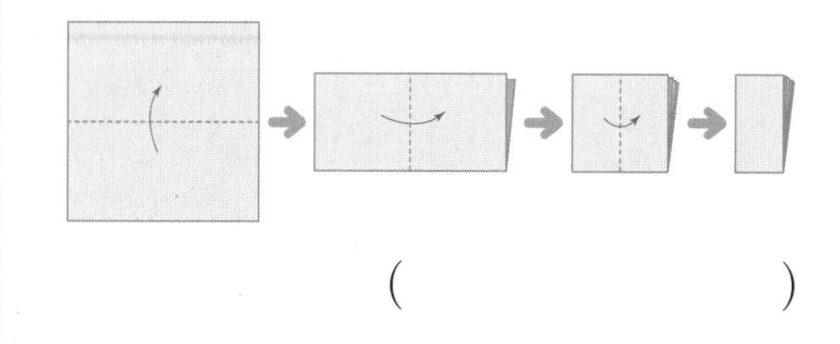

( )

STEP 3 수학 독해력 유형

독해력 유형 1 가장 많이 이용한 모양 찾기

구하려는 것에 밑줄을 긋고 풀어 보세요.

오른쪽 모자를 꾸미는 데 ■, ▲, ● 모양 중 가장 많이 이용한 모양은 어떤 모양인지 구하세요.

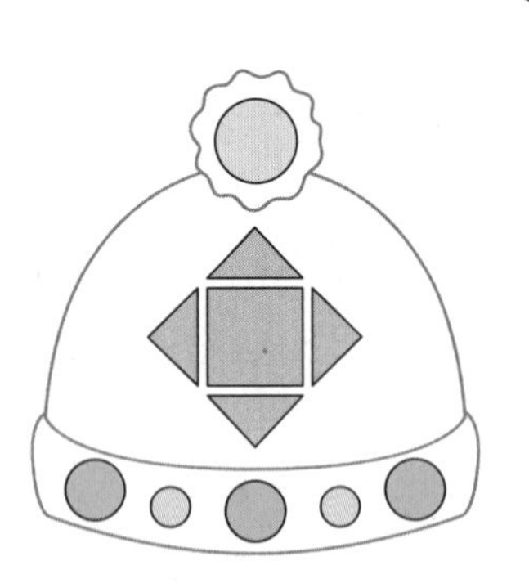

해결 비법

이용한 모양의 수를 셀 때, 빠뜨리거나 두 번 세지 않도록 모양별로 서로 다른 표시를 하면서 셉니다.

예

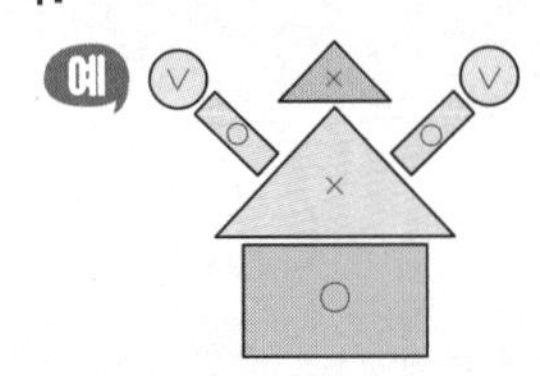

문제 해결

❶ 이용한 모양의 수 구하기:

■ 모양 [ ]개, ▲ 모양 [ ]개, ● 모양 [ ]개

알맞은 모양에 ○표 하기

❷ 가장 많이 이용한 모양: (■ , ▲ , ●) 모양

답 ____________

쌍둥이 유형 1-1

위의 문제 해결 방법을 따라 풀어 보세요.

오른쪽 티셔츠를 꾸미는 데 ■, ▲, ● 모양 중 가장 많이 이용한 모양은 어떤 모양인지 구하세요.

따라 풀기 ❶

❷

답 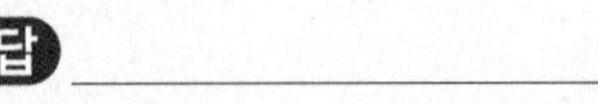

공부한 날 월 일

독해력 유형 2 시각과 시각 사이의 시각 구하기

구하려는 것에 밑줄을 긋고 풀어 보세요.

다음은 새봄이가 낮에 한 일을 시작한 시각입니다. 2시와 4시 사이에 시작한 일은 무엇인지 모두 찾아 쓰세요.

식사

숙제

수영

게임

해결 비법

예 2시와 4시 사이의 시각

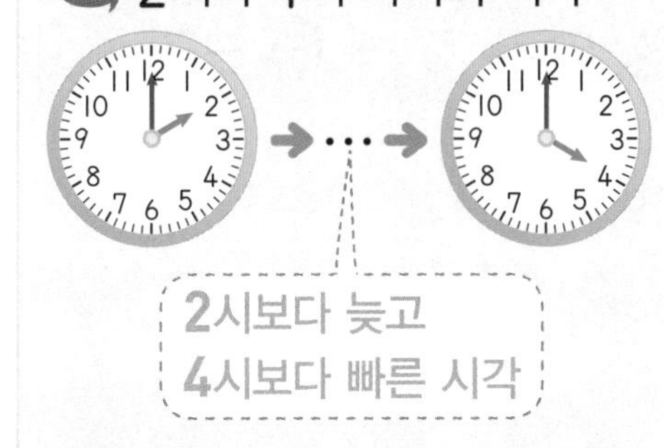

주의 2시와 4시는 포함되지 않습니다.

문제 해결

❶ 새봄이가 낮에 한 일을 시작한 시각 알아보기

• 식사: □시 • 숙제: □시 □분

• 수영: □시 □분 • 게임: □시

❷ 2시와 4시 사이에 시작한 일: □, □

답 ______________________

쌍둥이 유형 2-1

위의 문제 해결 방법을 따라 풀어 보세요.

다음은 은결이와 친구들이 저녁에 양치질을 한 시각입니다. 8시와 9시 30분 사이에 양치질을 한 사람의 이름을 모두 찾아 쓰세요.

은결

보람

현우

민경

따라 풀기 ❶

❷

답 ______________________

STEP 3 수학 독해력 유형

독해력 유형 3 만들고 남은 모양의 개수 구하기

구하려는 것에 밑줄을 긋고 풀어 보세요.

해솔이는 ■ 모양 3개, ▲ 모양 5개, ● 모양 9개를 가지고 있었습니다. 이 모양을 이용하여 오른쪽과 같이 우산 모양을 만들었다면 ■, ▲, ● 모양 중 어떤 모양이 몇 개 남았는지 차례로 쓰세요.

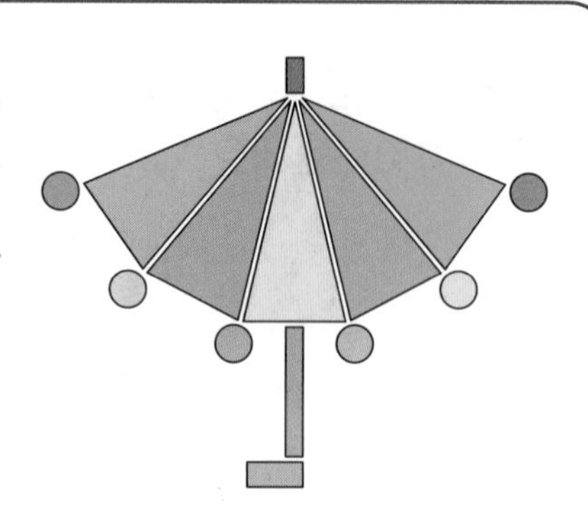

해결 비법

(남은 모양의 수)
=(가지고 있던 모양의 수)
−(이용한 모양의 수)

문제 해결

❶ 이용한 모양의 수 구하기:

■ 모양 ☐개, ▲ 모양 ☐개, ● 모양 ☐개

❷ 남은 모양과 그 모양의 수 구하기:

(■, ▲, ●) 모양이 ☐개 남았습니다.

알맞은 모양에 ○표 하기

답 ________, ________

3 모양과 시각

쌍둥이 유형 3-1

위의 문제 해결 방법을 따라 풀어 보세요.

윤아는 ■ 모양 4개, ▲ 모양 8개, ● 모양 8개를 가지고 있었습니다. 이 모양을 이용하여 오른쪽과 같이 화분 모양을 만들었습니다. ■, ▲, ● 모양 중 어떤 모양이 몇 개 남았는지 차례로 쓰세요.

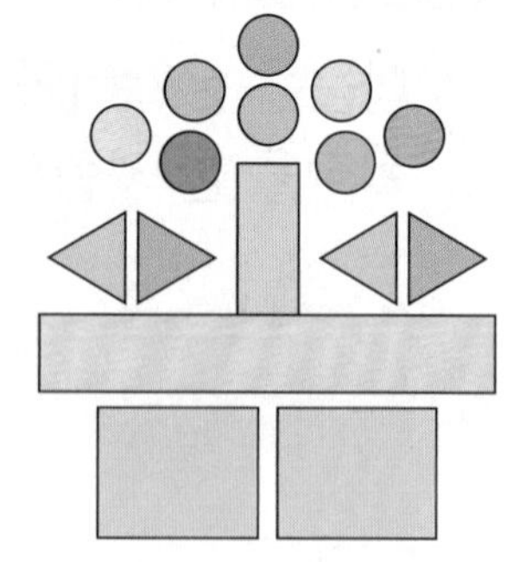

따라 풀기 ❶

❷

답 ________, ________

독해력 유형 4 설명하는 시각 구하기

✎ 구하려는 것에 밑줄을 긋고 풀어 보세요.

다음에서 설명하는 시각을 구하세요.

- 1시와 5시 사이의 시각입니다.
- 긴바늘이 12를 가리킵니다.
- 3시보다 늦은 시각입니다.

해결 비법

- 긴바늘이 12를 가리킬 때
  ➜ 몇 시
- 긴바늘이 6을 가리킬 때
  ➜ 몇 시 30분

문제 해결

❶ 1시와 5시 사이에 긴바늘이 12를 가리키는 시각은 ☐시, ☐시, ☐시입니다.

❷ ❶에서 구한 시각 중 3시보다 늦은 시각은 ☐시입니다.

답 ____________________

쌍둥이 유형 4-1

✎ 위의 문제 해결 방법을 따라 풀어 보세요.

다음에서 설명하는 시각을 구하세요.

- 5시와 9시 사이의 시각입니다.
- 긴바늘이 6을 가리킵니다.
- 6시보다 빠른 시각입니다.

따라 풀기 ❶

❷

답 ____________________

유형TEST

1 △ 모양의 물건을 찾아 그 모양을 따라 그려 보세요.

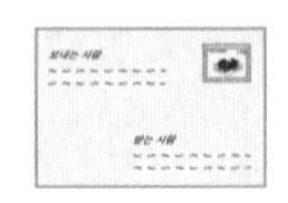

2 3명의 친구들이 팔을 이용하여 만든 모양을 찾아 ○표 하세요.

(□ , △ , ○)

3 시계를 보고 몇 시인지 쓰세요.

4 3시 30분을 나타내는 시계에 ○표 하세요.

( ) ( )

5 어떤 모양끼리 모은 것인지 알맞은 모양에 ○표 하세요.

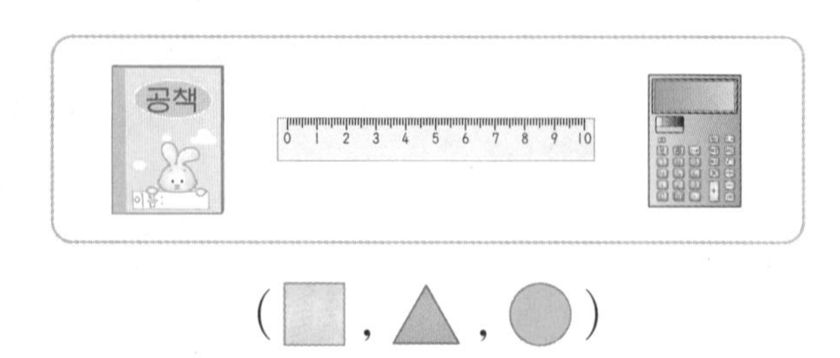

(□ , △ , ○)

6 오른쪽 물건에 물감을 묻혀 찍을 때 나올 수 <u>없는</u> 모양을 찾아 ×표 하세요.

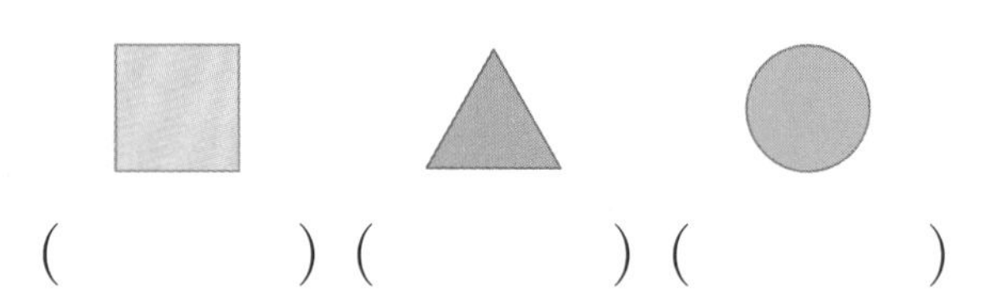

( ) ( ) ( )

의사소통

7 도윤이가 설명하는 모양을 찾아 기호를 쓰세요.

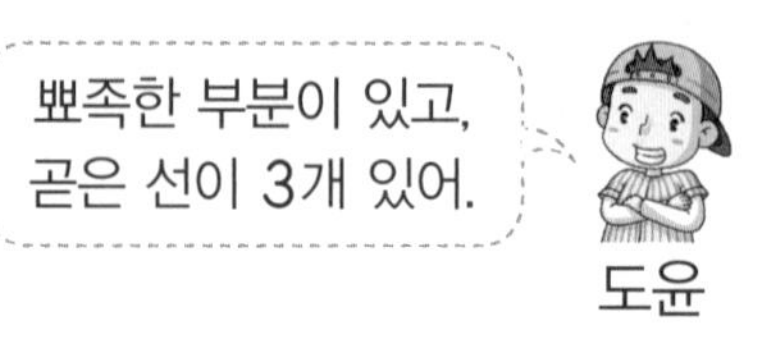

뾰족한 부분이 있고,
곧은 선이 3개 있어.
도윤

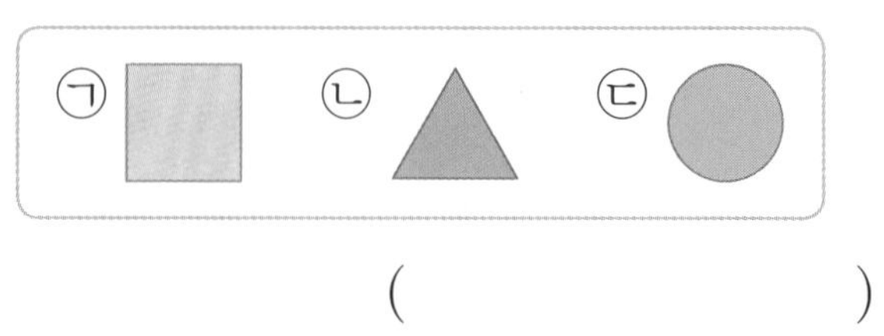

( )

점수 점

공부한 날 월 일

8 물건을 본떴을 때 나오는 모양이 <u>다른</u> 하나를 찾아 기호를 쓰세요.

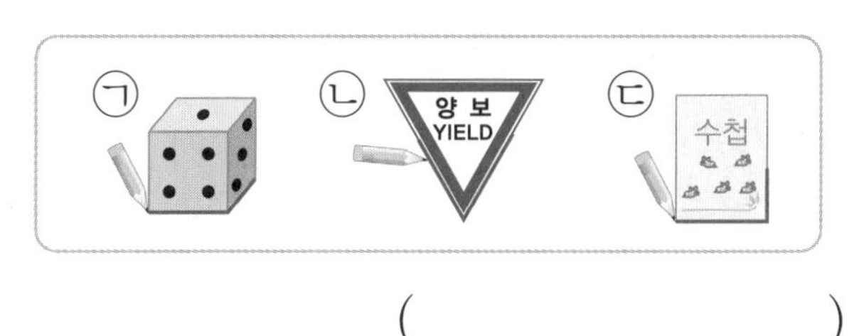

( )

9 손가락으로 그림과 같이 표현한 모양의 물건을 찾아 기호를 쓰세요.

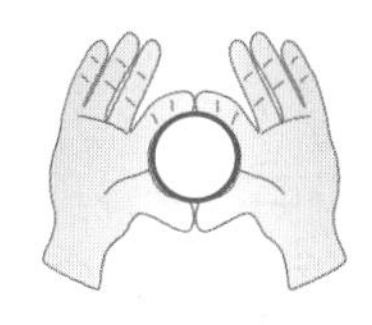

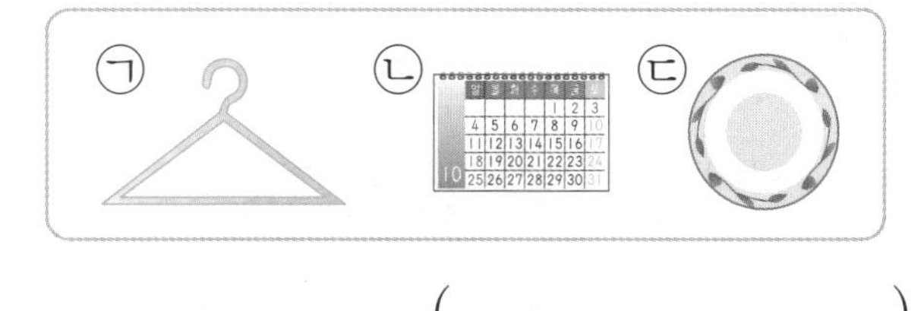

( )

10 우리 주변에서 볼 수 있는 ● 모양의 물건을 1개 찾아 쓰세요.

( )

11 오른쪽은 어떤 모양의 부분을 나타낸 그림인지 찾아 기호를 쓰세요.

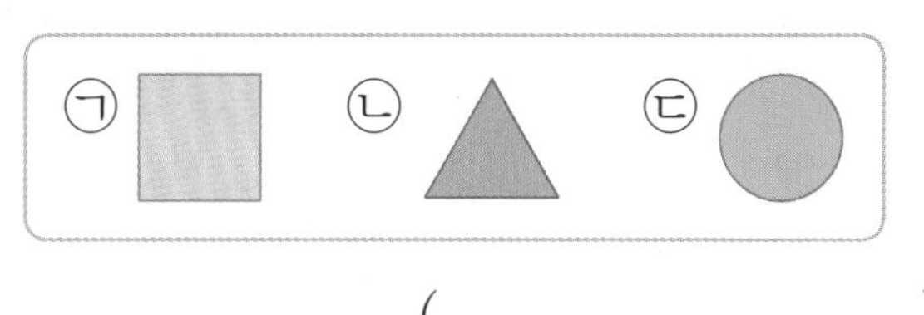

( )

12 시각을 오른쪽 시계에 나타내 보세요.

13 ■, ▲, ● 모양으로 모자를 꾸몄습니다. 지호가 말한 모양을 모두 몇 개 이용했나요?

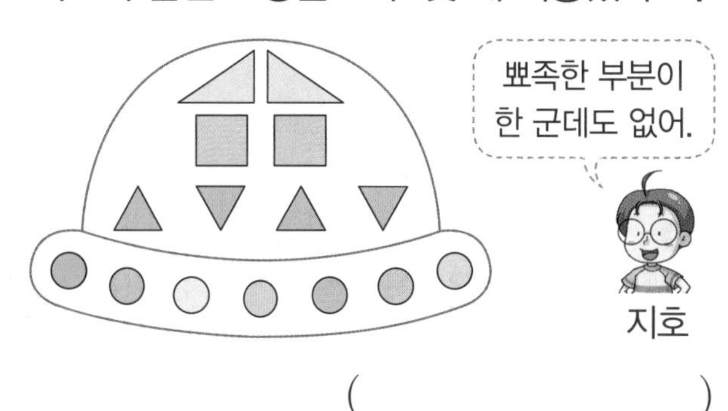

( )

실생활 연결

14 그림을 보고 □ 안에 알맞은 수를 써넣으세요.

나뭇잎 관찰하기 강아지와 놀기

□시에는 나뭇잎을 관찰하고

□시 □분에는 강아지와 놀았습니다.

15 시곗바늘이 잘못 그려진 시계를 모두 찾아 ×표 하세요.

(　　　) (　　　) (　　　)

16 왼쪽 시계에서 긴바늘이 한 바퀴 돌았을 때의 시각을 오른쪽 시계에 나타내 보세요.

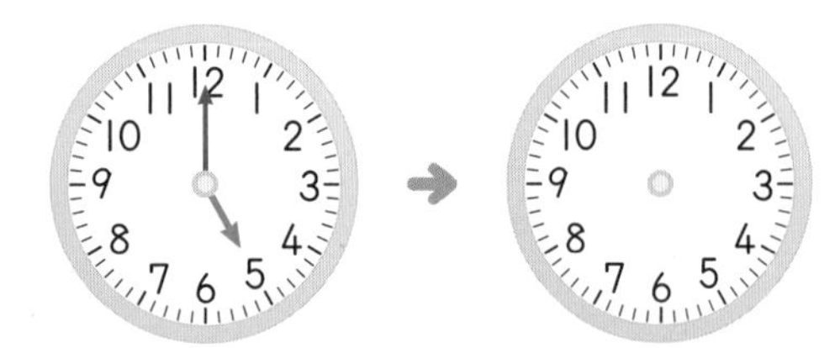

17 나비와 벌 중에서 △ 모양을 더 많이 이용하여 만든 곤충은 어느 것인가요?

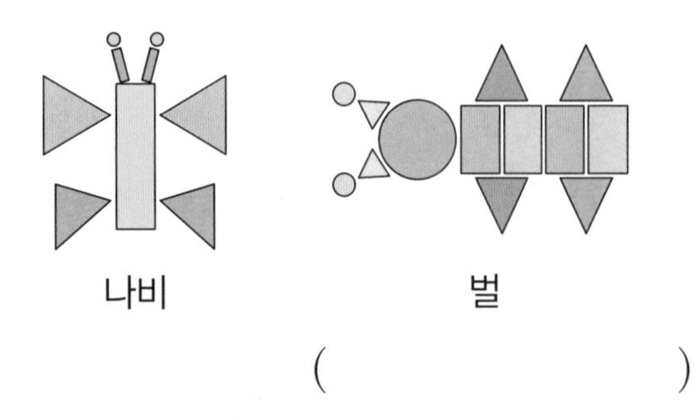

(　　　　　)

18 미정이와 현수가 오늘 낮에 미술 학원에 도착한 시각입니다. 미술 학원에 더 빨리 도착한 사람의 이름을 쓰세요.

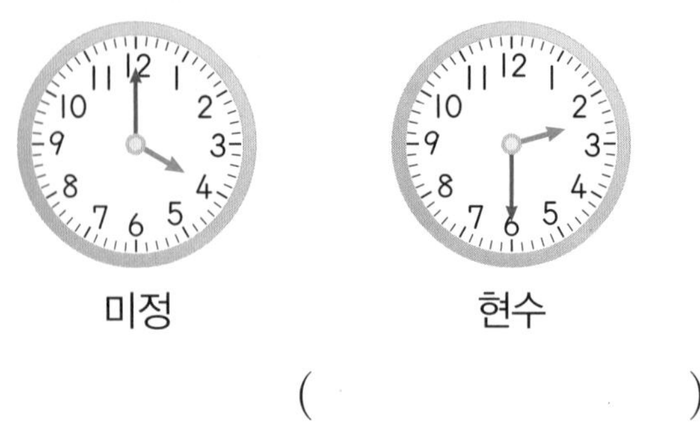

(　　　　　)

19 가방을 꾸미는 데 ▭ 모양은 ○ 모양보다 몇 개 더 많이 이용했나요?

(　　　　　)

서술형

20 다음 시각을 시계에 나타내고, 그 시각에 하고 싶은 일을 쓰세요.

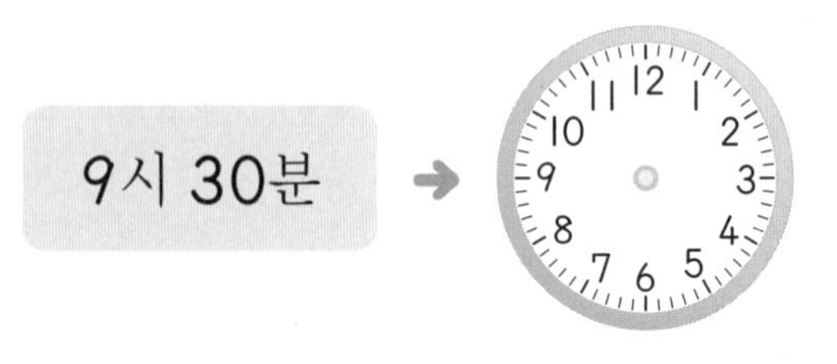

공부한 날 월 일

21 하람이는 저녁 7시부터 9시까지 친구들과 생일 파티를 했습니다. 생일 파티를 하는 동안 볼 수 없는 시각은 어느 것인가요? (   )

①

②

③

④

22 다음에서 설명하는 시각을 모두 구하세요.

- 6시와 10시 사이의 시각입니다.
- 긴바늘이 12를 가리킵니다.

(   )

23 □, △, ○ 모양을 이용하여 교실 게시판을 꾸몄습니다. 가장 많이 이용한 모양과 가장 적게 이용한 모양의 수의 차는 몇 개인가요?

(   )

추론

24 그림과 같이 색종이를 두 번 접은 후 선을 긋고, 그은 선을 따라 잘랐습니다. □ 모양과 △ 모양이 각각 몇 개 생기나요?

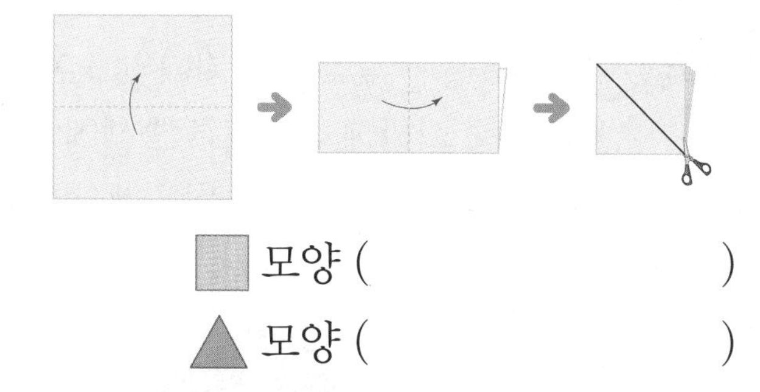

□ 모양 (   )

△ 모양 (   )

서술형

25 다솜이는 □ 모양 10개, △ 모양 4개, ○ 모양 2개를 가지고 있었습니다. 이 모양을 이용하여 다음과 같이 놀이터를 꾸몄습니다. □, △, ○ 모양 중 어떤 모양이 몇 개 남았는지 풀이 과정을 쓰고 답을 차례로 쓰세요.

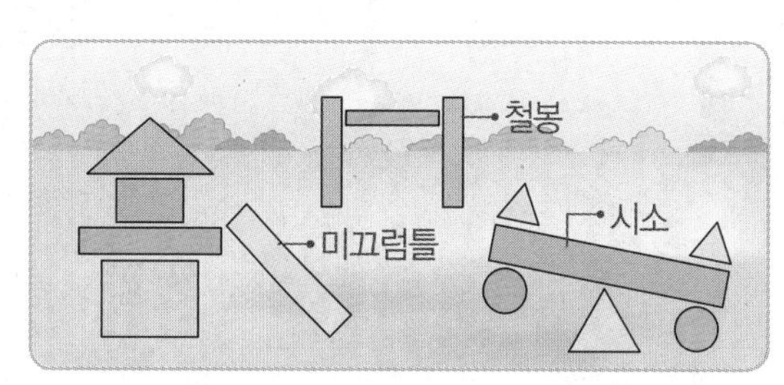

풀이 ____________________

답 ____________, ____________

4 덧셈과 뺄셈(2)

신기하고 멋진 우주를 잘 지나왔나요?
이제 해적 나라에서 덧셈과 뺄셈에 대해 배워 볼 거예요.
한 칸씩 따라가면서 이번 단원에서 배울 내용을 알아보도록 해요.

나를 따르라!

$7+$ ❶ $\square = 10$

큐알 코드를 찍으면
개념 학습 영상도 보고,
수학 게임도 할 수 있어요.

깃발의 □ 안에
알맞은 수를
써넣어 봐.

한 칸씩
따라가 봐.

보물섬이다!

4+6+5는
얼마지?

$4+6+5$
$=$ ❷ $\square$

이제 덧셈과 뺄셈을 배우러 가자!
은 7개
은 5개
있어~!
보석은 모두 몇 개지?
7+5= 12 (개)
보석 12개 중에서 4개를 몰래 숨겼지~.
남은 보석은 몇 개지?
12−4= 8 (개)
어머!
난 고래지. 고래서 널 좋아해~
정답 확인 | ❶ 3 ❷ 15

STEP 1

개념별 유형

개념 1 덧셈 알아보기

예 7+4 알아보기

방법 1 이어 세기로 구하기

7 8 9 10 11

바둑돌 7개에서 8, 9, 10, 11이라고 이어 세기 하면 11입니다.

➔ 7+4=11

방법 2 십 배열판에 그려 구하기

○	○	○	○	○
○	○	△	△	△

△				

○를 **7**개 그리고 △를 **3**개 그려 10을 만들고, 남은 **1**개를 더 그리면 **11**입니다.

➔ 7+4=11

[1~2] 6+5를 구하려고 합니다. 물음에 답하세요.

1 이어 세기로 구하세요.

6 7 8 9 10 ☐

6+5=☐

2 더하는 수만큼 △를 그려 구하세요.

○	○	○	○	○
○				

6+5=☐

3 그림을 보고 더하는 수만큼 △를 그려 구하세요.

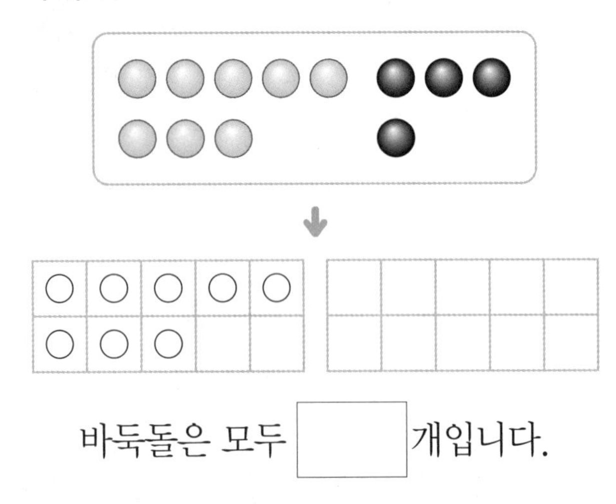

바둑돌은 모두 ☐개입니다.

4 우유는 모두 몇 개인가요?

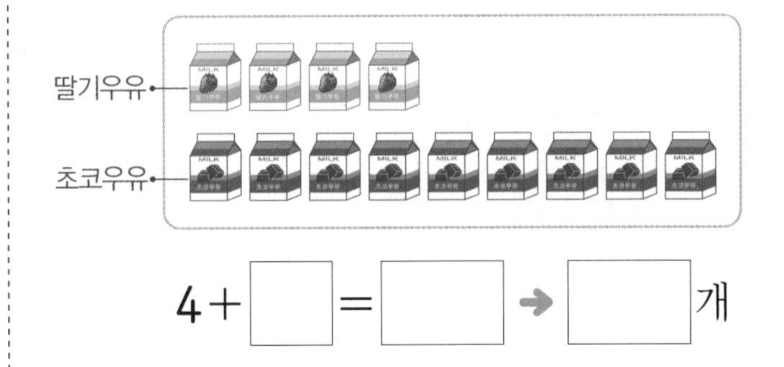

4+☐=☐ ➔ ☐개

실생활 연결

5 울타리 안에 돼지가 8마리 있는데 6마리가 더 왔습니다. 돼지는 모두 몇 마리인가요?

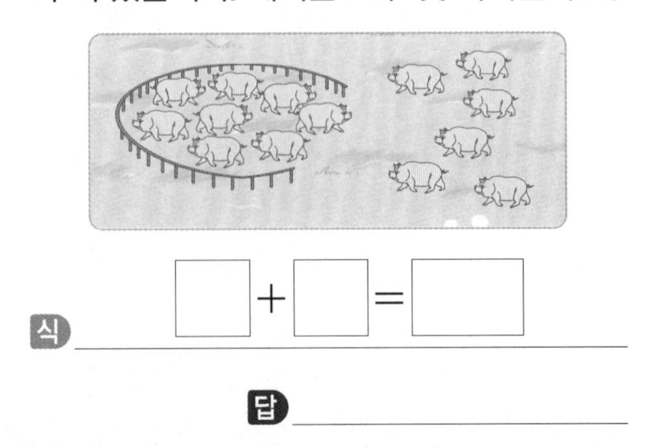

식 ☐+☐=☐

답 ________

4 덧셈과 뺄셈(2)

공부한 날 월 일

개념 2 덧셈하기 (1)

예 9+4 계산하기

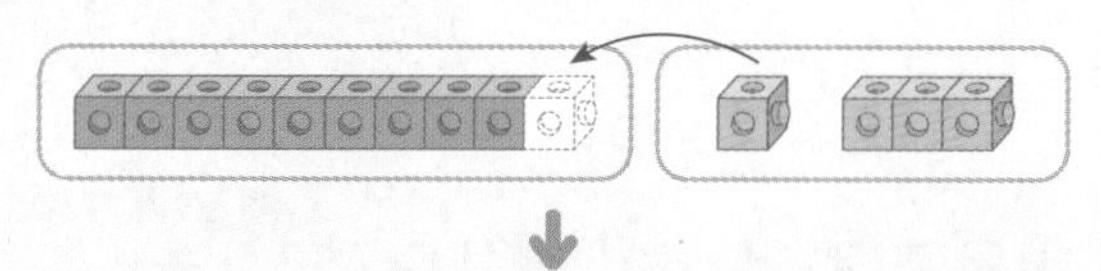

10개씩 묶음	낱개

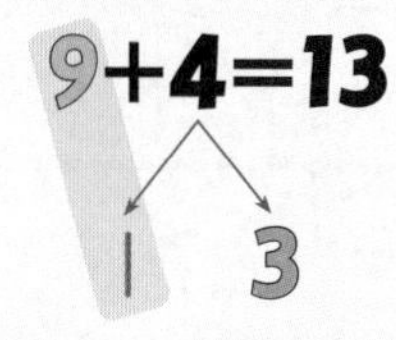

4를 1과 3으로 가르기하여
9와 1을 더해 10을 만들고,
남은 3을 더하면 13이야.

6 그림을 보고 □ 안에 알맞은 수를 써넣으세요.

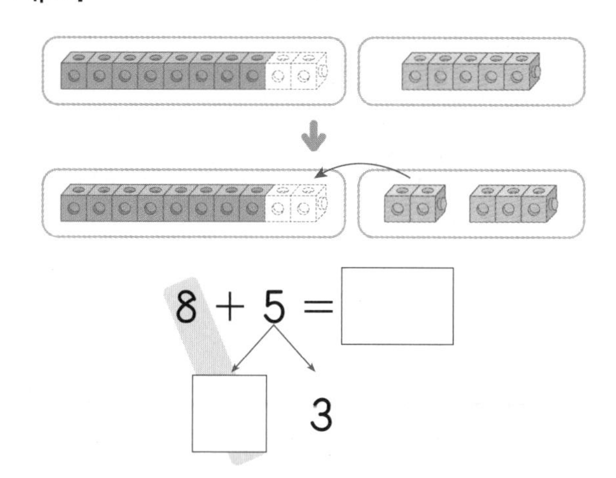

7 □ 안에 알맞은 수를 써넣으세요.

(1) $8+3=\square$ (2와 □로 가르기)

(2) $7+6=\square$ (3과 □로 가르기)

8 덧셈을 하세요.

(1) $7+7=\square$

(2) $9+2=\square$

9 빈 곳에 알맞은 수를 써넣으세요.

5 → +8 → □

10 크기를 비교하여 더 큰 수에 ○표 하세요.

6+6	15
( )	( )

문제 해결

11 연서는 파란색 색종이를 8장, 빨간색 색종이를 9장 가지고 있습니다. 연서가 가지고 있는 색종이는 모두 몇 장인가요?

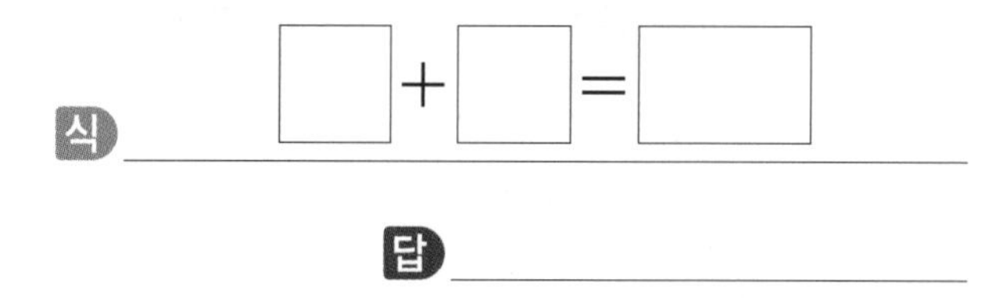

식 □+□=□

답

STEP 1

개념별 유형

개념 3 덧셈하기 (2)

예 6+9 계산하기

방법 1 9와 더하여 10을 만들어 구하기

6+9=15

(6 → 5, 1)

6을 5와 1로 가르기하여 1과 9를 더해 10을 만들고, 남은 5를 더하면 15야.

방법 2 5와 5를 더하여 10을 만들어 구하기

6 + 9=15

(6 → 5, 1 / 9 → 5, 4)

6과 9를 각각 가르기하여 5와 5를 더해 10을 만들고, 남은 1과 4를 더하면 15야.

12 지유의 방법으로 5+7을 계산해 보세요.

7과 3을 더해 10을 먼저 만들었어.

5 + 7 = □

(5 → □, 3)

13 □ 안에 알맞은 수를 써넣으세요.

8 + 7 = □

(8 → 5, □ / 7 → 5, □)

14 덧셈을 하세요.

(1) 5+6　　(2) 6+8

15 합을 구하여 이어 보세요.

9+2	11
6+7	12
	13

16 같은 색 주머니에서 수를 골라 같은 색 빈칸에 써넣어 덧셈식을 완성해 보세요.

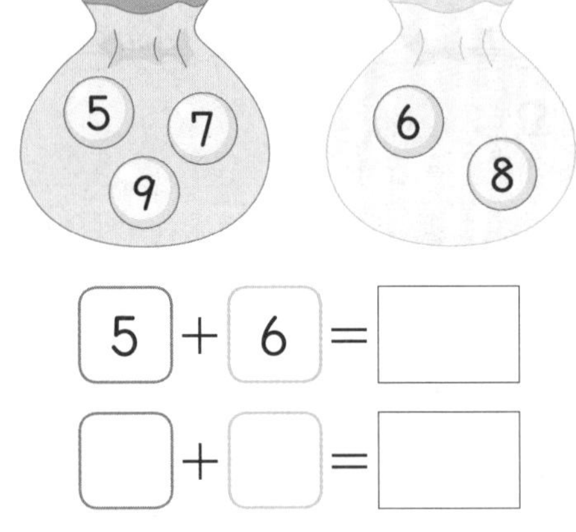

5 + 6 = □

□ + □ = □

17 단우는 수학 문제집을 어제 8쪽 풀었고, 오늘은 어제보다 5쪽 더 많이 풀었습니다. 단우는 오늘 수학 문제집을 몇 쪽 풀었나요?

식 ____________

답 ____________

개념 4 여러 가지 덧셈하기

1. **9 + 4 = 13**
   9 + 5 = 14
   9 + 6 = 15
   더해지는 수는 그대로이고 더하는 수가 1씩 커지면 합도 1씩 커집니다.

2. **8 + 8 = 16**
   7 + 8 = 15
   6 + 8 = 14
   더하는 수는 그대로이고 더해지는 수가 1씩 작아지면 합도 1씩 작아집니다.

3. **4 + 8 = 12**
   8 + 4 = 12
   두 수를 서로 바꾸어 더해도 합은 같습니다.

18 덧셈을 하고, 알맞은 말에 ○표에 하세요.

7+8=15
7+7=14
7+6=□
7+5=□

더해지는 수는 그대로이고 더하는 수가 1씩 작아지면 합은 1씩 (커집니다 , 작아집니다).

19 합이 같은 것끼리 이어 보세요.

7+4 •	• 6+8
8+6 •	• 4+7

20 규칙을 바르게 설명한 사람의 이름을 쓰세요.

6+5=11
7+5=12
8+5=13
9+5=14

더하는 수는 그대로이고 더해지는 수가 1씩 커지면 합은 1씩 작아져.

더하는 수는 그대로이고 더해지는 수가 1씩 커지면 합도 1씩 커져.

( )

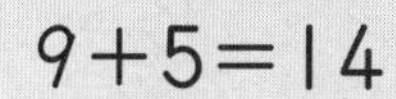

21 □ 안에 알맞은 수를 써넣어 덧셈식을 완성해 보세요.

4 + 8 = 12
□ + 8 = 13

22 두 수의 합이 작은 식부터 순서대로 이어 보세요.

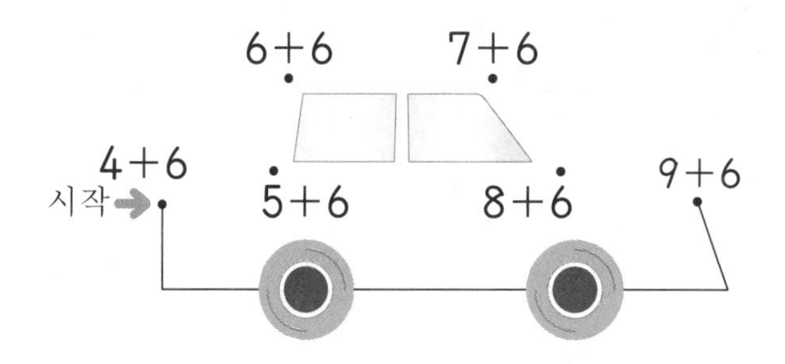

개념 5 합이 같은 덧셈식

같은 색을 칠한 덧셈끼리 합이 같아.

↘ 방향으로 더해지는 수는 1씩 작아지고, 더하는 수가 1씩 커지므로 합이 같은 거야.

9+2				
9+3	8+3			
9+4	8+4	7+4		
9+5	8+5	7+5	6+5	
9+6	8+6	7+6	6+6	5+6

[23~24] 덧셈표를 보고 물음에 답하세요.

9+6 15	8+6 14	7+6 13	6+6 12	5+6 11
9+7 16	8+7 15	7+7 14	6+7 13	5+7 □
9+8 17	8+8 16	7+8 □	6+8 □	5+8 □

23 위 덧셈표의 □ 안에 알맞은 수를 써넣으세요.

24 위 덧셈표에서 8+6과 합이 같은 덧셈을 모두 찾아 쓰세요.

7+□, □+□

25 합이 같은 덧셈을 말한 사람의 이름을 쓰세요.

(　　　　　　　)

26 □ 안에 알맞은 수를 써넣어 덧셈식을 완성해 보세요.

9+4=13　　8+□=13

정보처리

27 합을 구하여 보기 의 색으로 칠해 보세요.

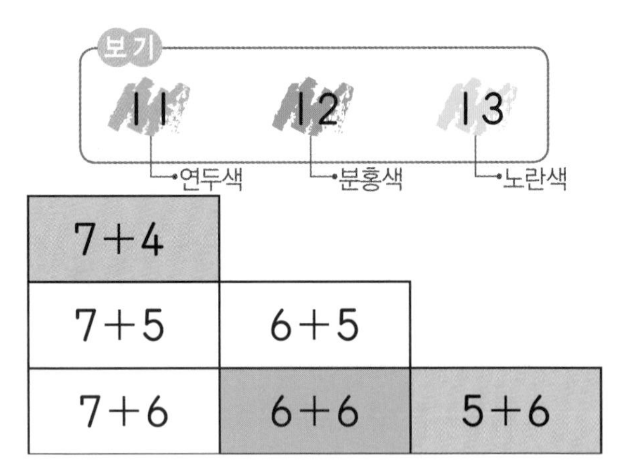

28 □ 안에 알맞은 수를 써넣고, 합이 □가 되는 덧셈식을 한 가지 만들어 보세요.

8+4=□

덧셈식 ______________________

1~5 형성 평가

맞힌 문제 수 개/7개

공부한 날 월 일

1 그림을 보고 덧셈식으로 바르게 나타낸 것의 기호를 쓰세요.

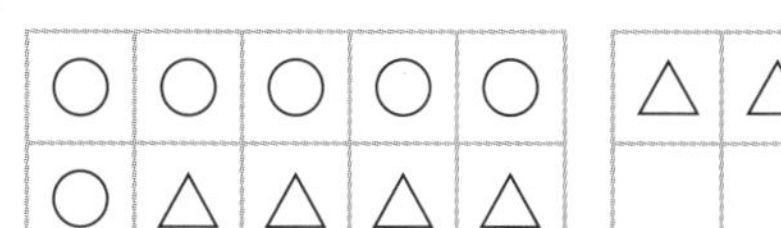

㉠ $6+6=12$ ㉡ $6+7=13$

( )

2 $2+9$를 두 가지 방법으로 계산해 보세요.

(1) 

$2+9=\square$

8 □

(2) 

$2+9=\square$

□ 1

3 빈 곳에 알맞은 수를 써넣으세요.

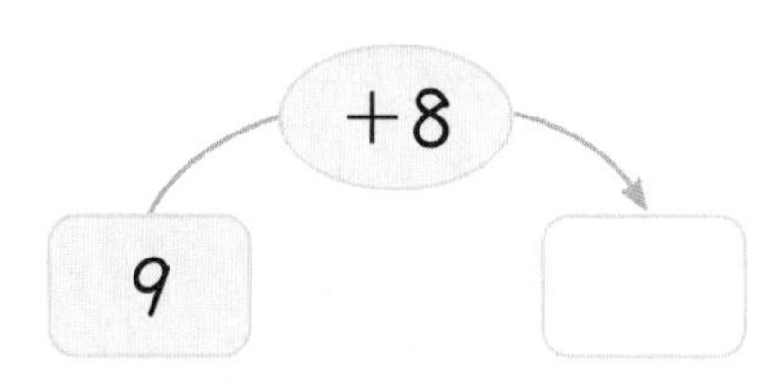

4 □ 안에 알맞은 수를 써넣으세요.

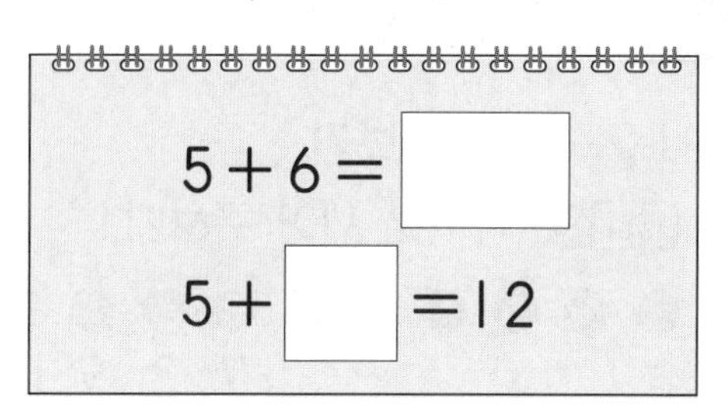

5 합이 더 큰 식을 말한 사람의 이름을 쓰세요.

( )

6 $7+6$과 합이 같은 식을 모두 찾아 색칠해 보세요.

9+6	8+5	7+4
5+8	6+7	5+9

7 농장에 오리가 4마리, 닭이 8마리 있습니다. 오리와 닭은 모두 몇 마리인가요?

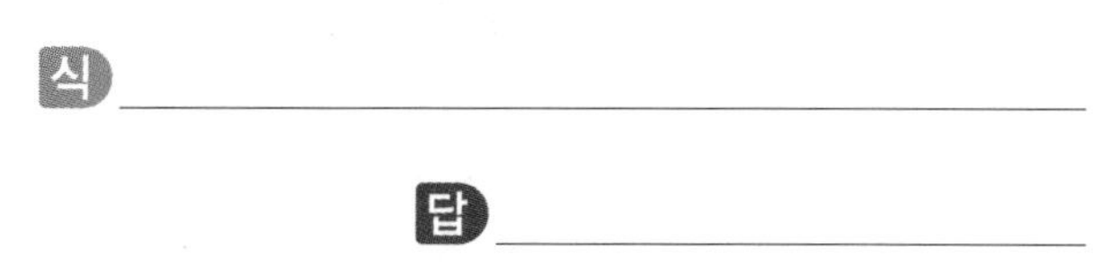

4 덧셈과 뺄셈(2)

개념별 유형

개념 6 뺄셈 알아보기

예 12－5 알아보기

방법 1 거꾸로 세어 구하기

7 8 9 10 11 12

12부터 11, 10, 9, 8, 7로 거꾸로 세면 7입니다.

➔ $12-5=7$

방법 2 연결 모형으로 구하기

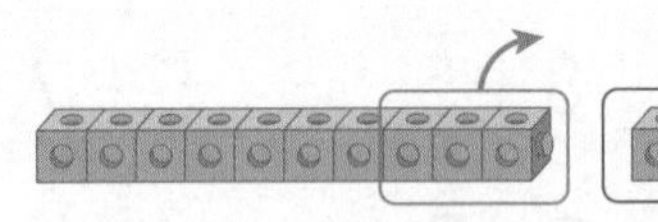

연결 모형 12개 중 낱개 **2**개를 빼고, **10**개씩 묶음에서 **3**개를 더 뺐더니 7개가 남았습니다.

➔ $12-5=7$

[1~2] 11－7을 구하려고 합니다. 물음에 답하세요.

1 거꾸로 세어 구하세요.

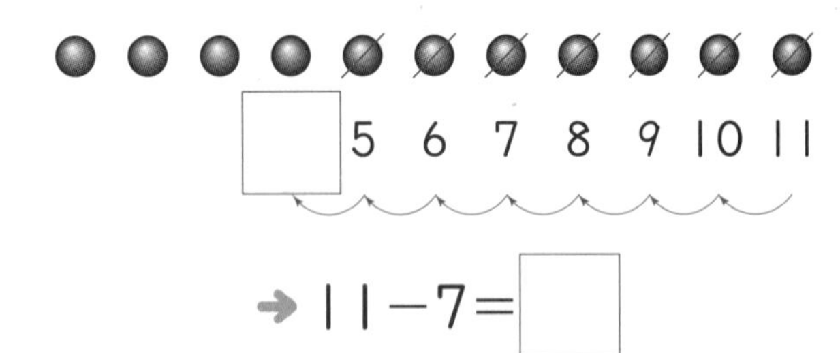

➔ $11-7=\square$

2 연결 모형으로 구하세요.

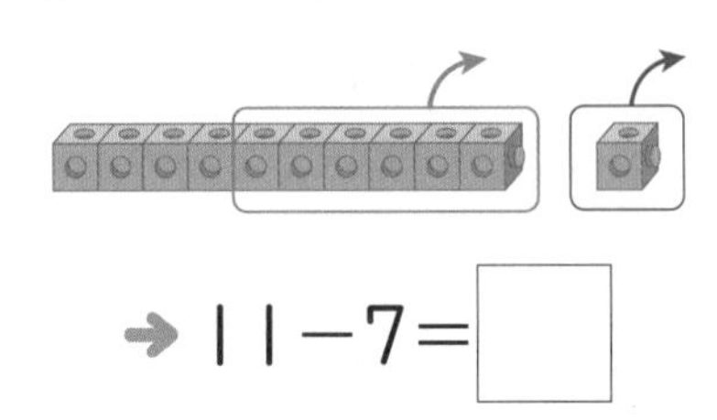

➔ $11-7=\square$

3 요구르트와 우유 중 어느 것이 몇 개 더 많은지 □ 안에 알맞은 수나 말을 써넣으세요.

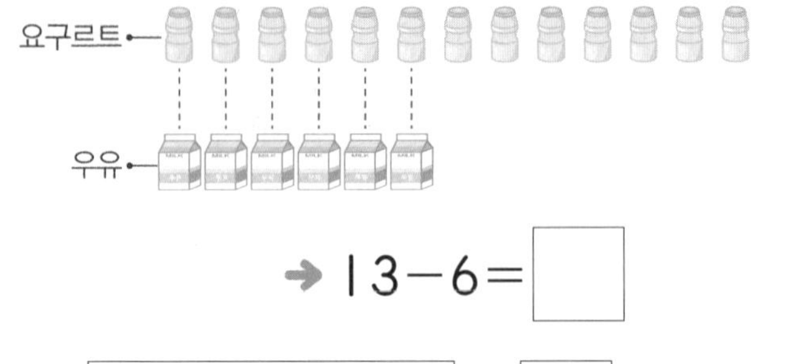

➔ $13-6=\square$

□가 □개 더 많습니다.

4 아이스크림 13개 중 8개를 먹었습니다. 남은 아이스크림은 몇 개인가요?

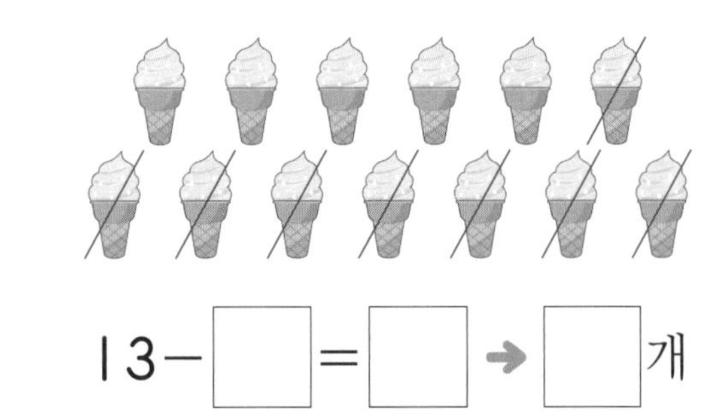

$13-\square=\square$ ➔ □개

의사소통

5 다은이는 도윤이보다 책을 몇 권 더 많이 읽었는지 구하세요.

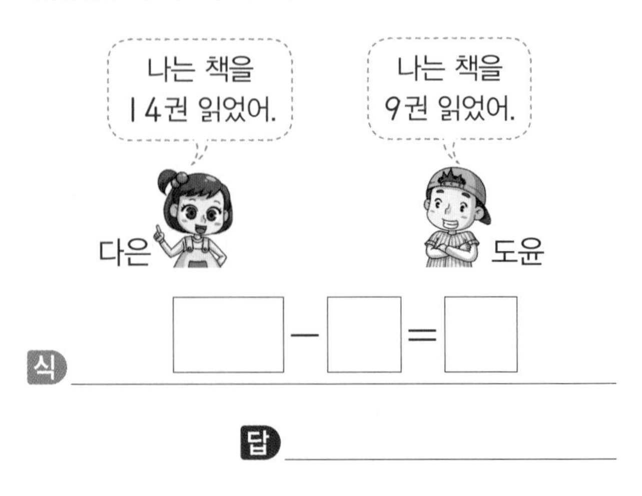

나는 책을 14권 읽었어.
나는 책을 9권 읽었어.
다은
도윤

식 $\square-\square=\square$

답 ______

개념 7 뺄셈하기 (1)

예 15−5 계산하기

$$15-5=10$$

10 5

15를 10과 5로 가르기하여
5에서 5를 빼면 10이야.

개념 8 뺄셈하기 (2)

예 13−4 계산하기

방법 1 낱개를 먼저 빼기

$$13-4=9$$

3 1

4를 3과 1로 가르기하여
13에서 3을 먼저 빼고
1을 더 빼야 해.

방법 2 10개씩 묶음에서 한 번에 빼기

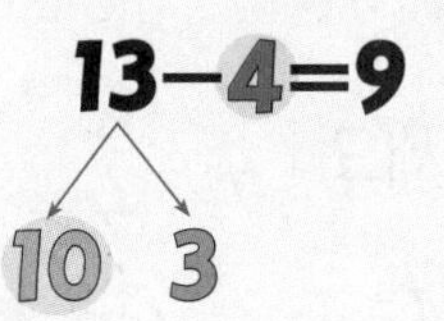

13을 10과 3으로 가르기하여
10에서 4를 빼고
남은 3을 더해야 해.

개념 동영상

6 그림을 보고 □ 안에 알맞은 수를 써넣으세요.

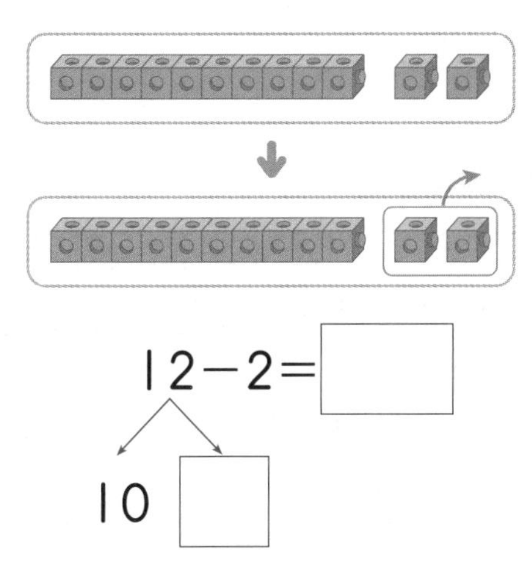

12−2=□

10 □

7 뺄셈을 하세요.

(1) 11−1=□

(2) 17−7=□

실생활 연결

8 생선 가게에 생선이 14마리 있었는데 4마리를 팔았습니다. 남은 생선은 몇 마리인가요?

( )

9 15−8을 두 가지 방법으로 계산해 보세요.

(1)

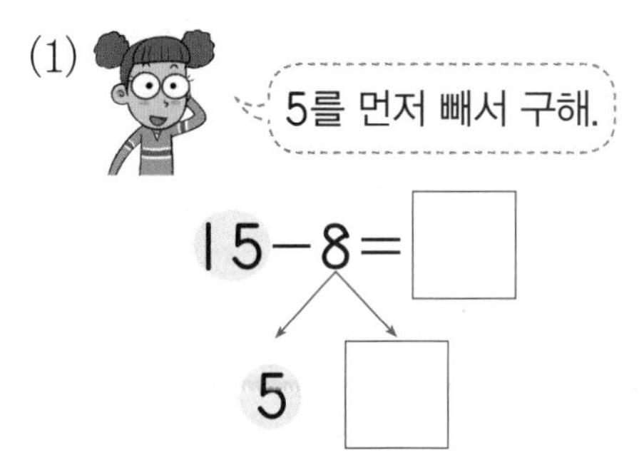

5를 먼저 빼서 구해.
15−8=
5

(2)

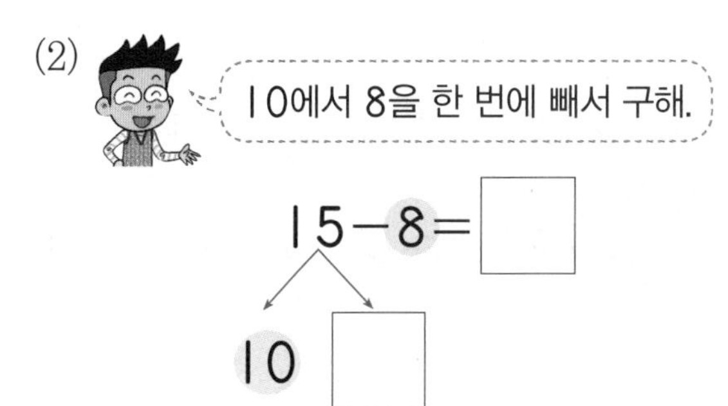

10에서 8을 한 번에 빼서 구해.
15−8=
10

10 그림을 보고 뺄셈식으로 바르게 나타낸 것에 ○표 하세요.

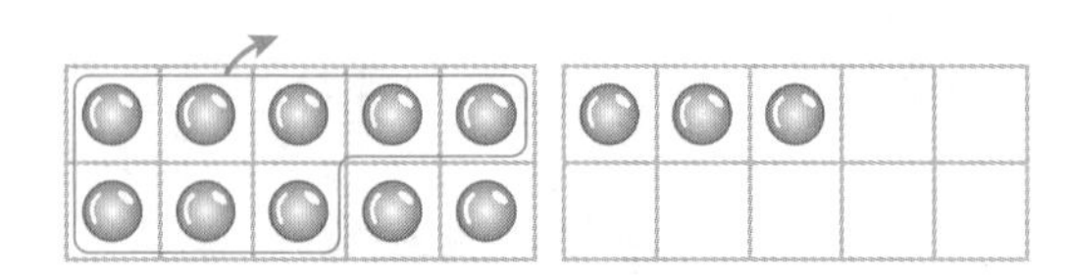

13－7＝6	13－8＝5
(　　　)	(　　　)

11 뺄셈을 하세요.

(1) 14－7　　(2) 13－6

12 두 수의 차를 빈 곳에 써넣으세요.

11	3

13 <u>잘못</u> 계산한 것의 기호를 쓰세요.

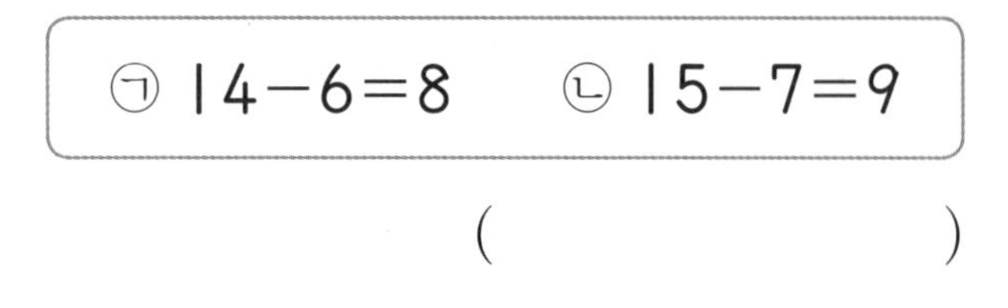

㉠ 14－6＝8　　㉡ 15－7＝9

(　　　　　)

14 시후가 말하는 수를 구하세요.

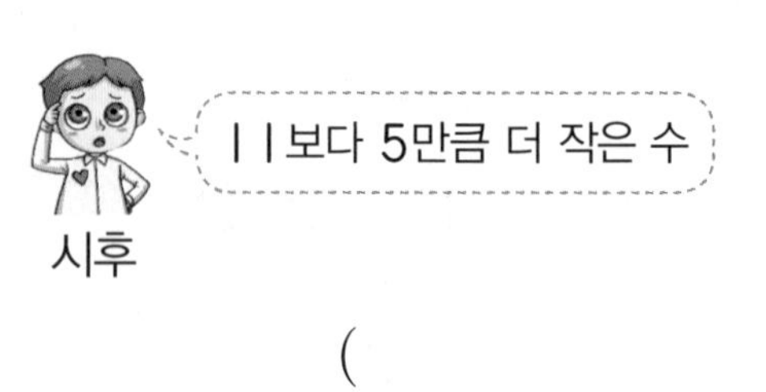

(　　　　　)

15 크기를 비교하여 ＞, ＝, ＜로 나타내 보세요.

12－4 ○ 9

16 같은 색 풍선에서 수를 골라 같은 색 빈칸에 써넣어 뺄셈식을 완성해 보세요.

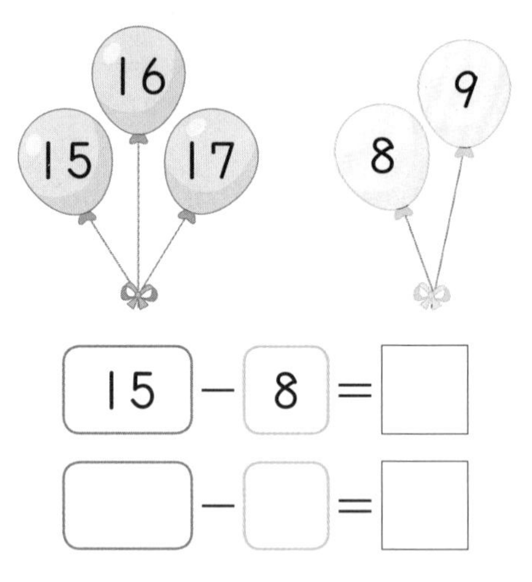

15 － 8 ＝ □

□ － □ ＝ □

17 주호는 떡 12개 중 5개를 먹었습니다. 주호가 먹고 남은 떡은 몇 개인가요?

식 ____________________

답 ____________________

개념 9 여러 가지 뺄셈하기

1. 12 − 8 = 4
   13 − 8 = 5
   14 − 8 = 6

빼는 수는 그대로이고 빼지는 수가 1씩 커지면 차도 1씩 커집니다.

2. 14 − 5 = 9
   14 − 6 = 8
   14 − 7 = 7

빼지는 수는 그대로이고 빼는 수가 1씩 커지면 차는 1씩 작아집니다.

3. 14 − 9 = 5
   14 − 8 = 6
   14 − 7 = 7

빼지는 수는 그대로이고 빼는 수가 1씩 작아지면 차는 1씩 커집니다.

[18~19] 뺄셈식을 보고 물음에 답하세요.

13−8=5
14−8=6
15−8=□
16−8=□

18 위 □ 안에 알맞은 수를 써넣으세요.

19 위 뺄셈식을 보고 알맞은 말에 ○표 하세요.

빼는 수는 그대로이고 빼지는 수가 1씩 커지면 차는 1씩 (커집니다 , 작아집니다).

[20~21] 뺄셈식을 보고 물음에 답하세요.

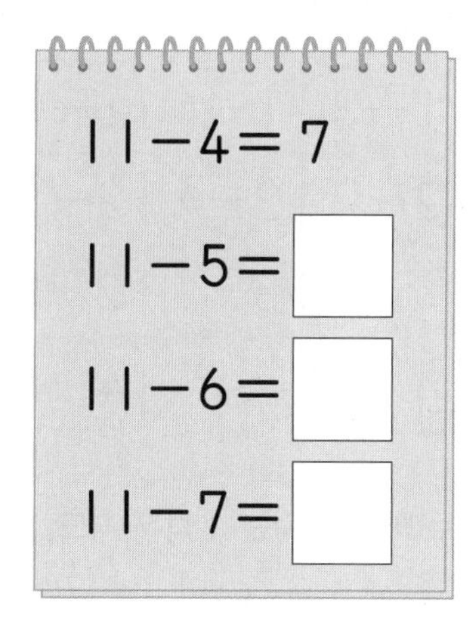

20 위 □ 안에 알맞은 수를 써넣으세요.

21 위 뺄셈식을 보고 알게 된 점을 바르게 설명한 사람의 이름을 쓰세요.

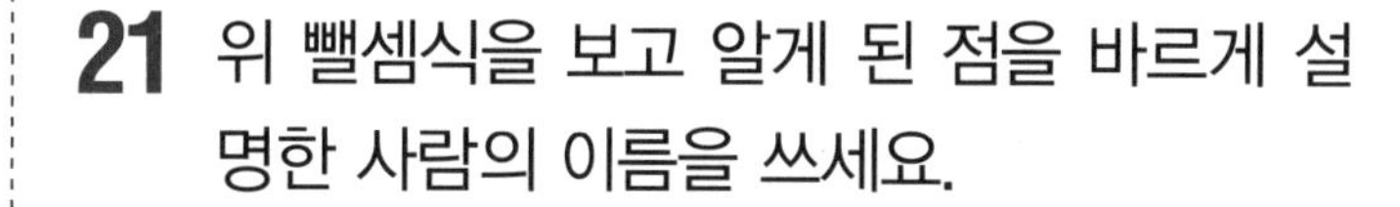
지호: 빼지는 수는 그대로이고 빼는 수가 1씩 커지면 차는 1씩 작아져.
도윤: 빼지는 수는 그대로이고 빼는 수가 1씩 커지면 차도 1씩 커져.

( )

22 □ 안에 알맞은 수를 써넣으세요.

15−9=6	
15−8=□	14−8=□
15−7=□	13−7=□
15−6=□	12−6=□

개념 10 차가 같은 뺄셈식

11－2	11－3	11－4	11－5	11－6
	12－3	12－4	12－5	12－6
		13－4	13－5	13－6
			14－5	14－6
				15－6

같은 색을 칠한 뺄셈끼리 차가 같아.

↘ 방향으로 빼지는 수는 1씩 커지고, 빼는 수도 1씩 커지니까 차가 같은 거야.

[23~24] 뺄셈표를 보고 물음에 답하세요.

11－5 6	11－6 5	11－7 4	11－8 3	11－9 2
12－5 7	12－6 6	12－7 5	12－8 4	12－9 □
13－5 8	13－6 7	13－7 □	13－8 □	13－9 □

23 위 뺄셈표의 □ 안에 알맞은 수를 써넣으세요.

24 11－6과 차가 같은 뺄셈을 모두 찾아 ○표 하세요.

12－7 ( ) 13－8 ( ) 13－9 ( )

25 차가 8이 되도록 □ 안에 알맞은 수를 써넣으세요.

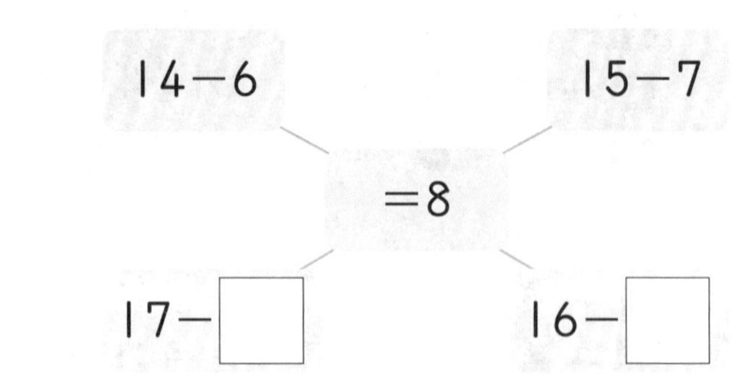

26 민재가 말한 뺄셈과 차가 같은 식을 2개 만들어 보세요.

15－□ 16－□

정보처리

27 차를 구하여 보기 의 색으로 칠해 보세요.

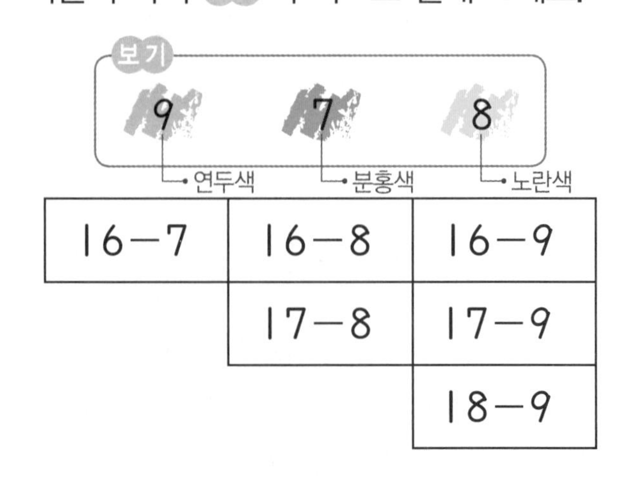

6~10 형성 평가

맞힌 문제 수 개/6개

공부한 날 월 일

1 그림을 보고 당근은 가지보다 몇 개 더 많은지 □ 안에 알맞은 수를 써넣으세요.

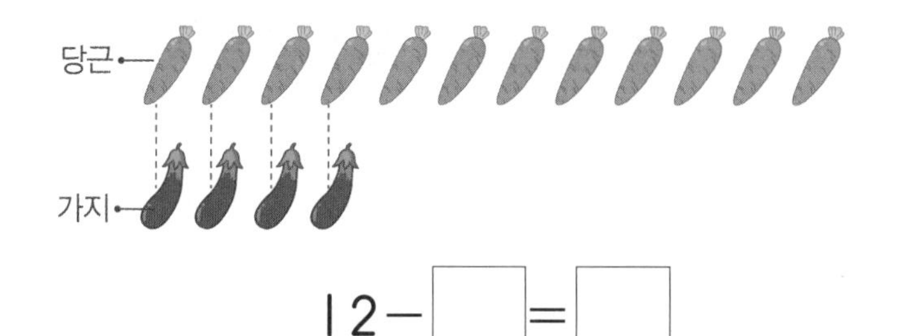

$12-\square=\square$

2 □ 안에 알맞은 수를 써넣으세요.

(1)

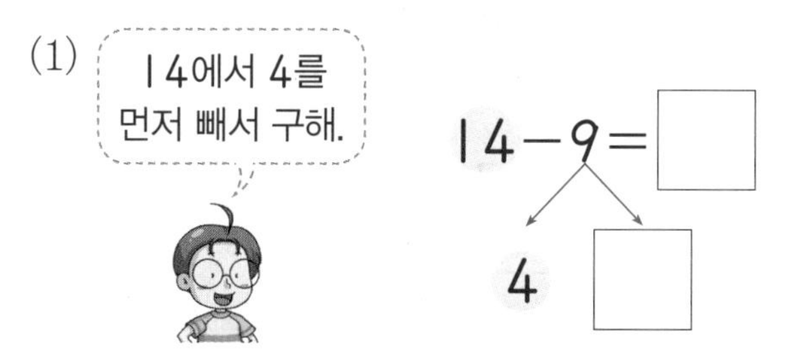

14에서 4를 먼저 빼서 구해.

$14-9=\square$

4 □

(2)

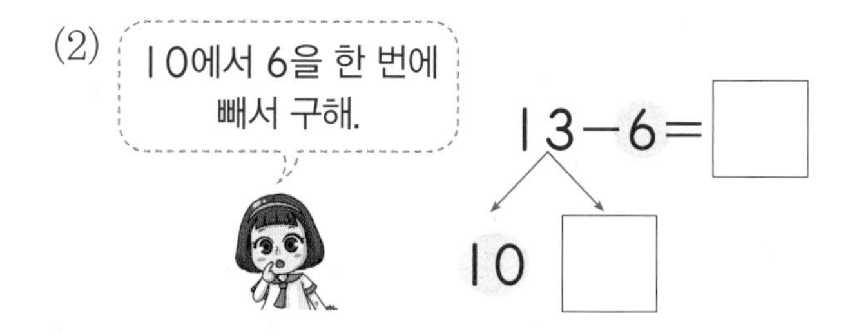

10에서 6을 한 번에 빼서 구해.

$13-6=\square$

10 □

3 두 수의 차를 구하세요.

17 7

(　　　　　　)

4 뺄셈식을 보고 알게 된 점을 바르게 설명한 것의 기호를 쓰세요.

$12-6=6$
$13-6=7$
$14-6=8$
$15-6=9$

㉠ 빼는 수는 그대로이고 빼지는 수가 1씩 커지면 차는 1씩 작아집니다.
㉡ 빼는 수는 그대로이고 빼지는 수가 1씩 커지면 차도 1씩 커집니다.

(　　　　　　)

5 $13-5$와 차가 같은 식을 모두 찾아 ○표 하세요.

$14-6$	$11-3$	$15-9$
$16-8$	$13-6$	$16-9$

6 미주는 가지고 있는 장난감 15개 중 6개를 알뜰 시장에 팔았습니다. 남은 장난감은 몇 개인가요?

STEP 2

꼬리를 무는 유형

1 합이 다른(같은) 덧셈식 찾기

1 기본 합이 다른 식을 찾아 ○표 하세요.

8+9	8+7	9+8
(　　　)	(　　　)	(　　　)

두 수를 서로 바꾸어 더해도 합은 같아.

2 변형 합이 같은 두 식을 찾아 색칠해 보세요.

3 변형 합이 다른 식을 말한 사람은 누구인가요?

9+7　　6+5　　5+6

현서　　은우　　유찬

(　　　　　　)

2 덧셈식(뺄셈식) 만들기

4 기본 수 카드 3장으로 서로 다른 덧셈식을 만들어 보세요.

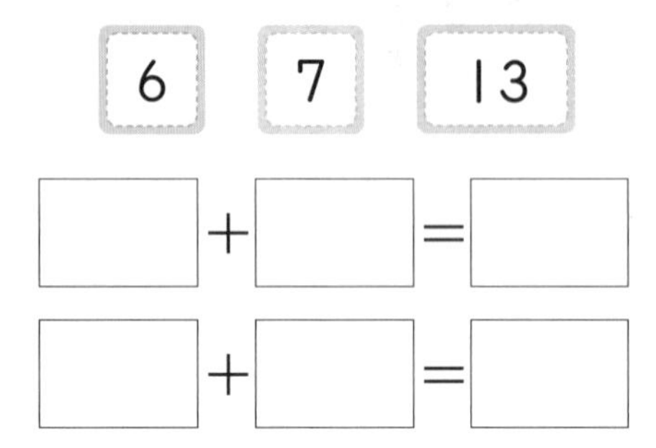

□ + □ = □

□ + □ = □

5 변형 수 카드 3장으로 서로 다른 뺄셈식을 만들어 보세요.

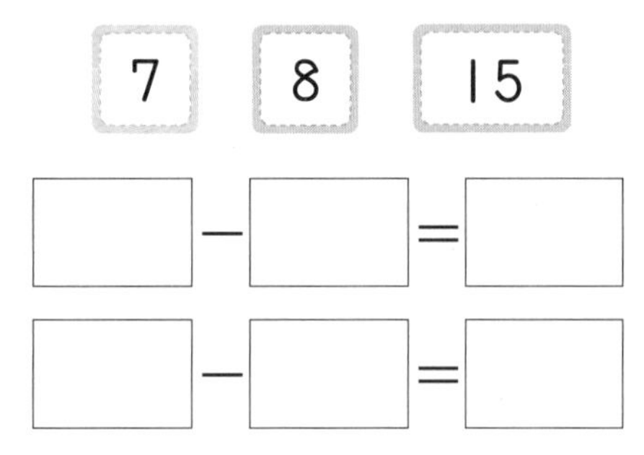

□ − □ = □

□ − □ = □

6 변형 수 카드 3장을 골라 한 번씩만 사용하여 서로 다른 덧셈식과 뺄셈식을 만들어 보세요.

5　9　14　15

덧셈식
□ + □ = □
□ + □ = □

뺄셈식
□ − □ = □
□ − □ = □

정답과 해설 22쪽

공부한 날 월 일

3 어떤 수 구하기

7 기본

□ 안에 알맞은 수를 써넣으세요.

$$9+\square=17$$

8 변형

□ 안에 알맞은 수를 써넣으세요.

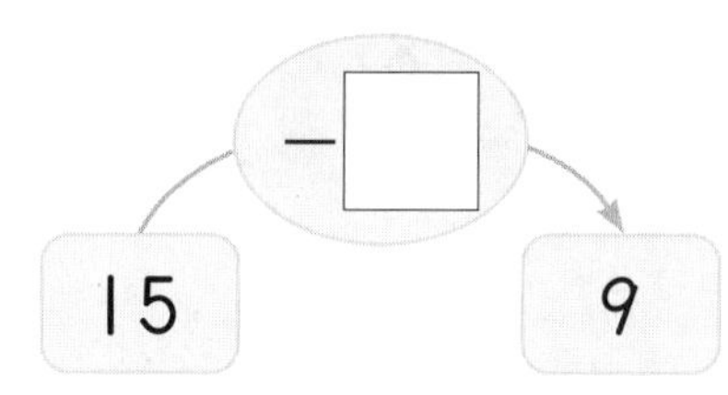

9 변형

어떤 수에 7을 더했더니 14가 되었습니다. 어떤 수를 구하세요.

( )

10 실생활

냉장고에 딸기가 몇 개 있었는데 그중 5개를 먹었더니 6개가 남았습니다. 처음 냉장고에 있던 딸기는 몇 개인가요?

( )

4 덧셈식(뺄셈식)이 되는 세 수 찾기

11 기본

옆으로 덧셈식이 되는 세 수를 모두 찾아 (□+□=□)표 해 보세요.

9	2	(8 + 5 = 13)		
6	7	9	16	8
4	8	12	18	11

12 변형

옆으로 덧셈식이 되는 세 수를 모두 찾아 (□+□=□)표 해 보세요.

(7 + 7 = 14)			16	9
8	6	9	3	12
4	5	7	12	15

13 변형

옆으로 뺄셈식이 되는 세 수를 모두 찾아 (□−□=□)표 해 보세요.

(16 − 8 = 8)			12	7
8	14	5	9	6
12	6	11	8	3

5 남은 수 구하기

빼셈식을 이용하여 남은 수를 구합니다.

(전체 수)−(사용한 수)(나누어 준 수)=(남은 수)

14 실력 냉장고에 포도주스 5병, 오렌지주스 6병이 있습니다. 그중 4병을 종류에 상관없이 친구들에게 나누어 주었다면 남은 주스는 몇 병인가요?

(   )

15 변형 정하는 스티커 14장을 가지고 있었습니다. 그중 8장을 그림을 꾸미는 데 사용하고 2장을 동생에게 주었다면 남은 스티커는 몇 장인가요?

(   )

16 레벨업 우재와 진주는 블록으로 모양을 만들었습니다. 우재는 블록 16개 중 9개를 사용하였고, 진주는 블록 13개 중 5개를 사용하였습니다. 사용하고 남은 블록이 더 많은 사람은 누구인가요?

(   )

6 뒤집힌 카드에 적힌 수 구하기

고른 카드에 적힌 두 수의 합(차)을 구한 후 그 합(차)을 이용하여 뒤집힌 카드에 적힌 수를 구합니다.

17 실력 지우와 형원이가 카드를 2장씩 골랐습니다. 두 사람이 고른 수 카드에 적힌 두 수의 합은 같습니다. 형원이가 고른 뒤집힌 카드에 적힌 수를 구하세요.

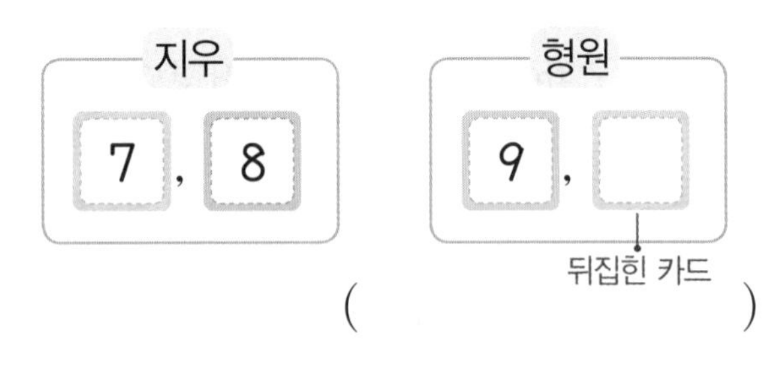

(   )

18 변형 우빈이와 민아가 카드를 2장씩 골랐습니다. 두 사람이 고른 수 카드에 적힌 두 수의 차가 같습니다. 민아가 고른 뒤집힌 카드에 적힌 수를 구하세요.

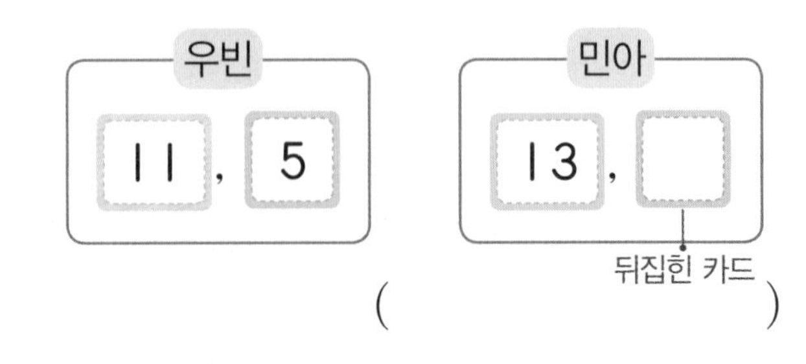

(   )

공부한 날 월 일

7 모양이 나타내는 수 구하기

먼저 알 수 있는 모양의 수부터 구합니다.

예 같은 모양은 같은 수를 나타낼 때 ▲에 알맞은 수 구하기

- ◆+4=11
- ▲−◆=5

① ◆의 값을 구합니다.

② ◆의 값을 이용하여 ▲의 값을 구합니다.

19 실력 같은 모양은 같은 수를 나타냅니다. ★에 알맞은 수를 구하세요.

- 7+■=12
- ■+★=13

(　　　　　　)

20 레벨업 같은 모양은 같은 수를 나타냅니다. ♥에 알맞은 수를 구하세요.

- ●+●=16
- ♥−●=6

(　　　　　　)

8 □ 안에 들어갈 수 있는 수 구하기

예 1부터 9까지의 수 중 □ 안에 들어갈 수 있는 수 구하기

$\square+6<14$

□+6<14에서 <를 =로 바꾸어 □의 값을 구한 후 실제 □가 될 수 있는 수를 구합니다.

21 실력 1부터 9까지의 수 중에서 □ 안에 들어갈 수 있는 수를 모두 구하세요.

$9+\square>15$

(　　　　　　)

22 변형 1부터 9까지의 수 중에서 □ 안에 들어갈 수 있는 수를 모두 구하세요.

$11-\square>7$

(　　　　　　)

수학 독해력 유형

독해력 유형 1 덧셈과 뺄셈의 활용

구하려는 것에 밑줄을 긋고 풀어 보세요.

은율이의 나이는 9살이고 재아는 은율이보다 2살 더 많습니다. 슬기가 재아보다 3살 더 적다면 슬기의 나이는 몇 살인가요?

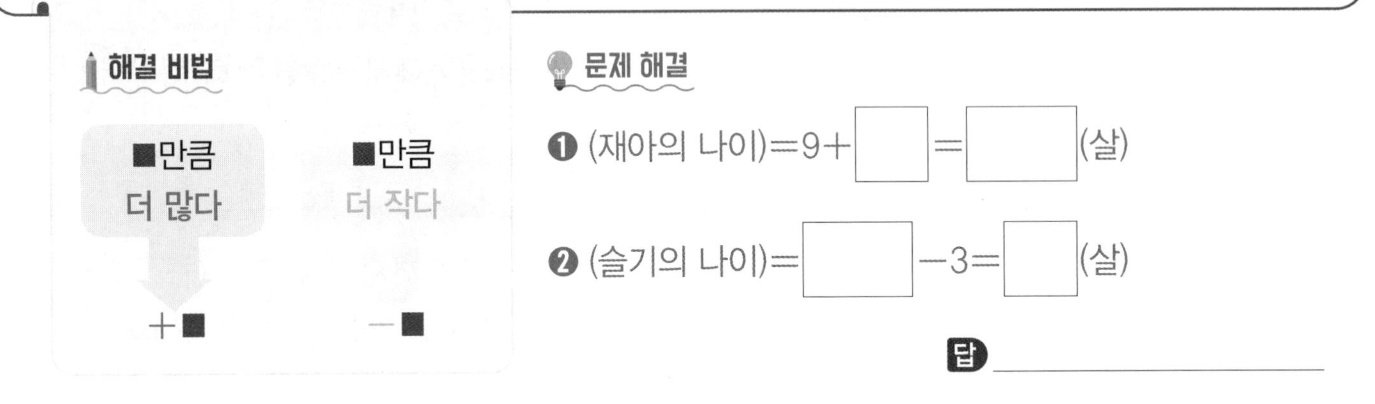

문제 해결

❶ (재아의 나이)=9+□=□(살)

❷ (슬기의 나이)=□−3=□(살)

답 ______

쌍둥이 유형 1-1

위의 문제 해결 방법을 따라 풀어 보세요.

체육관에 야구공은 6개 있고, 농구공은 야구공보다 7개 더 많이 있습니다. 축구공은 농구공보다 4개 더 적게 있다면 축구공은 몇 개 있나요?

따라 풀기 ❶

❷

답 ______

쌍둥이 유형 1-2

연필을 인우는 11자루 가지고 있고, 선호는 인우보다 4자루 더 적게 가지고 있습니다. 희재는 선호보다 5자루 더 많이 가지고 있다면 희재는 몇 자루를 가지고 있나요?

따라 풀기 ❶

❷

답 ______

정답과 해설 23쪽

공부한 날 월 일

독해력 유형 2 합(차)이 가장 큰 식 만들기

구하려는 것에 밑줄을 긋고 풀어 보세요.

주어진 수 중 2개를 골라 덧셈식을 만들려고 합니다. 두 수의 합이 가장 큰 덧셈식을 만들었을 때 그 합은 얼마인가요?

4 7 5 9 8

해결 비법

• 합이 가장 큰 덧셈식:
(가장 큰 수)
+(두 번째로 큰 수)

• 차가 가장 큰 뺄셈식:
(가장 큰 수)
−(가장 작은 수)

문제 해결

❶ 5개의 수의 크기 비교: 4<5<☐<☐<☐

❷ 골라야 하는 두 수: 9, ☐

❸ 두 수의 합이 가장 큰 덧셈식의 합:

9+☐=☐

답 ______

쌍둥이 유형 2-1

위의 문제 해결 방법을 따라 풀어 보세요.

주어진 수 중 2개를 골라 뺄셈식을 만들려고 합니다. 두 수의 차가 가장 큰 뺄셈식을 만들었을 때 그 차는 얼마인가요?

7 9 8 15 13

따라 풀기 ❶

❷

❸

답 ______

STEP 3

수학 독해력 유형

독해력 유형 3 합과 차로 두 수 구하기

구하려는 것에 밑줄을 긋고 풀어 보세요.

나라가 4장의 수 카드 중에서 2장을 뽑았더니 두 수의 합은 12이고, 차는 2였습니다. 나라가 뽑은 카드에 적힌 두 수를 구하세요.

3	5	7	9

해결 비법

예 합이 13, 차가 3인 두 수 구하기

5	6	7	8

❶ 합이 13인 두 수 찾기
➔ 5와 8, 6과 7

❷ 위 ❶에서 찾은 수 중 차가 3인 두 수 찾기
➔ $8-5=3$(○)
$7-6=1$(×)

문제 해결

❶ 합이 12인 두 수: 3과 ☐, 5와 ☐

❷ 위 ❶에서 찾은 수의 차를 각각 구하기:

____

❸ 뽑은 카드에 적힌 두 수: ☐, ☐

답 ______________________

쌍둥이 유형 3-1

위의 문제 해결 방법을 따라 풀어 보세요.

이경이가 5장의 수 카드 중에서 2장을 뽑았더니 두 수의 합은 14이고, 차는 4였습니다. 이경이가 뽑은 카드에 적힌 두 수를 구하세요.

4	5	6	8	9

따라 풀기 ❶

❷

❸

답 ______________________

공부한 날 월 일

독해력 유형 4 꺼내야 하는 공의 수 구하기

✎ 구하려는 것에 밑줄을 긋고 풀어 보세요.

꺼낸 공에 적힌 두 수의 합이 더 큰 사람이 이기는 놀이를 하고 있습니다. 시후가 이기려면 어떤 수가 적힌 공을 꺼내야 하는지 모두 구하세요.

나는 4와 9를 꺼냈어.

나는 8을 꺼냈어.
두 번째는 어떤 공을 꺼내야 할까?

해결 비법

• 시후가 놀이에서 이기는 경우

지유가 꺼낸 공에 적힌 두 수의 합	<	시후가 꺼낸 공에 적힌 두 수의 합
4+9		8+□

문제 해결

❶ (지유가 꺼낸 공에 적힌 두 수의 합)$=4+9=$□

❷ 시후가 이기는 경우: 8과 더하여 □보다 커야 하므로 $8+6=14$, $8+$□$=$□입니다.

❸ 시후가 꺼내야 할 공에 적힌 수: □ 또는 □

답 ______________

쌍둥이 유형 4-1

✎ 위의 문제 해결 방법을 따라 풀어 보세요.

꺼낸 공에 적힌 두 수의 합이 더 큰 사람이 이기는 놀이를 하고 있습니다. 하린이가 이기려면 어떤 수가 적힌 공을 꺼내야 하는지 모두 구하세요.

나는 8과 4를 꺼냈어.

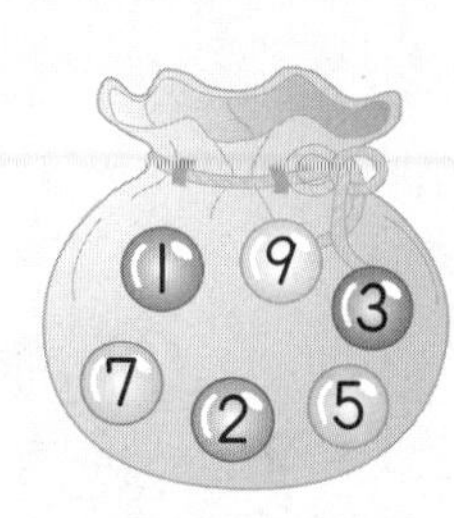

나는 6을 꺼냈어.
두 번째는 어떤 공을 꺼내야 할까?

따라 풀기 ❶

❷

❸

 ______________

유형TEST

[1~2] 그림을 보고 □ 안에 알맞은 수를 써넣으세요.

1

6+5=□

2

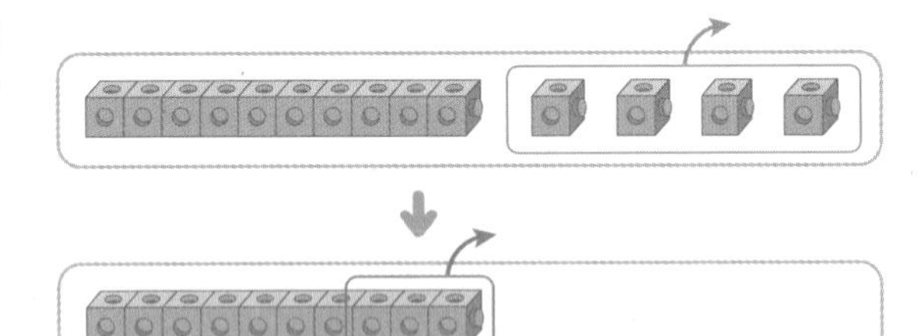

14 − 7 = □

4 □

3 9+3을 두 가지 방법으로 계산해 보세요.

방법 1 9 + 3 = □

□ 2

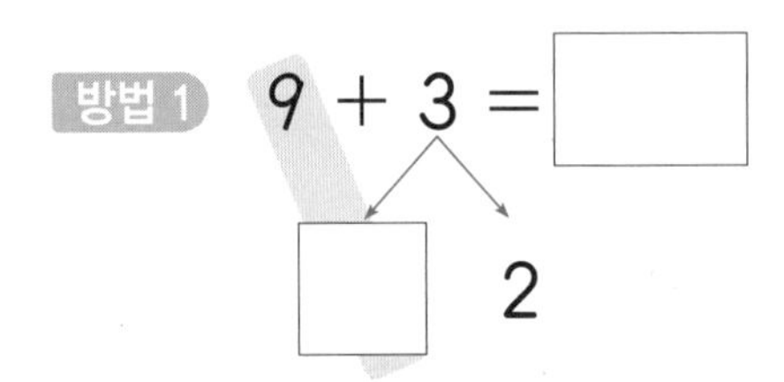

방법 2 9 + 3 = □

2 □

4 계산해 보세요.

(1) 8+6=□

(2) 13−4=□

5 빈 곳에 알맞은 수를 써넣으세요.

16 → −9 → □

6 두 수의 합을 구하세요.

5 6

( )

추론

7 설명하는 수를 구하세요.

12보다 5만큼 더 작은 수

( )

점수 점

공부한 날 월 일

8 바르게 계산한 것의 기호를 쓰세요.

㉠ $8+4=13$ ㉡ $9+2=11$

( )

9 크기를 비교하여 ○ 안에 >, =, <를 알맞게 써넣으세요.

10 책이 4권 꽂혀 있는 책꽂이에 책 7권을 더 꽂았습니다. 지금 책꽂이에 꽂혀 있는 책은 모두 몇 권인가요?

식 ______________________

답 ______________________

문제 해결

11 지유는 시후보다 캐릭터 카드를 몇 장 더 가지고 있는지 구하세요.

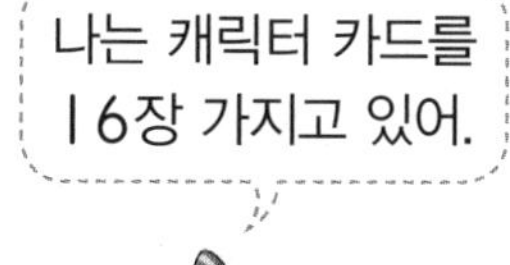

나는 캐릭터 카드를 16장 가지고 있어.

나는 캐릭터 카드를 9장 가지고 있는데~

지유

시후

식 ______________________

답 ______________________

12 차가 8인 뺄셈식을 모두 찾아 ○표 하세요.

$13-7$	$12-4$	$17-9$
( )	( )	( )

13 □ 안에 알맞은 수를 써넣으세요.

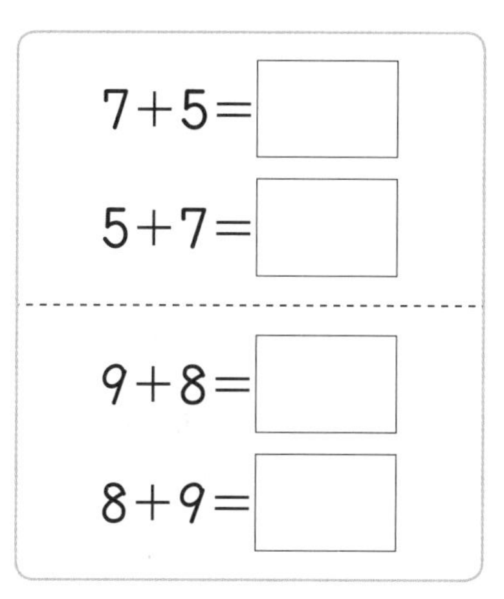

$7+5=\square$

$5+7=\square$

$9+8=\square$

$8+9=\square$

14 계산 결과를 찾아 이어 보세요.

$19-9$ •	• 8
	• 9
$13-5$ •	• 10

15 □ 안에 알맞은 수를 써넣으세요.

8+6=14	
8+7=□	7+6=□
8+8=□	6+6=□
8+9=□	5+6=□

의사소통

16 뺄셈식을 보고 알게 된 사실을 바르게 말한 사람에 ○표 하세요.

$13-8=5$
$13-7=6$
$13-6=7$
$13-5=8$

빼는 수가 1씩 작아지면 차가 1씩 커져.

빼는 수가 1씩 작아지면 차가 1씩 작아져.

(　　　　)　(　　　　)

17 □ 안에 알맞은 수를 써넣어 뺄셈식을 완성해 보세요.

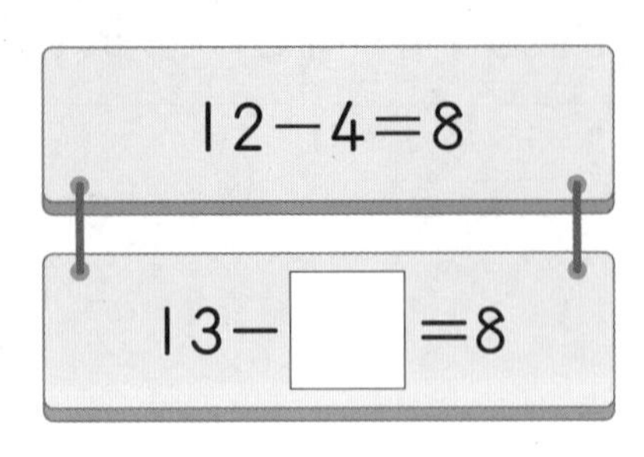

18 수 카드 3장으로 서로 다른 뺄셈식을 만들어 보세요.

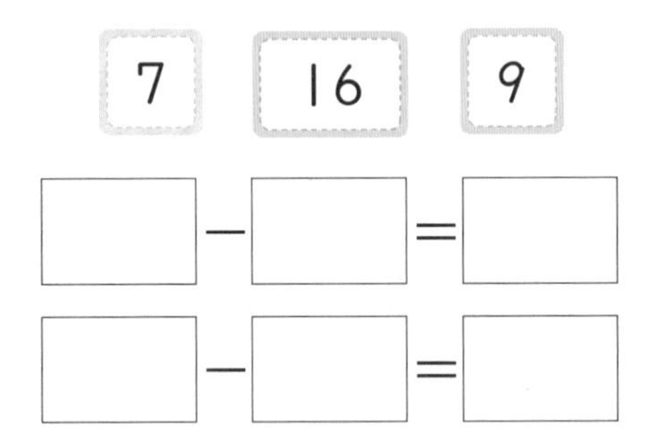

□−□=□
□−□=□

19 어떤 수에 6을 더했더니 11이 되었습니다. 어떤 수를 구하세요.

(　　　　　　　)

20 수지는 딸기 맛 젤리 8개와 포도 맛 젤리 5개를 가지고 있습니다. 그중에서 9개를 먹었다면 남은 젤리는 몇 개인가요?

(　　　　　　　)

21 두 수의 차가 작은 식부터 순서대로 이어 보세요.

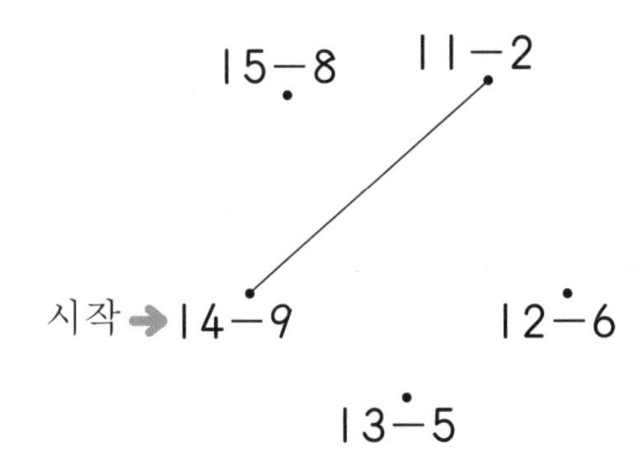

22 1부터 9까지의 수 중에서 □ 안에 들어갈 수 있는 수를 모두 구하세요.

$\square + 7 > 12$

( )

문제 해결

23 보기에서 주어진 뺄셈과 차가 각각 같은 식을 찾아 보기와 같이 ○, △, □표 하세요.

보기

12−4 16−9 14−5

14−6	15−8	17−8
11−2	15−7	13−6
11−4	16−8	16−7

24 꺼낸 공에 적힌 두 수의 합이 더 큰 사람이 이기는 놀이를 하고 있습니다. 다은이가 이기려면 어떤 수가 적힌 공을 꺼내야 하나요?

나는 3과 9를 꺼냈어.
나는 5를 꺼냈어.
7
6
1
2
4
8
도윤
다은

( )

서술형

25 냉장고에 참외는 12개 있고, 키위는 참외보다 3개 더 적게 있습니다. 사과는 키위보다 6개 더 많이 있다면 사과는 몇 개 있는지 풀이 과정을 쓰고 답을 구하세요.

풀이

답

5 규칙 찾기

멋진 해적 나라를 잘 지나왔나요?
이제는 놀이공원 나라에서 규칙 찾기에 대해 배워 볼 거예요.
한 칸씩 통과해 가면서 이번 단원에서 배울 내용을 알아봐요.

세상에서 가장 믿을 만한 오리는?
미더덕
컵 모양 놀이기구는 무슨 색이지?
분홍색, 노란 색이 반복되고 있어.
ICE CREAM
큐알 코드를 찍으면 개념 학습 영상도 보고, 수학 게임도 할 수 있어요.
아이스크림이 녹으면?
다이하드!
이제 규칙 찾기를 배우러 가자!

STEP 1

개념별 유형

개념 1 규칙 찾기

1. 색깔이 반복되는 규칙 찾기

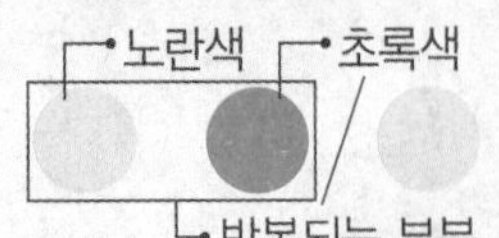

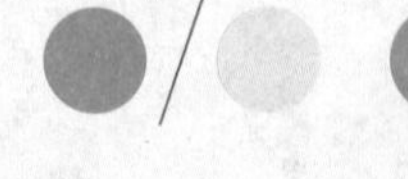

규칙 노란색과 초록색이 반복됩니다.

2. 위치가 반복되는 규칙 찾기

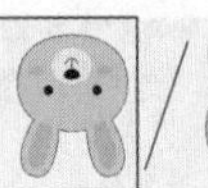

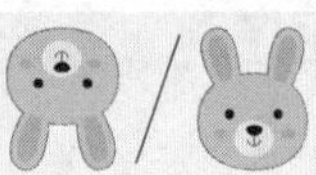
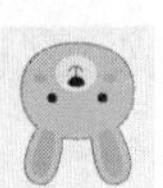

규칙 모양 테이프의 토끼 얼굴이 바로, 거꾸로가 반복됩니다.

1 반복되는 부분에 모두 ◯표 하세요.

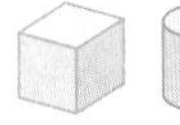

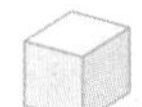

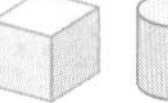

2 규칙을 찾아 □ 안에 알맞은 말을 써넣으세요.

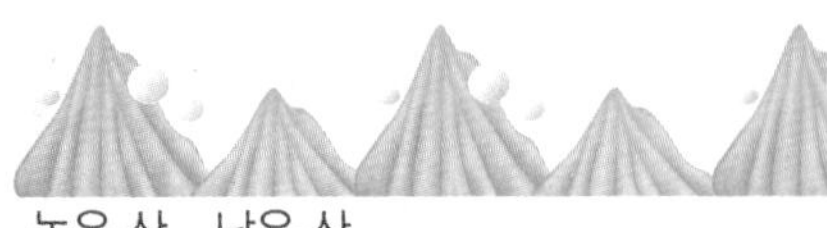

규칙 □ 산과 □ 산이 반복됩니다.

3 규칙에 따라 □ 안에 알맞은 그림을 찾아 ○표 하세요.

( ) ( )

4 규칙에 따라 빈칸에 알맞은 그림을 그려 보세요.

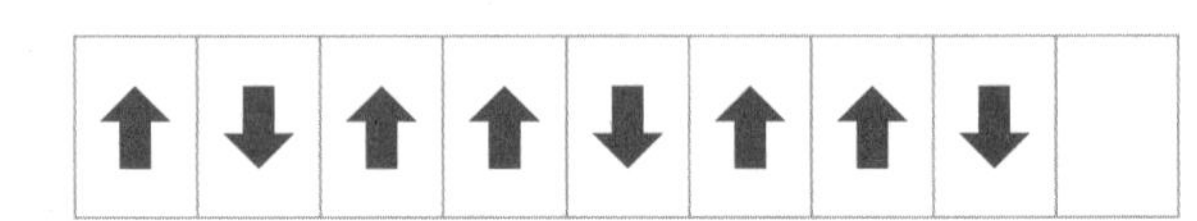

5 규칙에 따라 알맞게 색칠해 보세요.

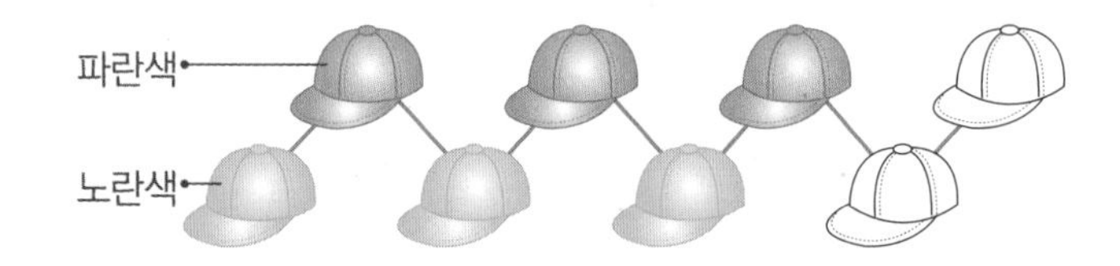

정보처리

6 규칙을 바르게 말한 사람의 이름을 쓰세요.

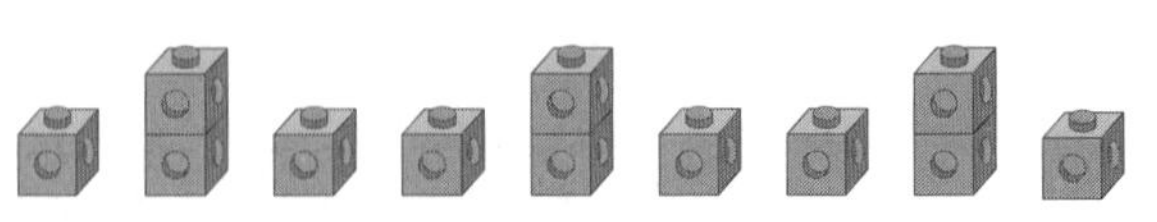

지혜: 개수가 1개, 2개, 1개로 반복돼.
시호: 개수가 1개, 2개, 2개로 반복돼.

( )

5 규칙 찾기

개념 2 규칙 만들기(1)

1. 두 가지 색으로 규칙 만들기

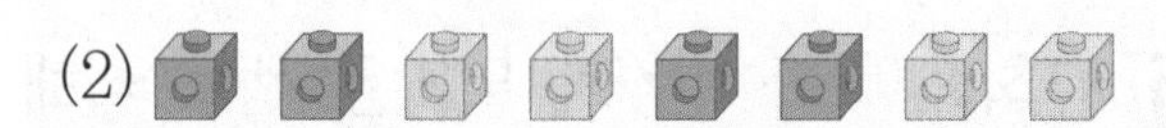

➜ 노란색, 파란색이 반복되는 규칙을 만들었습니다.

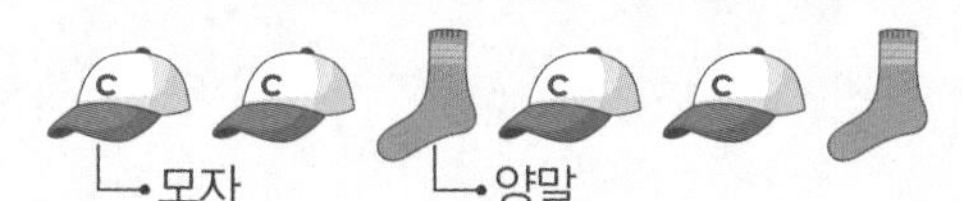

➜ 파란색, 파란색, 노란색, 노란색이 반복되는 규칙을 만들었습니다.

2. 여러 가지 물건으로 규칙 만들기

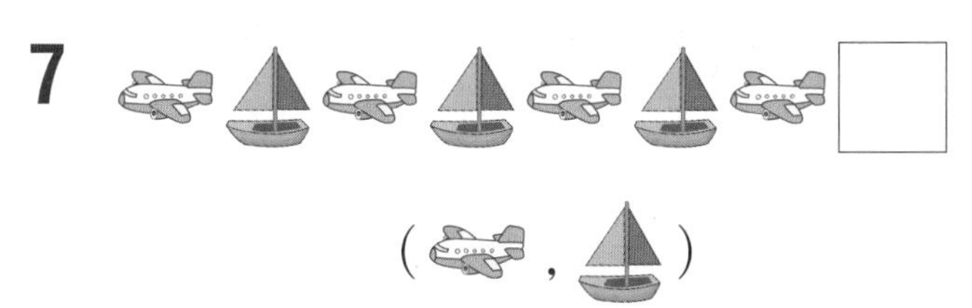

➜ 모자, 모자, 양말이 반복되는 규칙을 만들었습니다.

[7~8] 비행기( )와 배( )로 규칙을 만들었습니다. □ 안에 알맞은 그림을 찾아 ○표 하세요.

7

(,)

8

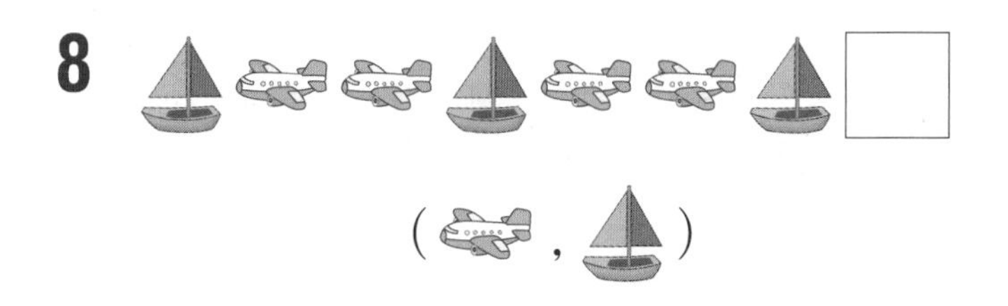

(,)

9 주사위의 눈의 수가 5, 2가 반복되도록 놓은 것의 기호를 쓰세요.

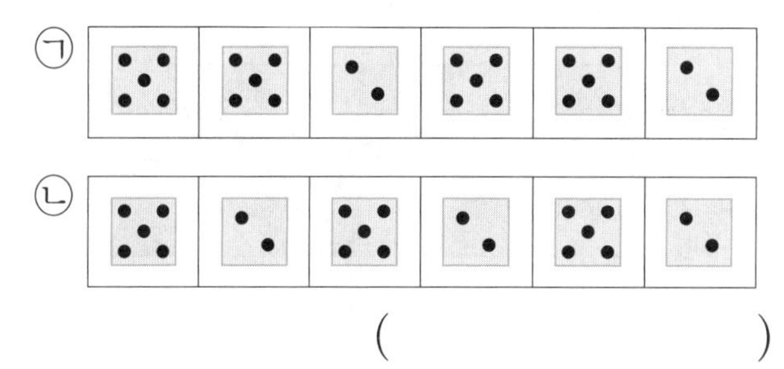

( )

문제 해결

[10~11] 규칙에 따라 컵을 색칠해 보세요.

10

주황색, 보라색이 반복되게 컵을 색칠할 거야.
주황색
보라색

11

보라색, 보라색, 주황색이 반복되게 컵을 색칠할 거야.

12 시후가 만든 규칙으로 바둑돌을 놓아 보세요.

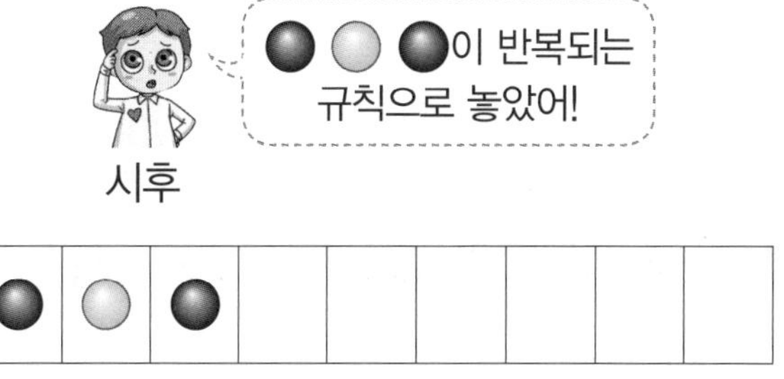

이 반복되는 규칙으로 놓았어!
시후

STEP 1 개념별 유형

개념 3 규칙 만들기(2)

1. 규칙에 따라 색칠하기

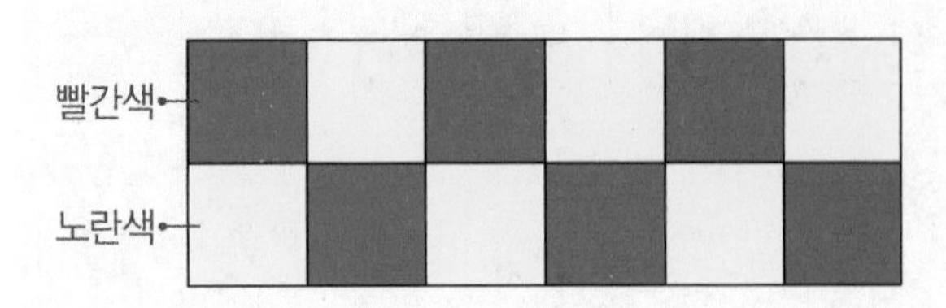

규칙 첫 번째 줄은 빨간색, 노란색이 반복되고, 두 번째 줄은 노란색, 빨간색이 반복됩니다.

2. 모양으로 규칙을 만들기

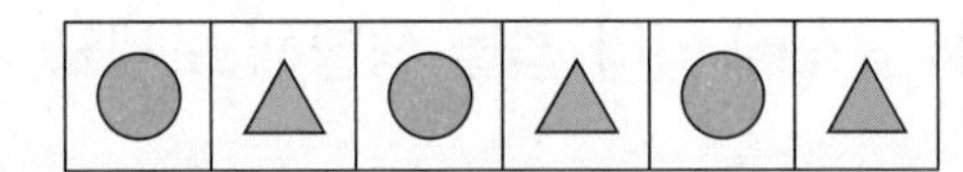

규칙 ●, ▲가 반복됩니다.

[13~14] 규칙에 따라 색칠하려고 합니다. 물음에 답하세요.

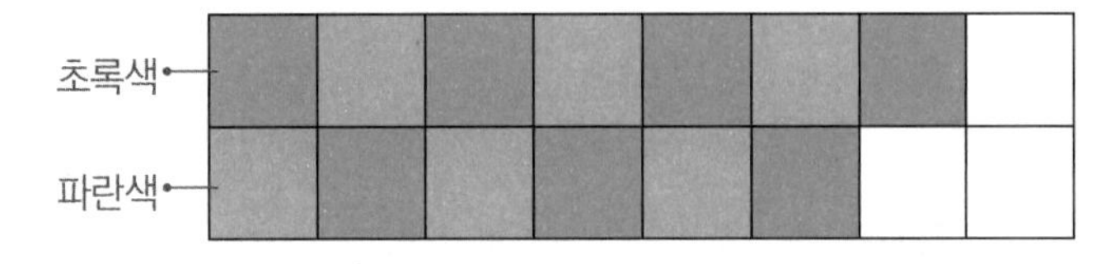

13 규칙을 찾아 □ 안에 알맞은 말을 써넣으세요.

규칙 첫 번째 줄은 초록색, □색이 반복되고, 두 번째 줄은 □색, □색이 반복됩니다.

14 규칙에 따라 빈칸에 알맞은 색을 칠해 보세요.

15 규칙에 따라 모양을 그려 구슬 팔찌의 무늬를 완성해 보세요.

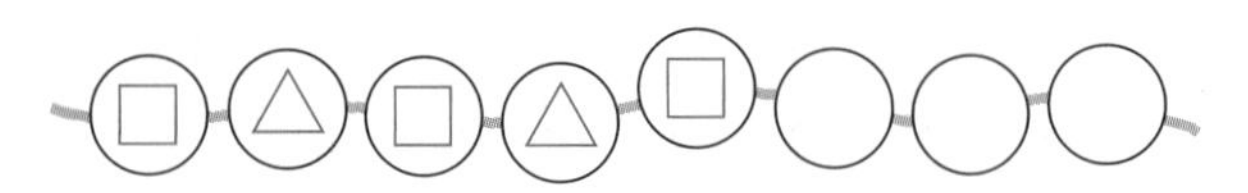

16 규칙에 따라 빈칸에 알맞은 색을 칠해 보세요.

[17~18] 여러 가지 모양으로 규칙을 만들려고 합니다. 물음에 답하세요.

17 하린이가 고른 모양으로 규칙을 완성해 보세요.

하린
나는 ★, ◆로 규칙을 만들래.

정보처리

18 도윤이가 고른 모양으로 규칙을 만들어 보세요.

도윤
나는 ♥, ☽로 규칙을 만들래.

1~3 형성 평가

맞힌 문제 수 개/7개

공부한 날 월 일

1 규칙에 따라 □ 안에 알맞은 악기의 이름을 쓰세요.

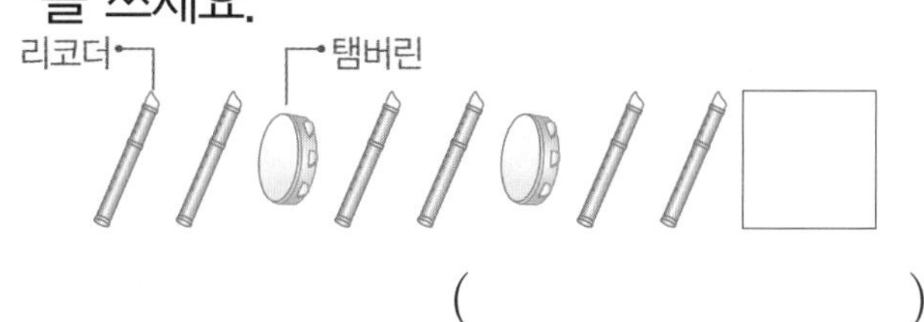

( )

2 시후가 만든 규칙으로 물건을 놓은 것을 찾아 ○표 하세요.

시후
숟가락, 포크, 포크가 반복되도록 놓았어.

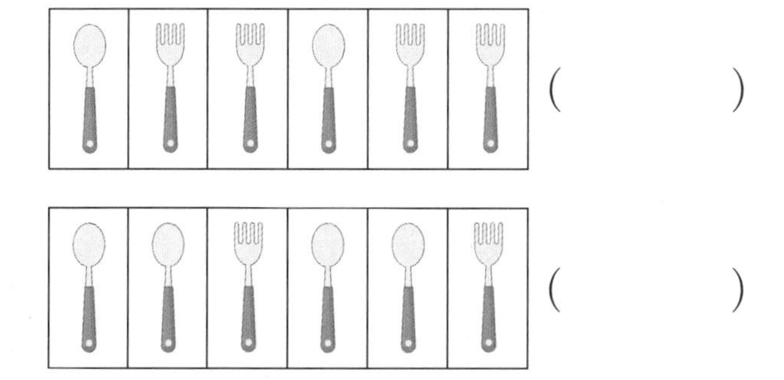

( )

( )

[3~4] **규칙에 따라 □ 안에 알맞은 그림을 그려 보세요.**

3 ⇨ ⇦ ⇨ ⇦ ⇨ ⇦ ⇨ □ □

4

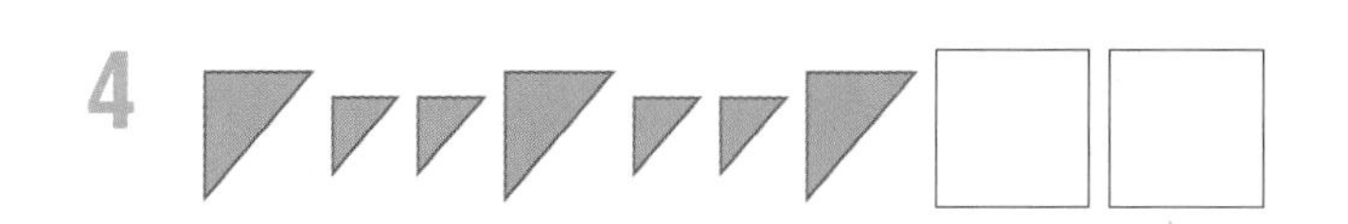

5 규칙을 바르게 설명한 것의 기호를 쓰세요.

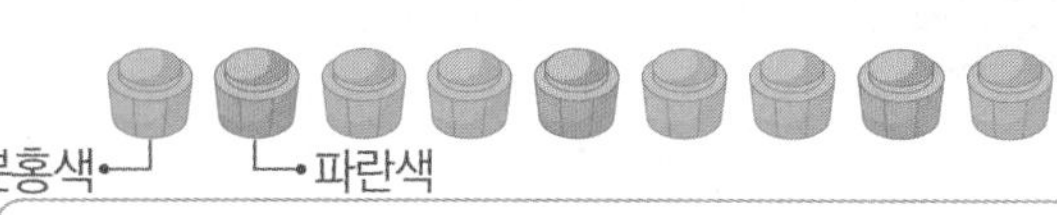

㉠ 색이 분홍색, 파란색으로 반복됩니다.
㉡ 색이 분홍색, 파란색, 분홍색으로 반복됩니다.

( )

6 규칙에 따라 빈칸에 알맞은 색을 칠해 보세요.

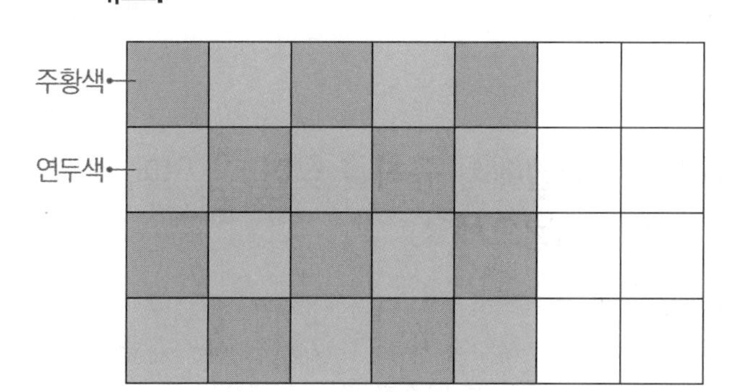

서술형

7 반복되는 부분에 모두 ◯표 하고, 규칙을 찾아 쓰세요.

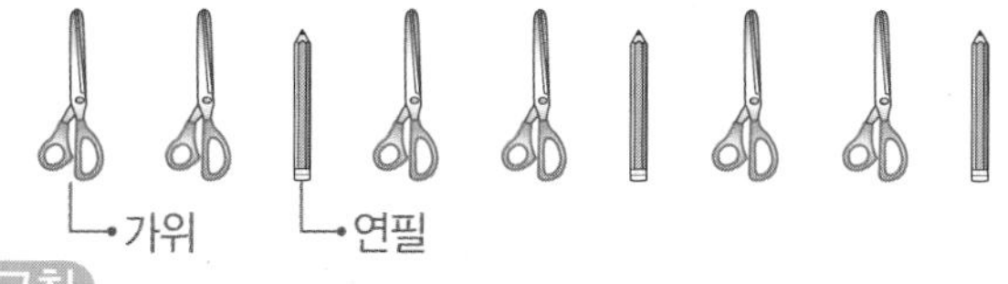

규칙 ______________________

____

STEP 1

개념별 유형

개념 4 수 배열에서 규칙 찾기

1. 수가 반복되는 규칙

규칙 1과 5가 반복됩니다.

2. 일정한 수만큼 커지는 규칙

10	15	20	25	30	35

규칙 오른쪽으로 갈수록 5씩 커집니다.

3. 일정한 수만큼 작아지는 규칙

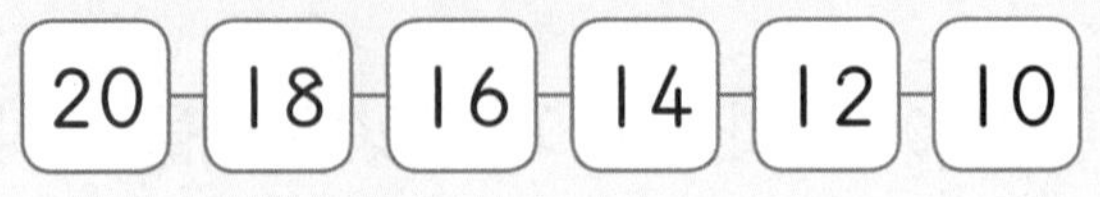

규칙 오른쪽으로 갈수록 2씩 작아집니다.

[1~3] 수 배열에서 규칙을 찾아 □ 안에 알맞은 수를 써넣으세요.

1

7	4	4	7	4	4

규칙 □, □, 4가 반복됩니다.

2

3	5	7	9	11	13

규칙 오른쪽으로 갈수록 □씩 커집니다.

3

16	13	10	7	4	1

규칙 오른쪽으로 갈수록 □씩 작아집니다.

[4~5] 규칙에 따라 빈칸에 알맞은 수를 써넣으세요.

4

9와 2가 반복되는 규칙

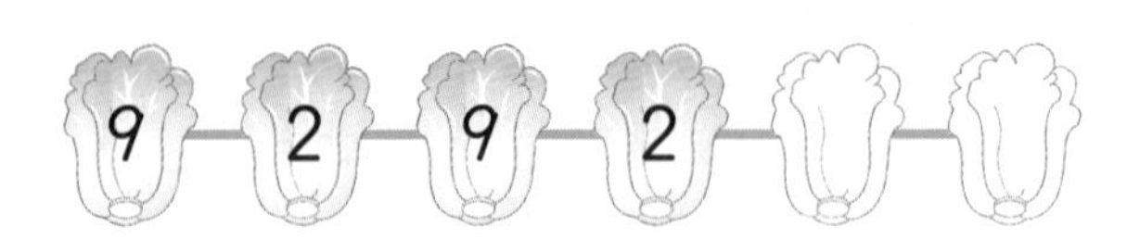

5

오른쪽으로 갈수록 4씩 작아지는 규칙

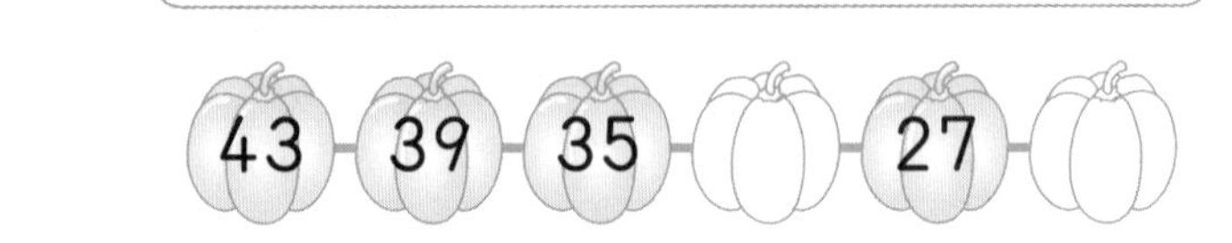

[6~7] 규칙에 따라 빈 곳에 알맞은 수를 써넣으세요.

6

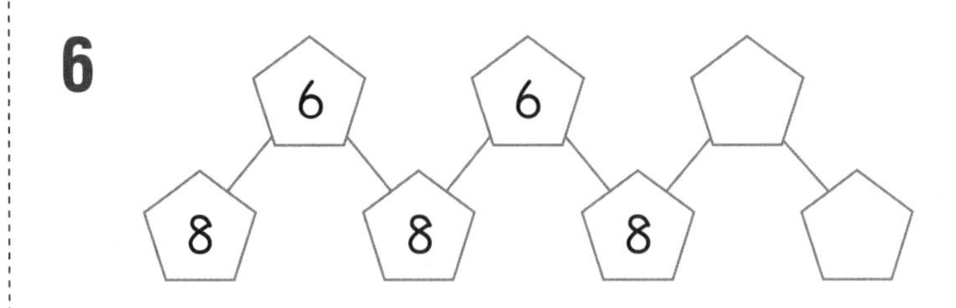

7

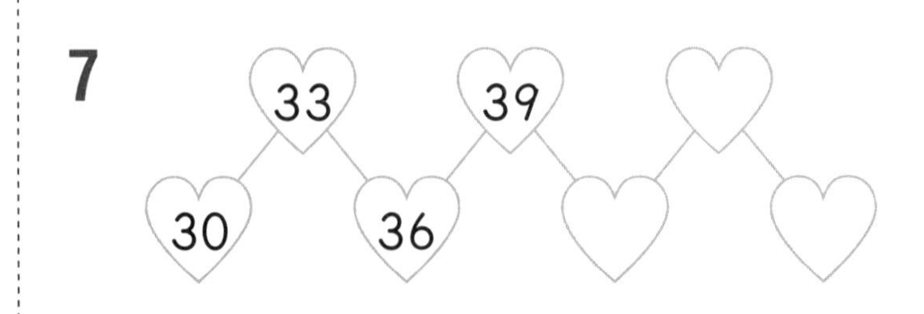

8 규칙에 따라 수를 쓴 것입니다. 규칙을 바르게 말한 사람은 누구인가요?

6 - 5 - 1 - 6 - 5 - 1

수민: 오른쪽으로 갈수록 1씩 작아져.
재혁: 6, 5, 1이 반복돼.

( )

추론

9 규칙에 따라 수를 쓸 때 ㉠에 알맞은 수를 구하세요.

오른쪽으로 갈수록 2씩 커지는 규칙

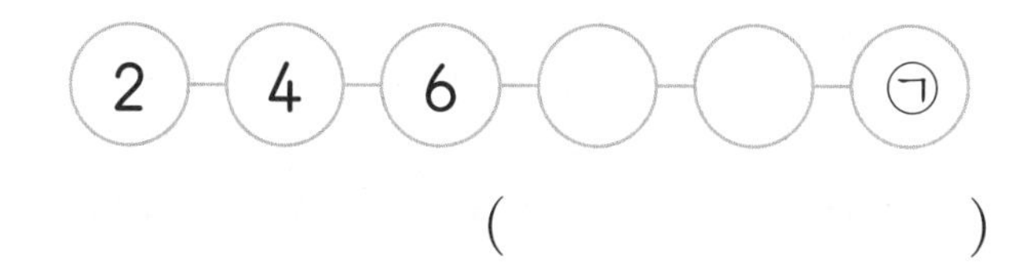

( )

문제 해결

10 지유가 정한 규칙에 따라 수 카드를 늘어놓으려고 합니다. 빈칸에 알맞은 수를 써넣으세요.

오른쪽으로 갈수록 5씩 작아지는 규칙으로 정했어.

50 - □ - □ - □ - □ - □

개념 5 수 배열표에서 규칙 찾기

11	12	13	14	15	16	17	18	19	20
21	22	23	24	25	26	27	28	29	30
31	32	33	34	35	36	37	38	39	40

규칙 1 ······에 있는 수는 31부터 시작하여 → 방향으로 1씩 커집니다.

규칙 2 ······에 있는 수는 13부터 시작하여 ↓ 방향으로 10씩 커집니다.

규칙 3 ······에 있는 수는 15부터 시작하여 ↘ 방향으로 11씩 커집니다.

[11~12] 수 배열표를 보고 물음에 답하세요.

1	2	3	4	5	6	7	8	9	10
11	12	13	14	15	16	17	18	19	20
21	22	23	24	25	26	27	28	29	30
31	32	33	34	35	36	37			

11 ······에 있는 수에는 어떤 규칙이 있는지 □ 안에 알맞은 수를 써넣으세요.

규칙 21부터 시작하여 → 방향으로 □씩 커집니다.

12 규칙에 따라 ▒에 알맞은 수를 써넣으세요.

[13~15] 수 배열표를 보고 물음에 답하세요.

51	52	53	54	55	56	57	58	59	60
61	62	63	64	65	66	67	68	69	70
71	72	73	74	75	76	77	78	79	80
81	82	83	84	85	86	87	88	89	90
91	92	93	94	95	96	97	98	99	100

13 ⋯⋯에 있는 수는 57부터 시작하여 ↓ 방향으로 몇씩 커지나요?

( )

14 연두색으로 색칠한 수는 52부터 시작하여 ↘ 방향으로 몇씩 커지나요?

( )

15 91부터 시작하여 4씩 커지는 수를 노란색으로 색칠해 보세요.

16 색칠한 규칙에 따라 나머지 부분을 색칠해 보세요.

41	42	43	44	45	46	47	48	49	50
51	52	53	54	55	56	57	58	59	60
61	62	63	64	65	66	67	68	69	70

17 색칠한 수의 규칙을 바르게 설명한 것의 기호를 쓰세요.

21	22	23	24	25	26	27	28	29	30
31	32	33	34	35	36	37	38	39	40
41	42	43	44	45	46	47	48	49	50

㉠ 21부터 시작하여 4씩 커집니다.
㉡ 21부터 시작하여 5씩 커집니다.

( )

실생활 연결

18 사물함 번호의 규칙을 찾아 빈칸에 알맞은 수를 써넣으세요.

11	14	17	20	
12	15	18	21	
13	16		22	25

추론

19 규칙을 찾아 ★에 알맞은 수를 구하세요.

56	57	58	59	60
61	62	63	64	
66			★	

( )

공부한 날 월 일

개념 6 생활 속에서 규칙 찾기

예 울타리의 색깔에서 규칙 찾기

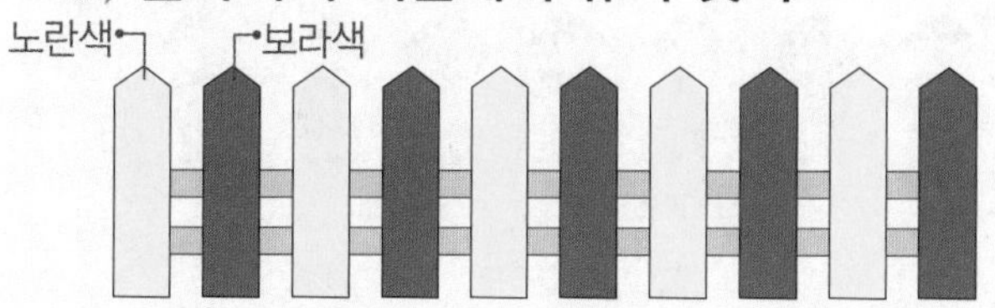

규칙 노란색, 보라색이 반복됩니다.

20 책을 보고 규칙을 바르게 말한 사람의 이름을 쓰세요.

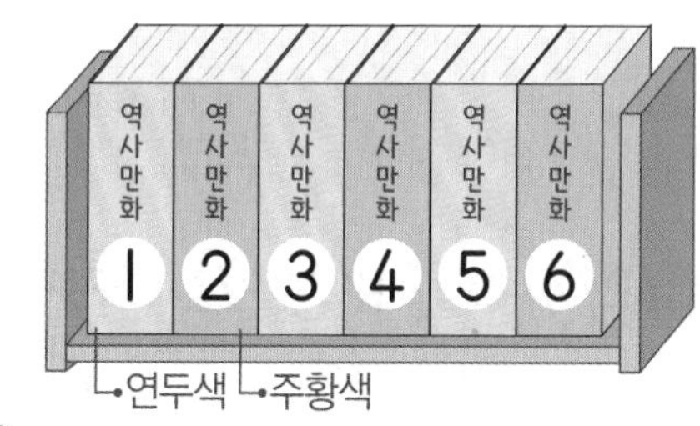

지호: 책의 색이 연두색, 주황색, 연두색으로 반복돼.

책의 번호가 오른쪽으로 갈수록 1씩 커져.

하린

( )

21 오른쪽 팝콘 상자의 무늬에서 찾을 수 있는 규칙과 같은 규칙이 있는 것을 찾아 기호를 쓰세요.

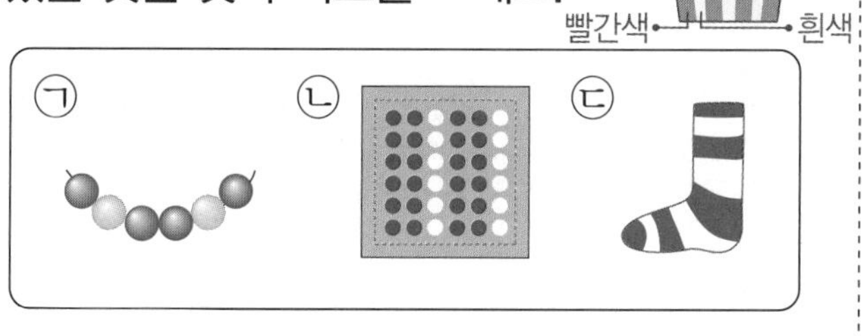

( )

개념 7 규칙을 여러 가지 방법으로 나타내기

1. 규칙을 그림으로 나타내기

예 삼각김밥을 △, 배를 ○로 나타내기

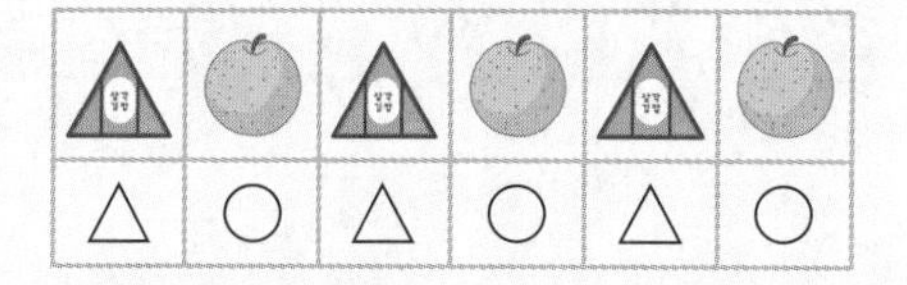

△	○	△	○	△	○

➔ 삼각김밥, 배가 반복되므로 △, ○가 반복되게 나타냅니다.

2. 규칙을 수로 나타내기

예 숟가락을 0, 포크를 3으로 나타내기

0	3	0	3	0	3

➔ 숟가락, 포크가 반복되므로 0, 3이 반복되게 나타냅니다.

개념 동영상

22 규칙에 따라 ㉠과 ㉡에 알맞은 수를 각각 구하세요.

2	3	3	2	3	㉠	㉡	3

㉠ ( ), ㉡ ( )

23 규칙에 따라 ○와 ⊙로 나타내 보세요.

○	○	⊙	⊙	○			

24 규칙에 따라 빈칸에 알맞은 수를 써넣으세요.

3	4	3			

25 규칙에 따라 ○, ×로 나타내 보세요.

빨간불
초록불

○	×				

[26~27] 규칙에 따라 여러 가지 방법으로 나타내려고 합니다. 물음에 답하세요.

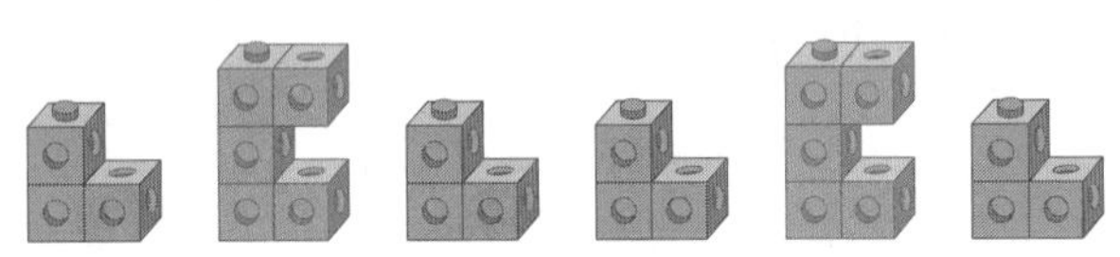

26 규칙에 따라 ㄴ, ㄷ으로 나타내 보세요.

ㄴ	ㄷ	ㄴ			

27 규칙에 따라 3, 5로 나타내 보세요.

3	5	3			

28 규칙에 따라 빈칸에 알맞은 몸 동작을 찾아 기호를 쓰세요.

( )

29 보기 의 규칙을 모양으로 나타낸 것입니다. 바르게 나타낸 것에 ○표 하세요.

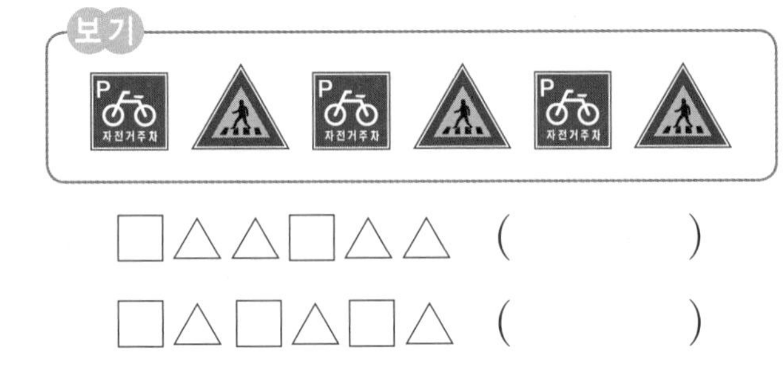

□△△□△△ ( )

□△□△□△ ( )

문제 해결

30 규칙에 따라 빈칸에 알맞은 주사위를 그리고, 수를 써넣으세요.

⚀	⚀	⚄	⚀	⚀	⚄	⚀	
1	1	5	1				

4~7 형성 평가

맞힌 문제 수 개/6개

공부한 날 월 일

1 색칠한 수의 규칙을 쓴 것입니다. □ 안에 알맞은 수를 써넣으세요.

1	2	3	4	5	6	7	8	9	10
11	12	13	14	15	16	17	18	19	20
21	22	23	24	25	26	27	28	29	30

규칙 □부터 시작하여 □씩 커집니다.

2 규칙에 따라 ㉠과 ㉡에 알맞은 모양을 각각 그려 보세요.

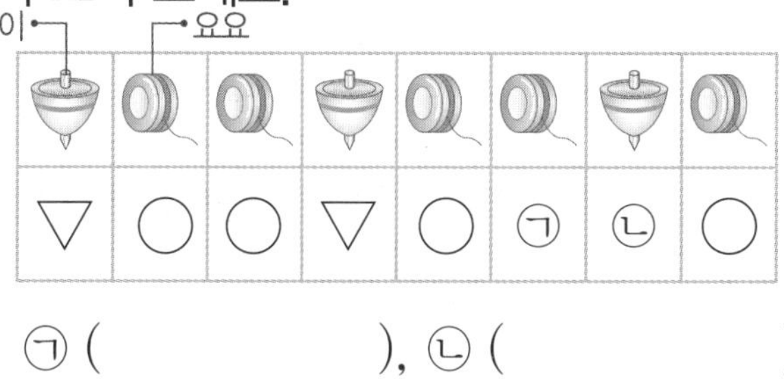

▽	○	○	▽	○	㉠	㉡	○

㉠ ( ), ㉡ ( )

3 계산기의 수 배열을 보고 규칙을 바르게 설명한 것의 기호를 쓰세요.

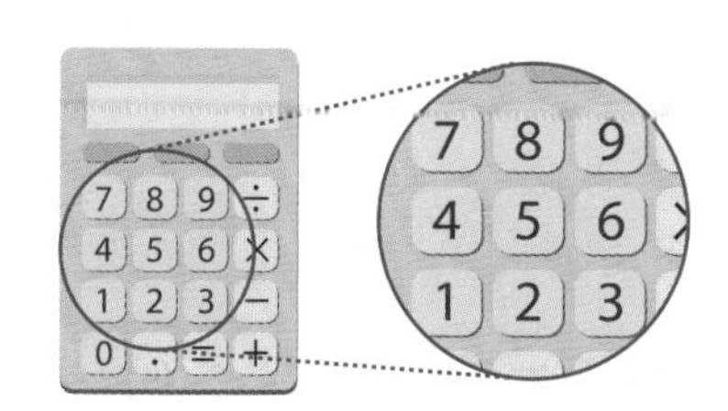

㉠ → 방향으로 1씩 커집니다.
㉡ ↓ 방향으로 2씩 작아집니다.

( )

4 규칙에 따라 수를 쓸 때 ★에 알맞은 수를 구하세요.

9, 3, 9가 반복되는 규칙

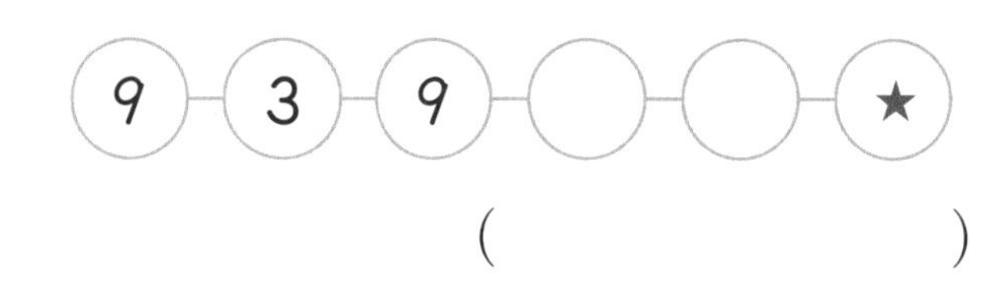

( )

5 색칠한 규칙에 따라 나머지 부분을 색칠해 보세요.

61	62	63	64	65	66	67	68	69	70
71	72	73	74	75	76	77	78	79	80
81	82	83	84	85	86	87	88	89	90

6 규칙에 따라 ㉠과 ㉡에 알맞은 수를 잘못 말한 사람은 누구인가요?

2	6	6	2	㉠			㉡

㉠에 알맞은 수는 6이야.
시후

㉡에 알맞은 수는 2야.
지유

( )

STEP 2 꼬리를 무는 유형

1 규칙에 따라 알맞은 모양 그리기

1 기본 규칙에 따라 빈칸에 알맞은 모양을 그려 보세요.

■	■	▼	■	■	▼	■		
■	■	▼	■	■	▼	■		

2 변형 규칙에 따라 ㉠과 ㉡에 알맞은 모양을 그리려고 합니다. 알맞게 짝 지어진 것을 찾아 ○표 하세요.

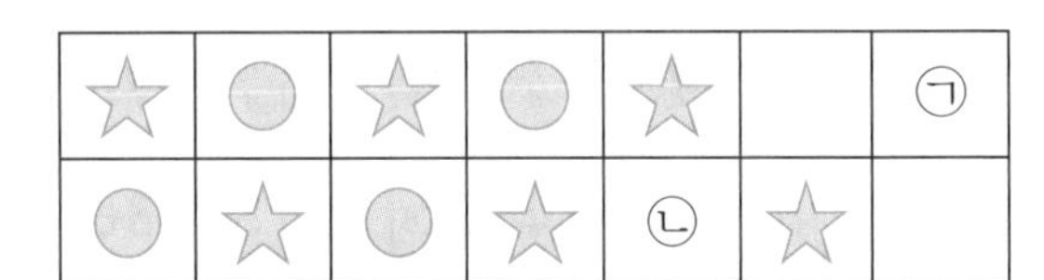

㉠—●, ㉡—★ ( )

㉠—★, ㉡—● ( )

3 변형 규칙에 따라 빈칸에 알맞은 모양을 그리려고 합니다. ♥가 놓이는 곳을 모두 찾아 번호를 쓰세요.

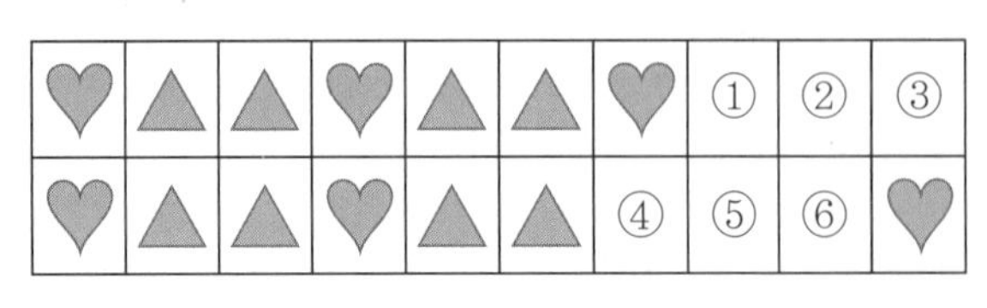

( )

2 그림을 보고 규칙 알아보기

4 기본 규칙을 바르게 말한 사람은 누구인가요?

수박과 참외가 반복돼.

지유

수박, 참외, 수박이 반복돼.

지호

( )

5 변형 규칙을 잘못 말한 사람은 누구인가요?

해
달
해 2개와 달 1개가 반복돼.
해 1개와 달 2개가 반복돼.
시후
다은

( )

6 서술형 그림을 보고 규칙을 찾아 쓰세요.

보라색 주황색

규칙 ____________________

3 규칙을 찾아 수나 그림으로 나타내기

7 기본

보기 의 규칙에 따라 수로 바르게 나타낸 것에 ○표 하세요.

보기

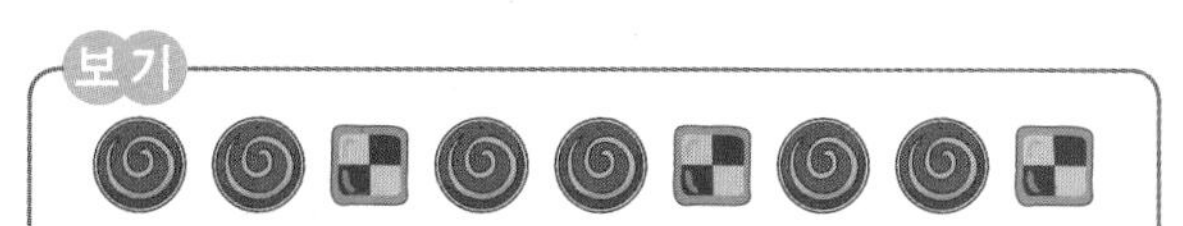

3 3 2 3 3 2 3 3 2 (   )

2 4 4 2 4 4 2 4 4 (   )

8 변형

보기 의 규칙에 따라 그림으로 바르게 나타낸 것의 기호를 쓰세요.

보기

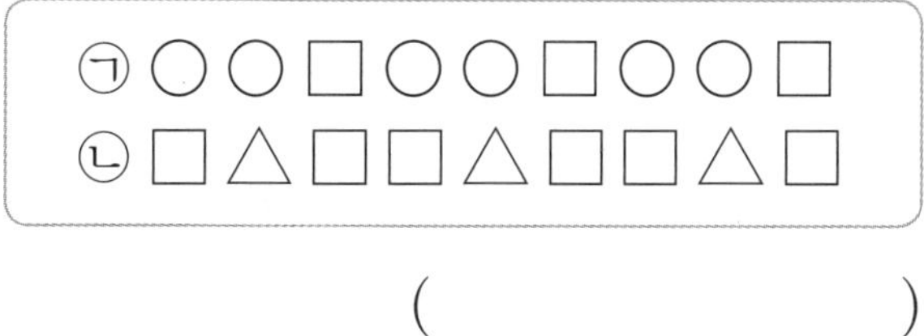

㉠ ○ ○ □ ○ ○ □ ○ ○ □

㉡ □ △ □ □ △ □ □ △ □

(   )

9 변형

보기 의 규칙에 따라 수로 잘못 나타낸 사람의 이름을 쓰세요.

보기

윤하: 4 3 4 4 3 4 4 3 4

선우: 8 8 6 8 8 6 8 8 6

(   )

4 다양한 수 배열에서 규칙 찾기

10 기본

규칙에 따라 빈칸에 알맞은 수를 써넣으세요.

1	2	3	4
11	12		14
21	22	23	

11 변형

규칙에 따라 ㉠과 ㉡에 알맞은 수를 각각 구하세요.

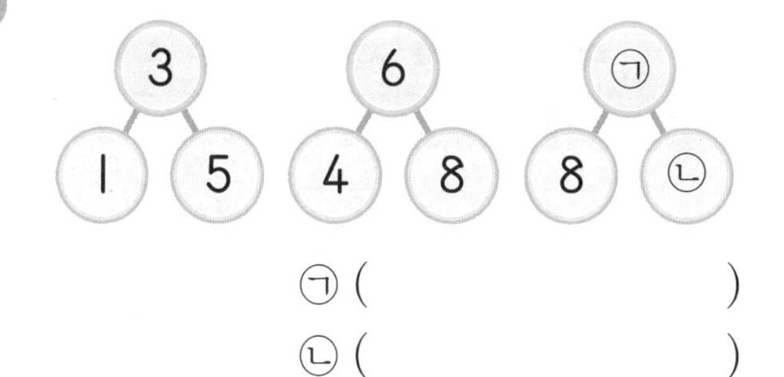

㉠ (   )

㉡ (   )

12 변형

규칙에 따라 빈칸에 알맞은 수를 써넣으세요.

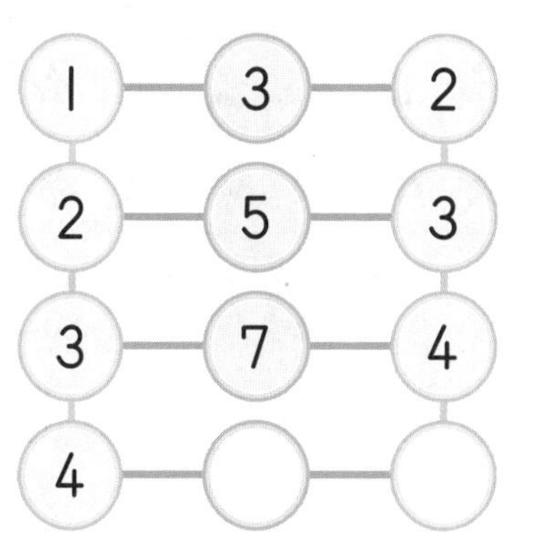

5 규칙에 따라 완성한 무늬에서 개수 구하기

예 규칙에 따라 무늬를 완성할 때 완성한 무늬에서 연두색 칸 수 구하기

연두색 파란색

								㉠
								㉡

첫 번째 줄과 두 번째 줄 모두 연두색, 파란색, 파란색이 반복되므로 ㉠, ㉡에는 파란색을 칠해야 합니다.

➔ 연두색은 모두 6칸입니다.

13 실력 규칙에 따라 무늬를 완성할 때 완성한 무늬에서 ⬆는 모두 몇 개인가요?

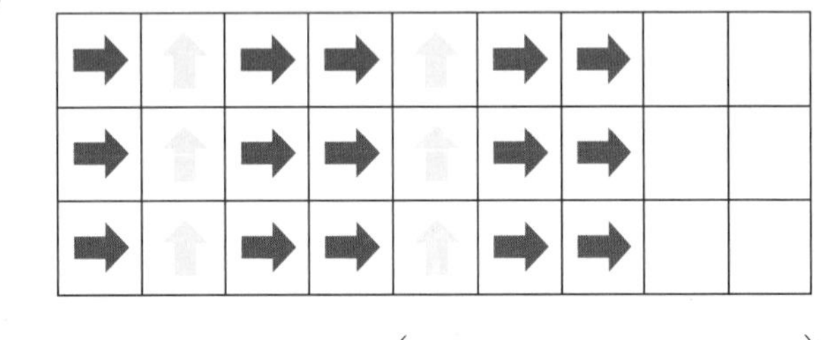

( )

14 변형 규칙에 따라 무늬를 완성할 때 완성한 무늬에서 ★은 모두 몇 개인가요?

★	♣	★	♣	★	♣	★		
♣	★	♣	★	♣	★	♣		
★	♣	★	♣	★	♣	★		

( )

6 규칙에 따라 수 배열표에서 수 찾기

① 색칠한 칸의 규칙을 찾습니다.
② 규칙에 맞게 나머지 수를 찾아 색칠한 후 조건을 만족하는 수를 찾습니다.

15 실력 규칙에 따라 색칠해야 할 수 중 가장 큰 수는 얼마인가요?

31	32	33	34	35	36	37	38	39	40
41	42	43	44	45	46	47	48	49	50
51	52	53	54	55	56	57	58	59	60
61	62	63	64	65	66	67	68	69	70

( )

16 레벨업 규칙에 따라 색칠해야 할 수 중 홀수는 몇 개인가요?

90	89	88	87	86	85	84	83	82	81
80	79	78	77	76	75	74	73	72	71
70	69	68	67	66	65	64	63	62	61
60	59	58	57	56	55	54	53	52	51

( )

정답과 해설 27쪽

공부한 날 월 일

7 규칙에 따라 ■번째에 놓이는 수 구하기

몇씩 커지거나 작아지는지 알아봅니다.

예

1	2	3	4	5	6	7	8	9

1 3 5 7 9 …

➔ 1부터 시작하여 **2**씩 커집니다.

8 찢어진 수 배열표에서 모르는 수 구하기

수 배열표에서 →, ← 방향과 ↓, ↑ 방향으로 수의 규칙을 찾습니다.

예 → 방향으로 1씩 커집니다.

↓ 방향으로 5씩 커집니다.

1	2	3	4
6	7		
11			

17 실력 규칙에 따라 수를 늘어놓았습니다. 7번째에 놓이는 수를 구하세요.

4 7 10 13 16 …

( )

18 변형 규칙에 따라 수를 늘어놓았습니다. 7번째에 놓이는 수를 구하세요.

35 31 27 23 19 …

( )

19 레벨업 규칙에 따라 수를 늘어놓았습니다. 6번째에 놓이는 수를 구하세요.

2 3 5 8 12 …

( )

20 실력 찢어진 수 배열표에서 ■에 알맞은 수를 구하세요.

22	23	24	
32	33	34	
42			
			■

( )

21 변형 찢어진 수 배열표에서 ♥에 알맞은 수를 구하세요.

		56	57	58
				66
				74
♥				

( )

BOOK❷ 26~29쪽 응용력 향상 문제 제공

STEP 3

수학 독해력 유형

독해력 유형 1 규칙에 따라 펼친 손가락의 수 구하기

구하려는 것에 밑줄을 긋고 풀어 보세요.

규칙에 따라 ㉠과 ㉡에 들어갈 그림의 펼친 손가락은 모두 몇 개인지 구하세요.

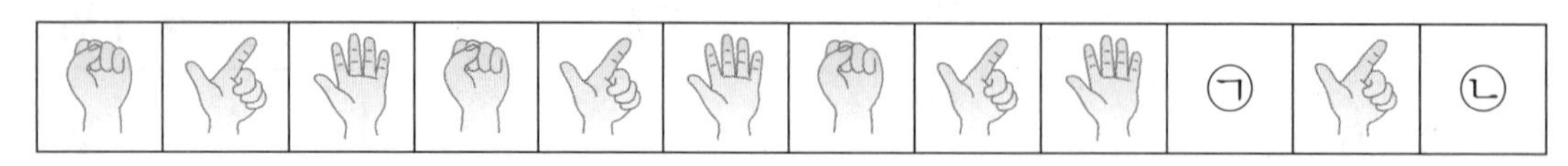

해결 비법

반복되는 부분을 찾아 펼친 손가락의 수를 세어 봅니다.

예 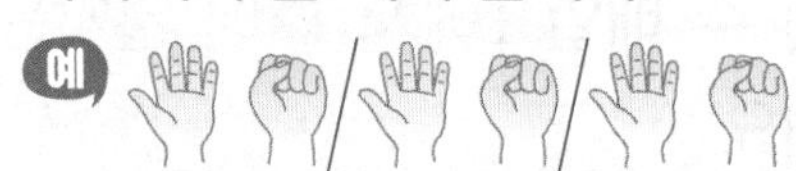

규칙 펼친 손가락이 5개, 0개가 반복됩니다.

문제 해결

❶ 펼친 손가락의 수의 규칙:

펼친 손가락이 0개, □개, □개가 반복됩니다.

❷ ㉠과 ㉡에 들어갈 그림의 펼친 손가락의 수 구하기

→ ㉠: □개, ㉡: □개

❸ (㉠과 ㉡에 들어갈 그림의 펼친 손가락의 수의 합)

=0+□=□(개)

답 ____________

쌍둥이 유형 1-1

위의 문제 해결 방법을 따라 풀어 보세요.

규칙에 따라 ㉠과 ㉡에 들어갈 그림의 펼친 손가락은 모두 몇 개인지 구하세요.

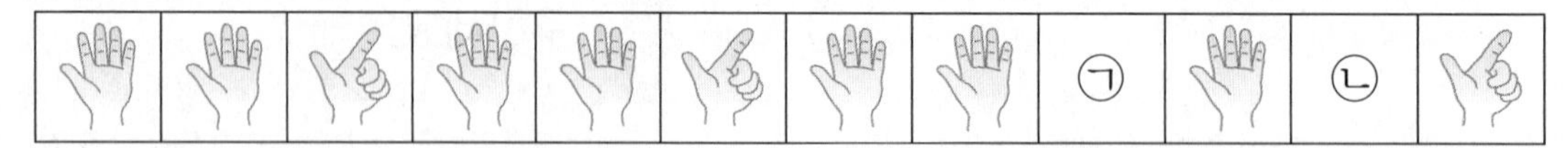

따라 풀기 ❶

❷

❸

답

공부한 날 월 일

독해력 유형 2 수 배열에서 규칙을 찾아 ㉠에 알맞은 수 구하기

구하려는 것에 밑줄을 긋고 풀어 보세요.

보기 와 같은 규칙으로 수를 늘어놓으려고 합니다. ㉠에 알맞은 수를 구하세요.

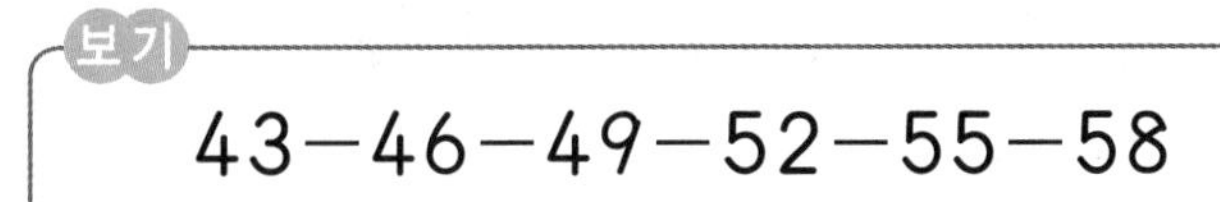

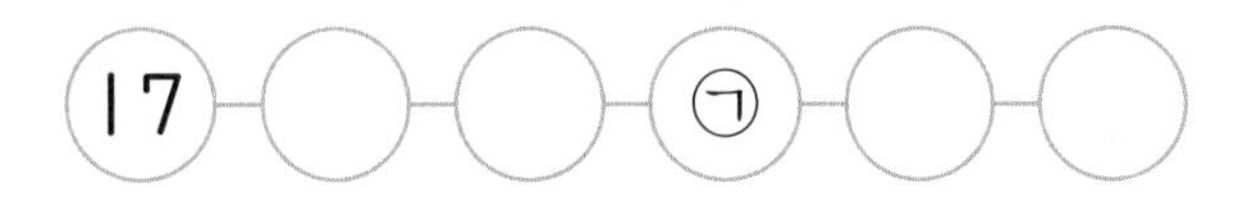

해결 비법

보기 의 수는 오른쪽으로 갈수록 몇씩 커지는 규칙이 있는지, 작아지는 규칙이 있는지 알아본 후 ㉠에 알맞은 수를 구합니다.

문제 해결

❶ 보기 의 규칙: 오른쪽으로 갈수록 ☐씩 커집니다.

❷ 위 ❶의 규칙에 따라 빈칸에 알맞은 수 써넣기:

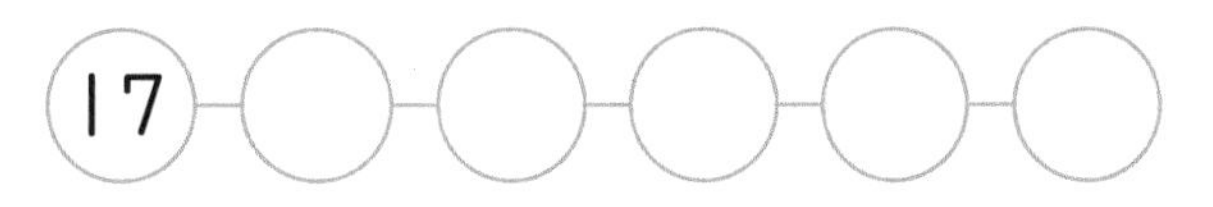

❸ ㉠에 알맞은 수 구하기: ☐

답 ____________

쌍둥이 유형 2-1

위의 문제 해결 방법을 따라 풀어 보세요.

보기 와 같은 규칙으로 수를 늘어놓으려고 합니다. ㉠에 알맞은 수를 구하세요.

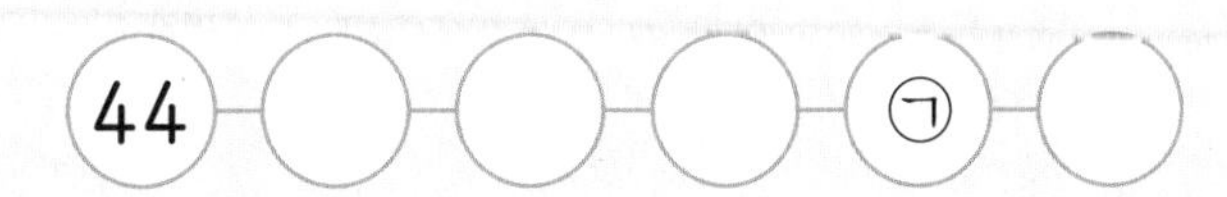

44 ◯ ◯ ◯ ㉠ ◯

따라 풀기 ❶

❷

❸

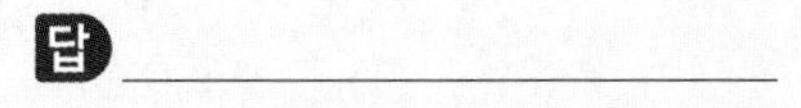

STEP 3

수학 독해력 유형

독해력 유형 3 구슬의 규칙 찾기

구하려는 것에 밑줄을 긋고 풀어 보세요.

규칙에 따라 구슬을 늘어놓았습니다. 12번째에 놓이는 구슬은 무슨 색인가요?

빨간색 / 파란색 …

해결 비법

반복되는 구슬의 색깔을 찾아 그림을 그려 봅니다.

예 8번째에 놓이는 구슬의 색깔 구하기

분홍색 / 하늘색 …

❶ 분홍색, 하늘색 구슬이 반복됩니다.

❷ 규칙에 따라 구슬이 8개가 되게 그립니다.

8번째

문제 해결

❶ 구슬을 늘어놓은 규칙:

빨간색, [ ]색, [ ]색 구슬이 반복됩니다.

❷ 위 ❶에서 찾은 규칙에 따라 구슬이 12개가 되게 그리기

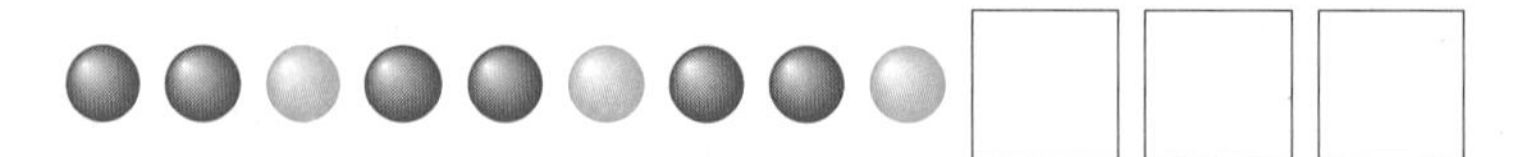

❸ 12번째 놓이는 구슬의 색깔: (빨간색 , 파란색)

알맞은 말에 ○표 하기

답 ________________

쌍둥이 유형 3-1

위의 문제 해결 방법을 따라 풀어 보세요.

규칙에 따라 구슬을 늘어놓았습니다. 14번째에 놓이는 구슬은 무슨 색인가요?

보라색 / 초록색 …

따라 풀기 ❶

❷

❸

답 ________________

정답과 해설 28쪽

공부한 날 월 일

독해력 유형 4 조건과 규칙을 만족하는 수 찾기

구하려는 것에 밑줄을 긋고 풀어 보세요.

조건을 모두 만족하는 수부터 시작하여 5씩 커지는 규칙으로 수를 차례로 3개 쓰세요.

조건 1 28과 33 사이에 있는 수입니다.
조건 2 십의 자리 숫자가 일의 자리 숫자보다 작습니다.

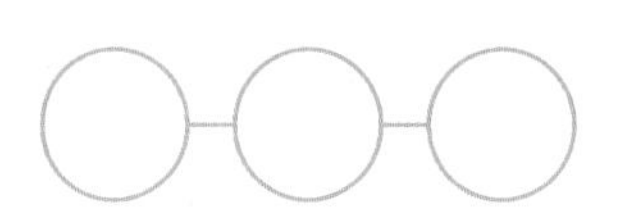

해결 비법

조건을 모두 만족하는 수를 구하려면 주어진 조건을 순서대로 만족하는 수를 구합니다.

28과 33 사이에 있는 수를 모두 구해

그중 십의 자리 숫자가 일의 자리 숫자보다 작은 수를 찾습니다.

문제 해결

❶ 28과 33 사이에 있는 수: 29, 30, 

❷ 위 ❶의 수 중 십의 자리 숫자가 일의 자리 숫자보다 작은 수: □

❸ 조건을 모두 만족하는 수부터 시작하여 5씩 커지는 규칙으로 수를 차례로 3개 쓰기: 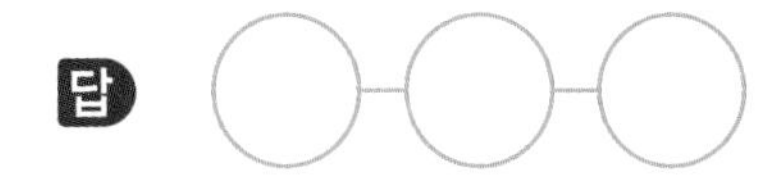

답 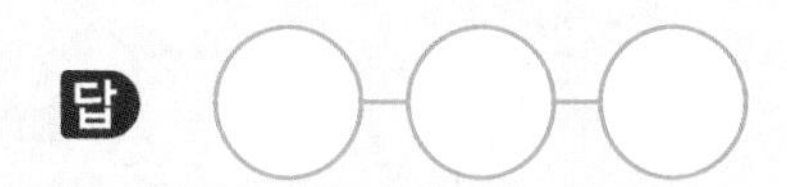

쌍둥이 유형 4-1

위의 문제 해결 방법을 따라 풀어 보세요.

조건을 모두 만족하는 수부터 시작하여 4씩 커지는 규칙으로 수를 차례로 3개 쓰세요.

조건 1 56과 61 사이에 있는 수입니다.
조건 2 십의 자리 숫자가 일의 자리 숫자보다 큽니다.

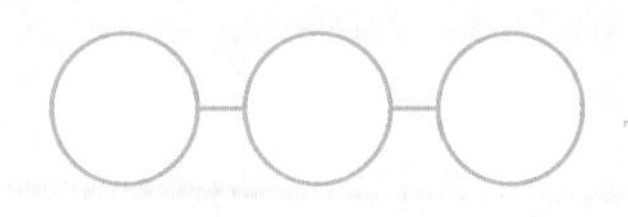

따라 풀기 ❶

❷

❸

답

1 규칙을 찾아 □ 안에 알맞은 말을 써넣으세요.

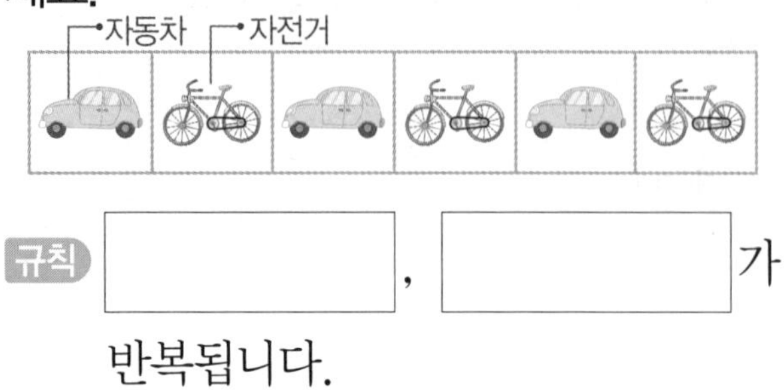

규칙 [　　　], [　　　]가 반복됩니다.

2 규칙에 따라 빈 곳에 알맞은 수를 써넣으세요.

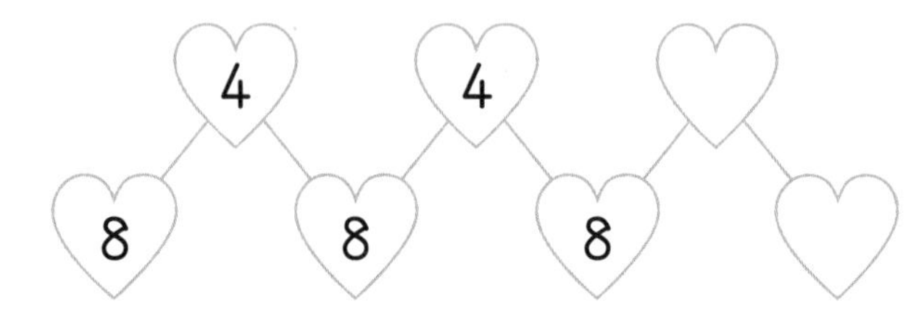

[3~4] 규칙에 따라 □ 안에 알맞은 그림을 찾아 ○표 하세요.

3 ♡ ● ♡ ● ♡ ● □

(♡ , ●)

4 ▽ △ △ ▽ △ △ ▽ □ △

(▽ , △)

[5~6] 수 배열표를 보고 물음에 답하세요.

11	12	13	14	15	16	17	18	19	20
21	22	23	24	25	26	27	28	29	30
31	32	33	34	35	36		38	39	40
41	42	43		45	46	47	48		50
51	52	53	54	55	56	57	58		

5 ⋯⋯에 있는 수에는 어떤 규칙이 있는지 □ 안에 알맞은 수를 써넣으세요.

규칙 16부터 시작하여 ↓ 방향으로 [　　]씩 커집니다.

6 규칙에 따라 빈칸에 알맞은 수를 써넣으세요.

7 규칙에 따라 빈칸에 알맞은 수를 써넣으세요.

오른쪽으로 갈수록 3씩 커지는 규칙

19 – 22 – 25 – [　] – [　] – [　]

8 규칙에 따라 ♡와 □로 나타내 보세요.

점수 점

공부한 날 월 일

9 규칙에 따라 빈칸에 알맞은 색을 칠해 보세요.

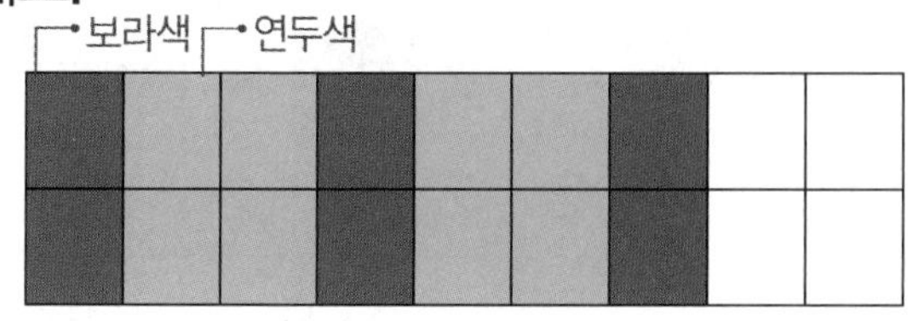

10 규칙에 따라 빈칸에 알맞은 몸 동작을 찾아 기호를 쓰세요.

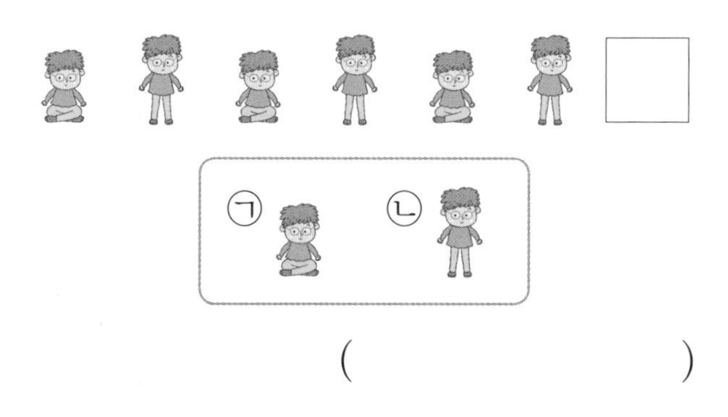

( )

추론

11 주사위를 다음과 같은 규칙으로 놓으려고 합니다. ㉠에 올 주사위의 눈의 수는 얼마인가요?

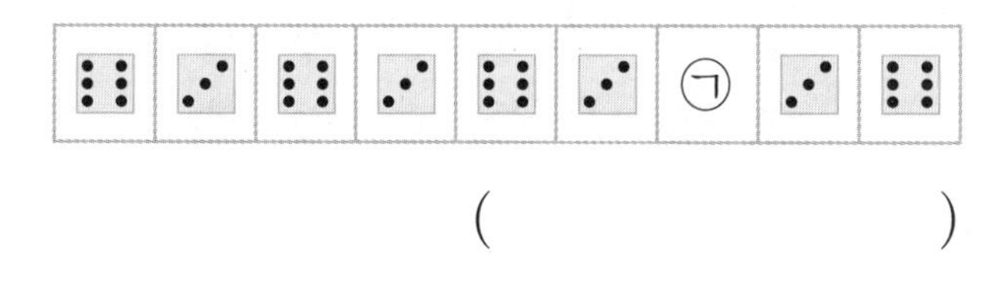

( )

12 규칙을 수로 바르게 나타낸 것의 기호를 쓰세요.

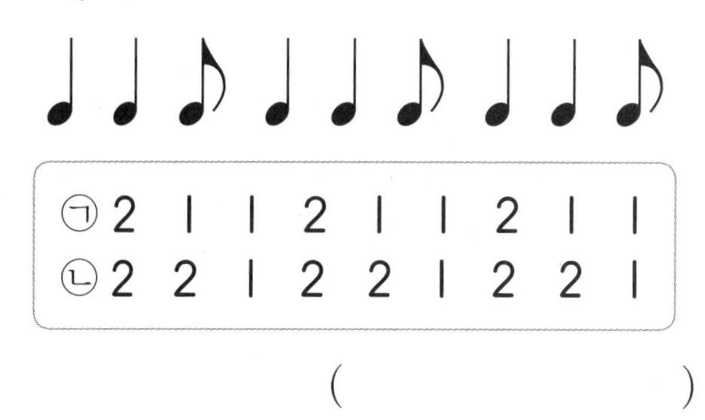

㉠ 2 1 1 2 1 1 2 1 1

㉡ 2 2 1 2 2 1 2 2 1

( )

정보처리

13 쌓기나무의 규칙이 맞으면 ○표, 틀리면 ×표 하세요.

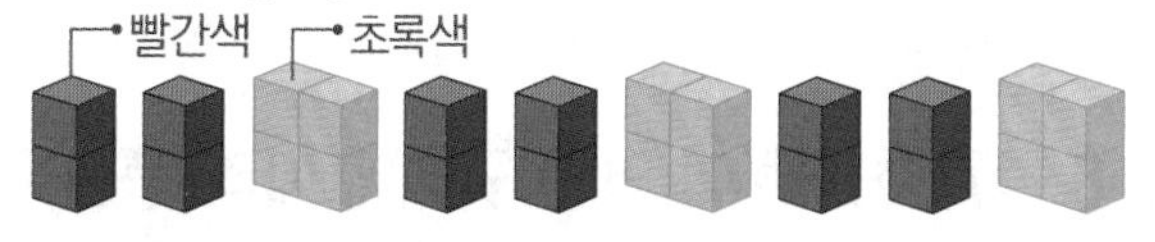

- 색깔이 빨간색, 초록색, 초록색으로 반복됩니다. ( )
- 개수가 2개, 2개, 4개로 반복됩니다. ( )

14 색칠한 규칙에 따라 나머지 부분을 색칠해 보세요.

51	52	53	54	55	56	57	58	59	60
61	62	63	64	65	66	67	68	69	70
71	72	73	74	75	76	77	78	79	80

5 규칙 찾기

유형TEST

실생활 연결

15 책꽂이에 꽂혀 있는 책을 보고 규칙을 바르게 설명한 것의 기호를 쓰세요.

㉠ 책의 색이 빨간색, 노란색, 파란색으로 반복됩니다.

㉡ 책의 번호가 오른쪽으로 갈수록 2씩 커집니다.

( )

문제 해결

[16~17] 친구들이 만든 규칙에 따라 풍선을 색칠해 보세요.

16

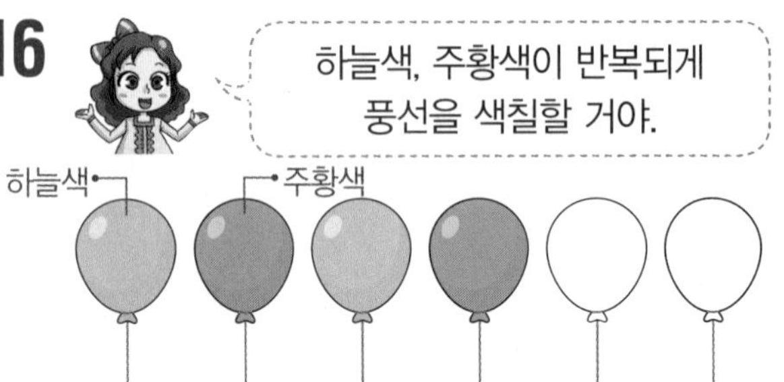

하늘색, 주황색이 반복되게 풍선을 색칠할 거야.
하늘색
주황색

17

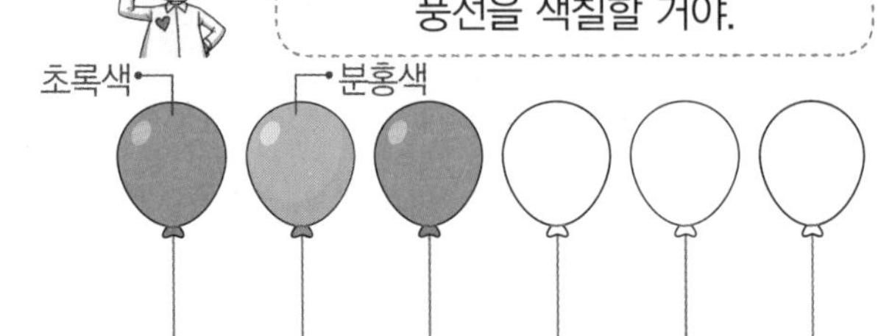

초록색, 분홍색, 초록색이 반복되게 풍선을 색칠할 거야.
초록색
분홍색

18 규칙을 2가지 방법으로 나타내 보세요.

오리	거북	오리	오리	거북	오리	오리	거북	오리
2	4	2	2	4	2			
○	□	○						

19 규칙에 따라 빈칸에 알맞은 수를 써넣으세요.

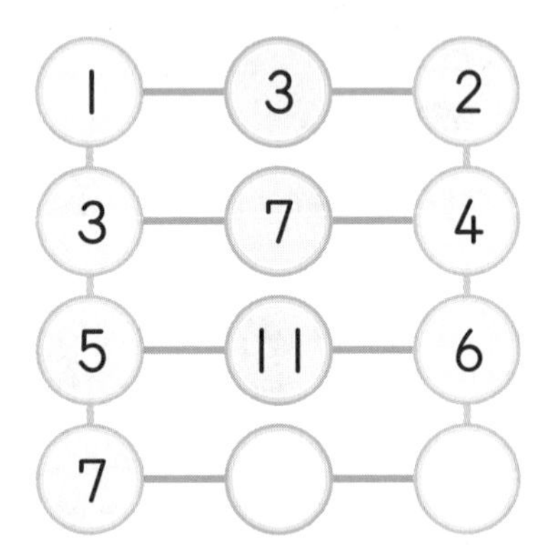

20 규칙에 따라 무늬를 완성할 때 완성한 무늬에서 ●는 모두 몇 개인가요?

●	●	♥	●	●	♥	●		
●	●	♥	●	●	♥	●		
●	●	♥	●	●	♥	●		

( )

정답과 해설 29쪽

21 규칙에 따라 수를 늘어놓았습니다. 7번째에 놓이는 수를 구하세요.

14 16 18 20 22 …

( )

추론

22 규칙에 따라 색칠해야 할 수 중 가장 작은 수는 얼마인가요?

50	49	48	47	46	45	44	43	42	41
40	39	38	37	36	35	34	33	32	31
30	29	28	27	26	25	24	23	22	21
20	19	18	17	16	15	14	13	12	11

( )

23 규칙에 따라 사과를 늘어놓았습니다. 12번째에 놓이는 사과는 무슨 색인가요?

( )

24 조건을 모두 만족하는 수부터 시작하여 2씩 작아지는 규칙으로 수를 차례로 3개 쓰세요.

조건 1 65와 71 사이에 있는 수입니다.
조건 2 십의 자리 숫자가 일의 자리 숫자보다 큽니다.

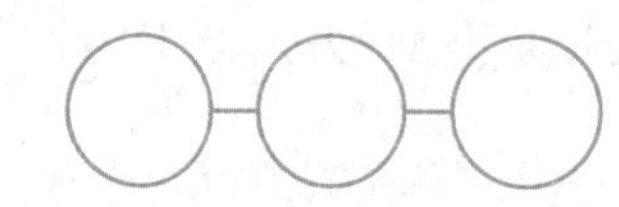

서술형

25 규칙에 따라 ㉠과 ㉡에 들어갈 그림의 펼친 손가락은 모두 몇 개인지 풀이 과정을 쓰고 답을 구하세요.

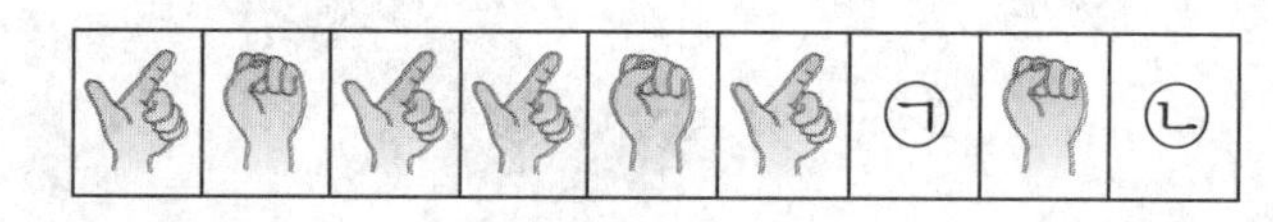

풀이

답

6 덧셈과 뺄셈(3)

놀이공원 나라를 잘 지나왔나요?
이제 음악 나라에서 덧셈과 뺄셈에 대해 배워볼 거예요.
한 칸씩 통과해 가면서 이번 단원에서 배울 내용을 알아봐요.

다함께
즐길 준비됐나요~?
출~발!

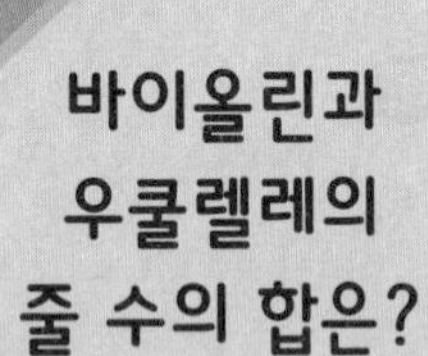

난 기타!
6개의 줄을
가지고 있어.
난 바이올린!
줄은 4개야.
난 우쿨렐레!
줄이 4개지!

바이올린과
우쿨렐레의
줄 수의 합은?

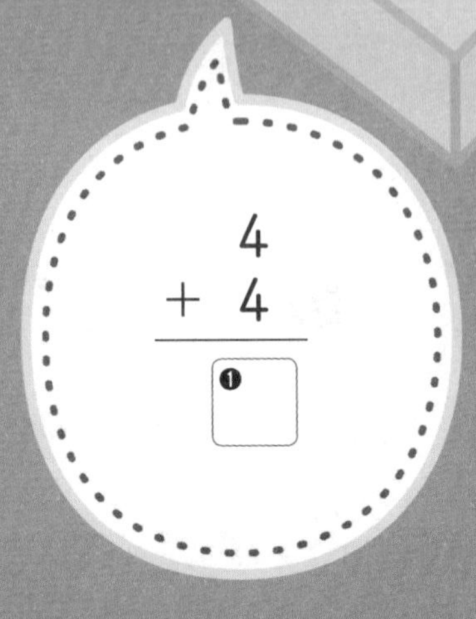

$$\begin{array}{r} 4 \\ +\ 4 \\ \hline ❶\square \end{array}$$

기타와
바이올린의
줄 수의 차는?

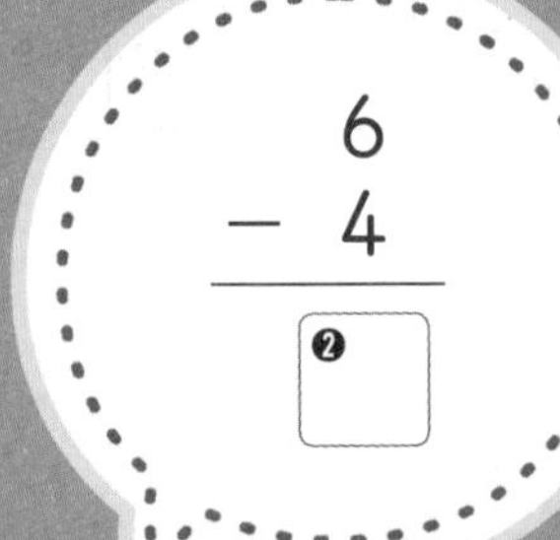

$$\begin{array}{r} 6 \\ -\ 4 \\ \hline ❷\square \end{array}$$

큐알 코드를 찍으면
개념 학습 영상도 보고,
수학 게임도 할 수 있어요.

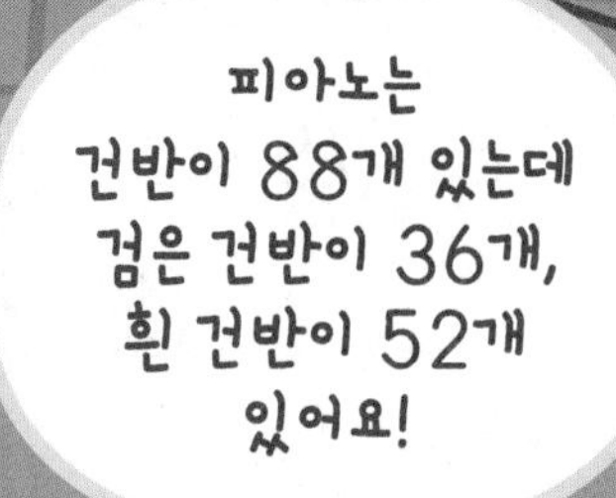

피아노를 던지면
어떻게 피아노~
피아노에 대해
알아볼까요?

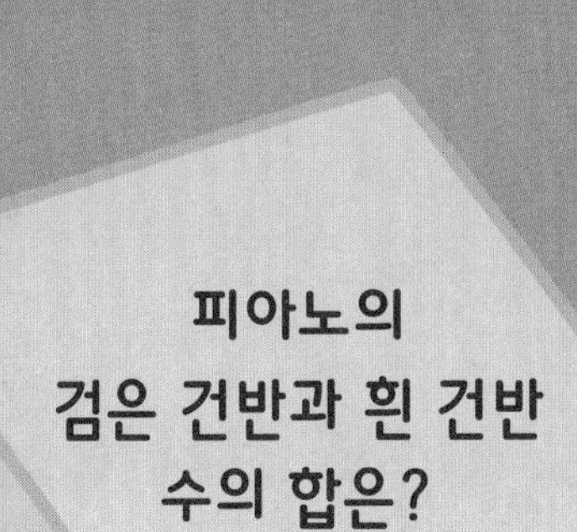

피아노의
검은 건반과 흰 건반
수의 합은?

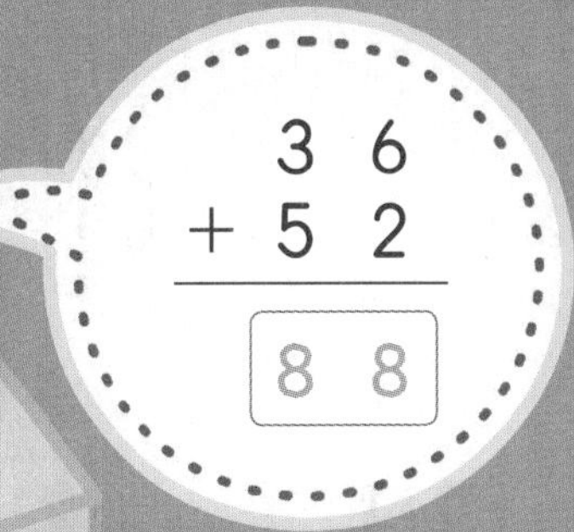

피아노 건반 중에서
흰 건반의 수는
얼마일까?

이제
덧셈과 뺄셈을
배우러 가 보자!

STEP 1

개념별 유형

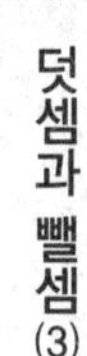

개념 1 덧셈 알아보기(1)

• 받아올림이 없는 (몇십몇)+(몇)

예 21+4의 계산

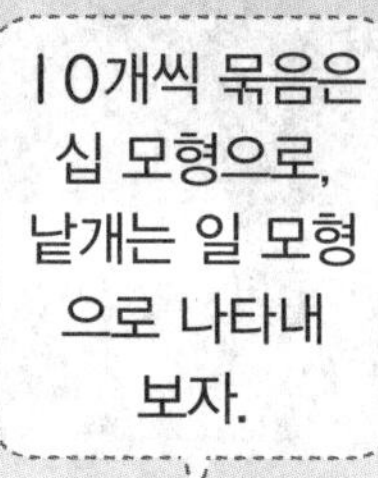

10개씩 묶음은
십 모형으로,
낱개는 일 모형
으로 나타내
보자.

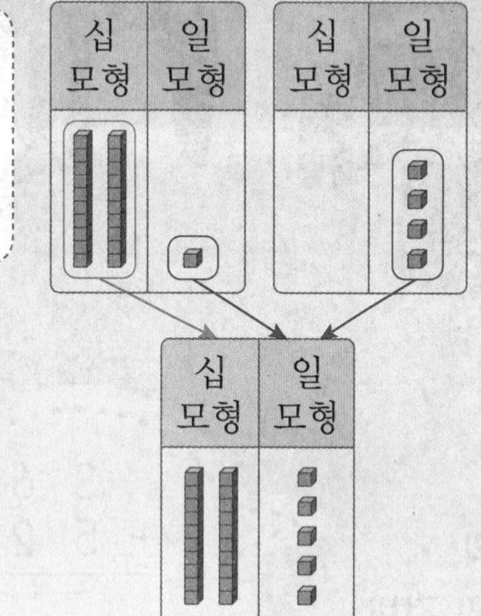

$$\begin{array}{r} 21 \\ +\ \ 4 \\ \hline \end{array} \rightarrow \begin{array}{r} 21 \\ +\ \ 4 \\ \hline 25 \end{array}$$

자리를 맞추어 씁니다.

10개씩 묶음의 수를 그대로 내려 씁니다.

낱개끼리 더합니다.

개념 동영상

1 16+3을 구하려고 합니다. 십 배열판에 더하는 수인 3만큼 △를 그려 구하세요.

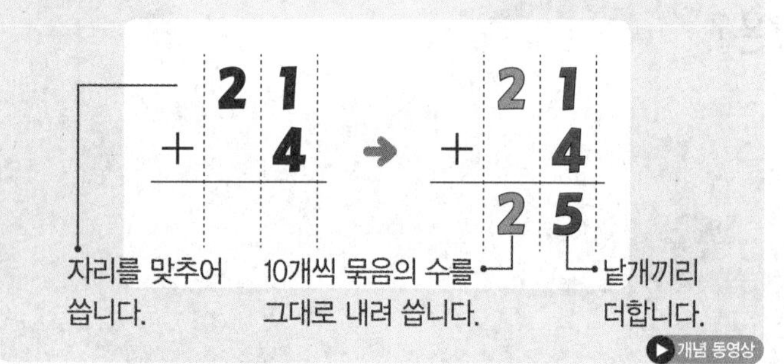

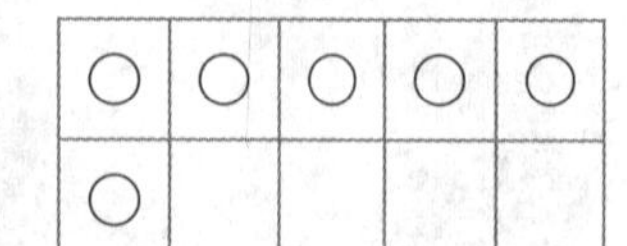

16+3=□

2 덧셈을 하세요.

(1) $\begin{array}{r} 60 \\ +\ \ 9 \\ \hline \end{array}$

(2) $\begin{array}{r} 5 \\ +91 \\ \hline \end{array}$

3 두 수의 합을 구하세요.

75　　2

(　　　　)

4 계산 결과를 찾아 이어 보세요.

42+7 •		• 49
4+44 •		• 47
41+6 •		• 48

추론

5 52+3을 바르게 계산한 사람은 누구인가요?

(　　　　)

6 멜론이 31통, 수박이 8통 있습니다. 멜론과 수박은 모두 몇 통인가요?

식 ________________

답 ________________

공부한 날 월 일

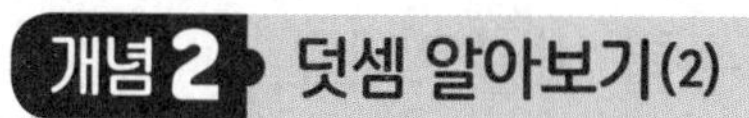

• (몇십)+(몇십)

예 40+20의 계산

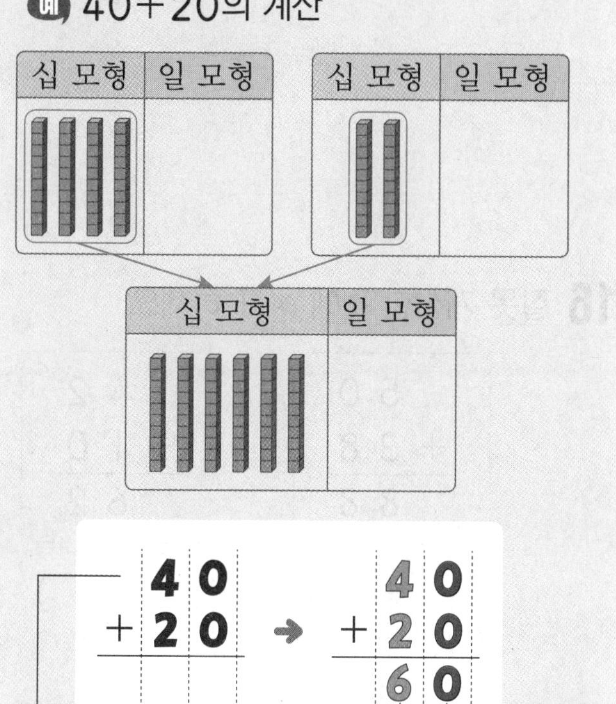

	4	0	→		4	0
+	2	0		+	2	0
					6	0

자리를 맞추어 씁니다.

10개씩 묶음끼리 더합니다.

낱개의 자리에 0을 씁니다.

7 그림을 보고 □ 안에 알맞은 수를 써넣으세요.

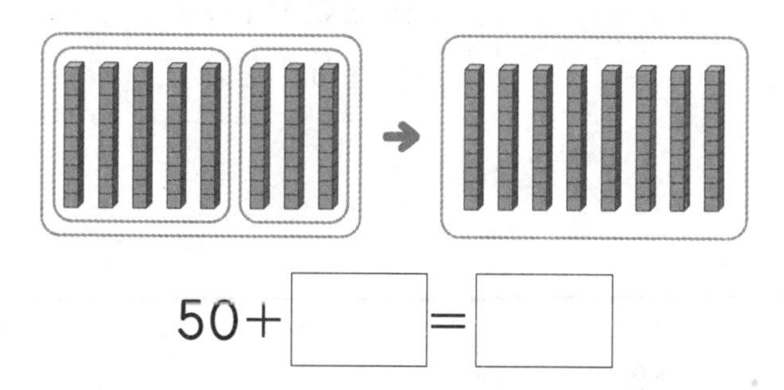

50+□=□

8 덧셈을 하세요.

(1) 20+10=□

(2) 30+40=□

9 빈칸에 알맞은 수를 써넣으세요.

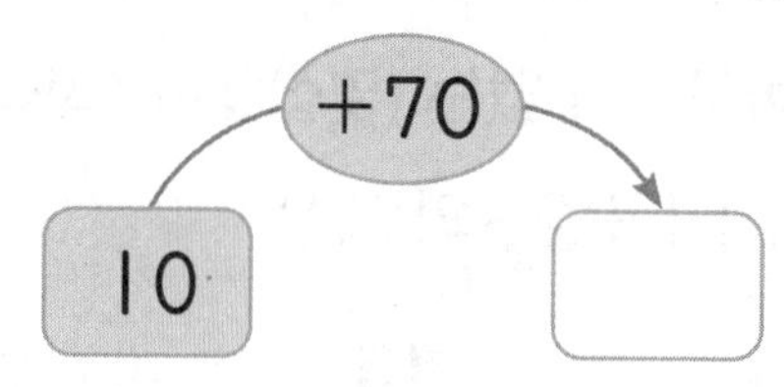

10 크기를 비교하여 더 큰 쪽에 ○표 하세요.

60+30	80
(　　)	(　　)

11 두 동전의 금액의 합은 얼마인가요?

(　　　　)

12 탁구장에 탁구채는 70개가 있고, 탁구공은 탁구채보다 20개 더 많습니다. 탁구공은 몇 개 있나요?

식 ______________________

답 ______________

개념 3 덧셈 알아보기(3)

• 받아올림이 없는 (몇십몇)+(몇십몇)

예 11+23의 계산

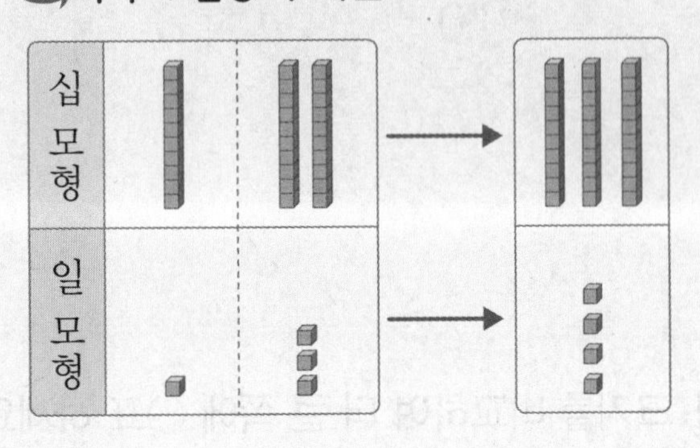

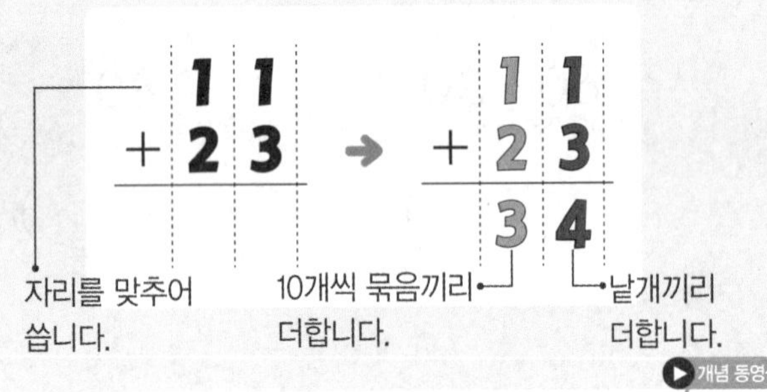

개념 동영상

13 그림을 보고 □ 안에 알맞은 수를 써넣으세요.

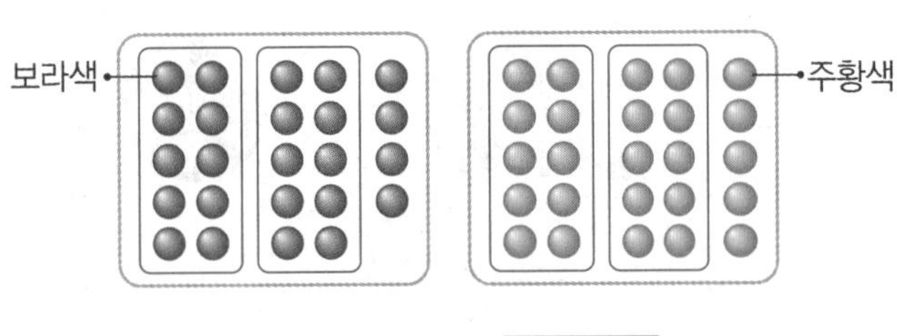

24+25=□

14 덧셈을 하세요.

(1) $\begin{array}{r} 30 \\ +\ 27 \\ \hline \end{array}$ (2) $\begin{array}{r} 16 \\ +\ 22 \\ \hline \end{array}$

15 □ 안에 알맞은 수를 써넣으세요.

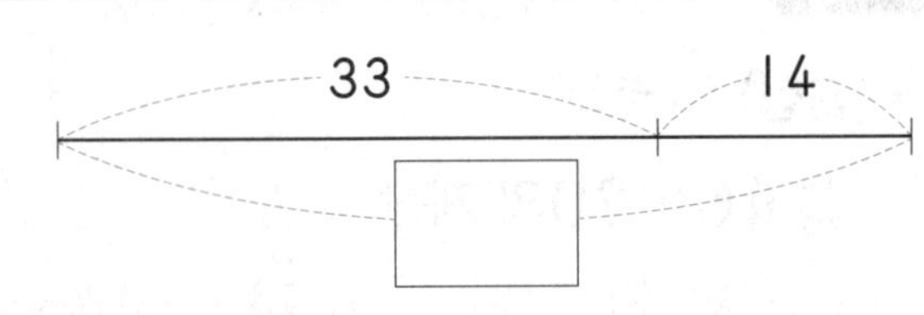

16 잘못 계산한 것에 ×표 하세요.

$\begin{array}{r} 50 \\ +\ 38 \\ \hline 88 \end{array}$ $\begin{array}{r} 42 \\ +\ 10 \\ \hline 62 \end{array}$

(　　　)　(　　　)

17 합이 36인 것을 찾아 기호를 쓰세요.

㉠ 12+34
㉡ 20+16
㉢ 15+22

(　　　　　)

문제 해결

18 종이배를 재희는 47개, 민재는 51개 접었습니다. 재희와 민재가 접은 종이배는 모두 몇 개인가요?

식 ____________

답 ____________

공부한 날 월 일

개념 4 덧셈하기

1. 그림을 보고 덧셈식으로 나타내기

예 책은 모두 몇 권인지 덧셈식으로 나타내기

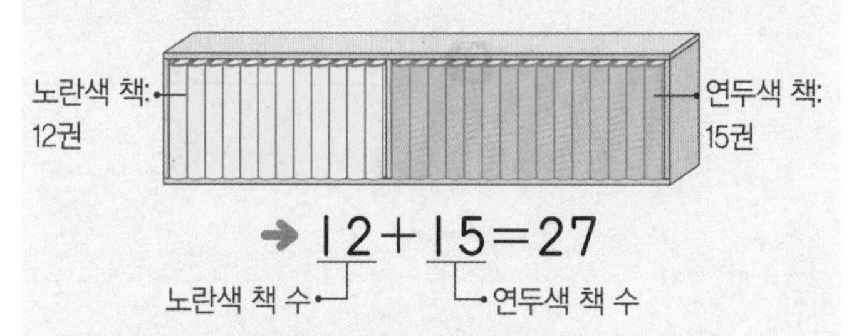

➜ 12+15=27

노란색 책 수 / 연두색 책 수

2. 규칙을 찾아 덧셈하기

13+10=23
13+20=33
13+30=43
13+40=53

더하는 수가 **10**씩 커지면 합도 **10**씩 커집니다.

[19~20] 그림을 보고 덧셈식으로 나타내 보세요.

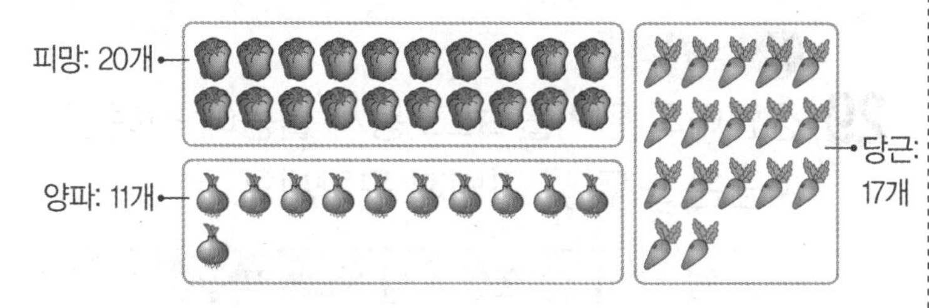

19 피망과 당근 수의 합

➜ 20+☐=☐

20 피망과 양파 수의 합

➜ ☐+☐=☐

21 덧셈을 하세요.

35+10=☐

35+20=☐

35+30=☐

35+40=☐

22 빈칸에 알맞은 수를 써넣으세요.

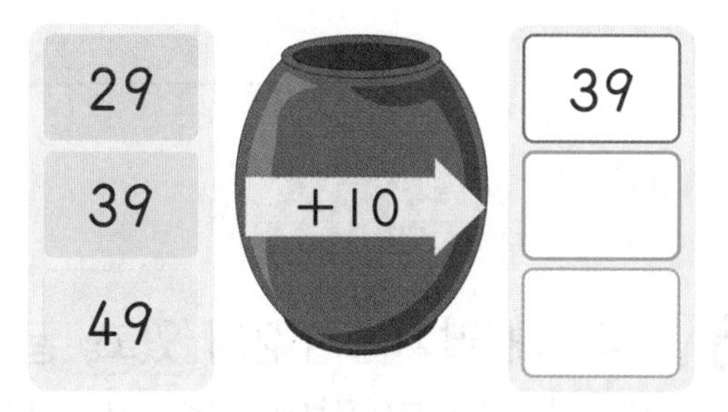

23 두 주머니에서 수를 하나씩 골라 덧셈식을 쓰세요.

개념 5 덧셈의 활용

- 모두 ~인지 구할 때
- ~보다 ~ 더 많은 수를 구할 때

↓

덧셈식을 이용

24 운동장에서 학생 25명이 놀고 있었는데 학생 4명이 더 왔습니다. 지금 운동장에 있는 학생은 모두 몇 명인가요?

식 25+ ☐ = ☐

답 ______

25 냉장고에 딸기는 12개 있고, 귤은 딸기보다 13개 더 많이 있습니다. 냉장고에 있는 귤은 모두 몇 개인가요?

식 12+ ☐ = ☐

답 ______

26 연아는 파란색 색종이를 10장, 노란색 색종이를 30장 가지고 있습니다. 연아가 가지고 있는 색종이는 모두 몇 장인가요?

식 ☐ + ☐ = ☐

답 ______

27 줄넘기를 선우는 36번 넘었고, 유나는 선우보다 2번 더 많이 넘었습니다. 유나는 줄넘기를 몇 번 넘었나요?

식 ______

답 ______

28 세아는 책을 어제 34쪽 읽었고, 오늘은 어제보다 31쪽 더 많이 읽었습니다. 오늘 세아가 읽은 책의 쪽수는 몇 쪽인가요?

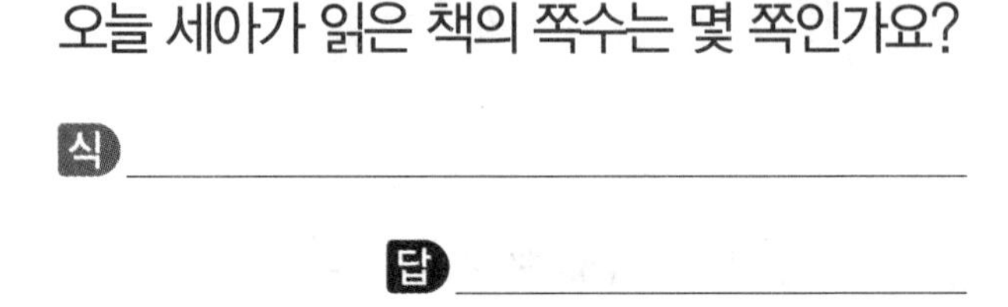

식 ______

답 ______

문제 해결

29 정민이의 일기를 보고 봉사 활동에 참여한 사람은 모두 몇 명인지 구하세요.

○월 ○일 ○요일	날씨: 맑음
오늘은 봉사 활동을 했다. 남자 20명과 여자 30명이 봉사 활동에 참여했다. 봉사 활동에 참여하니 마음이 뿌듯했다.	

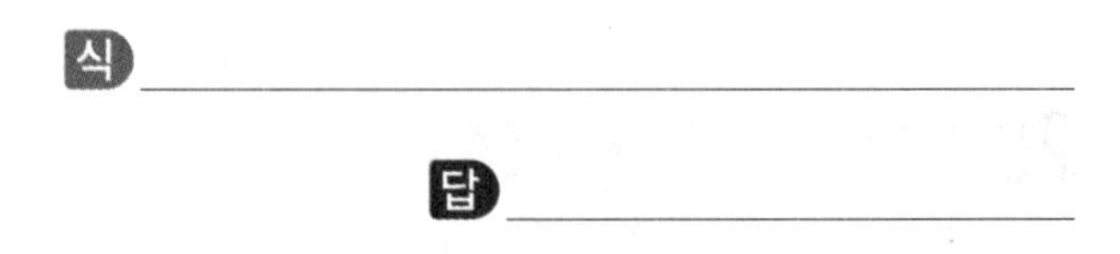

식 ______

답 ______

1~5 형성 평가

맞힌 문제 수 개/7개

공부한 날 월 일

1 두 수의 합을 빈 곳에 써넣으세요.

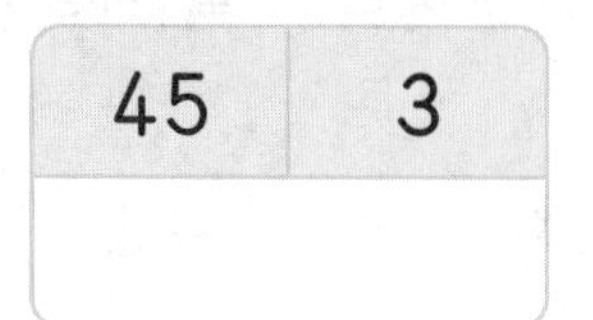

[2~3] 그림을 보고 물음에 답하세요.

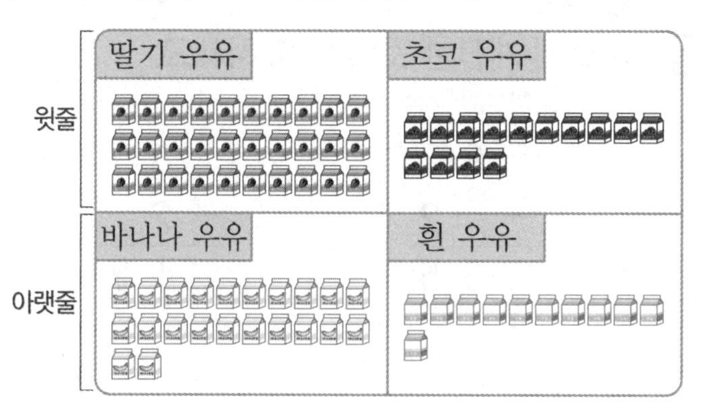

2 딸기 우유와 바나나 우유는 모두 몇 개인지 덧셈식으로 나타내 보세요.

☐ + ☐ = ☐

3 윗줄에 있는 우유는 모두 몇 개인지 덧셈식으로 나타내 보세요.

☐ + ☐ = ☐

4 크기를 비교하여 ○ 안에 >, =, <를 알맞게 써넣으세요.

78 ○ 61+25

5 계산 결과를 찾아 이어 보세요.

40+50 •	• 70
30+50 •	• 80
	• 90

6 하준이는 고구마를 23개 캤고, 감자를 6개 캤습니다. 하준이가 캔 고구마와 감자는 모두 몇 개인가요?

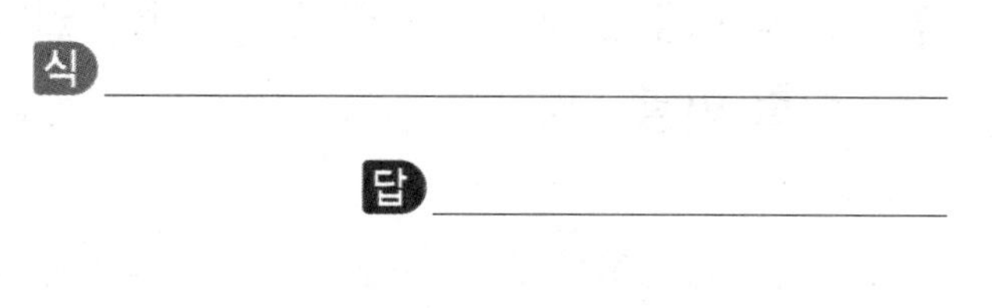

식 ____________

답 ____________

7 두 주머니에서 수를 하나씩 골라 덧셈식을 쓰세요.

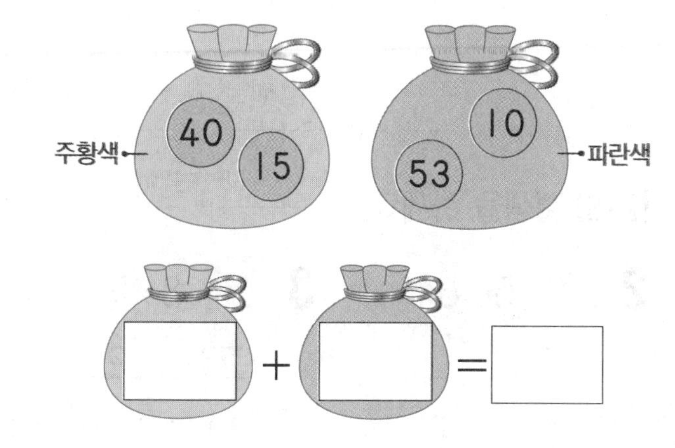

☐ + ☐ = ☐

STEP 1

개념별 유형

개념 6 뺄셈 알아보기(1)

• 받아내림이 없는 (몇십몇)−(몇)

예 25−3의 계산

십 모형	일 모형

→

십 모형	일 모형

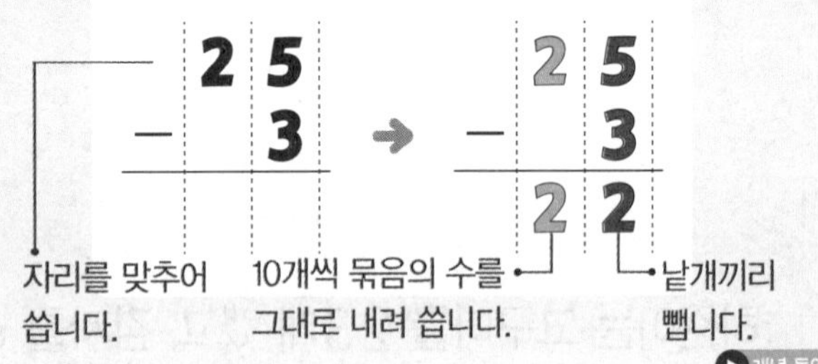

2 5
− 3
2 5
− 3
2 2
자리를 맞추어 씁니다.
10개씩 묶음의 수를 그대로 내려 씁니다.
낱개끼리 뺍니다.

개념 동영상

1 뺄셈식에 맞게 /을 그리고, □ 안에 알맞은 수를 써넣으세요.

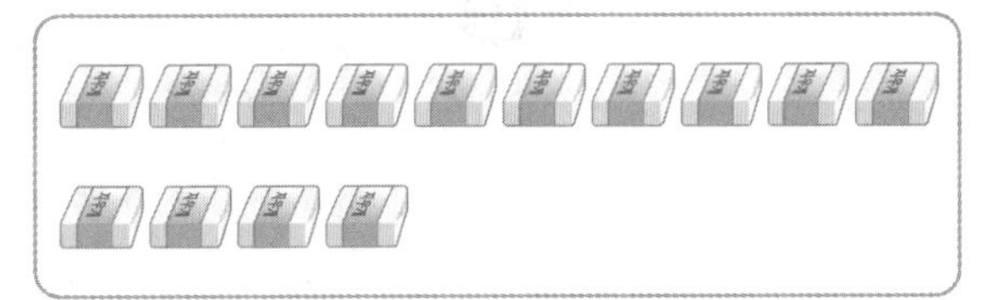

$14-2=$ □

[2~3] 뺄셈을 하세요.

2

$$\begin{array}{r} 56 \\ -\ \ 1 \\ \hline \end{array}$$

3

$$\begin{array}{r} 87 \\ -\ \ 6 \\ \hline \end{array}$$

4 빈 곳에 알맞은 수를 써넣으세요.

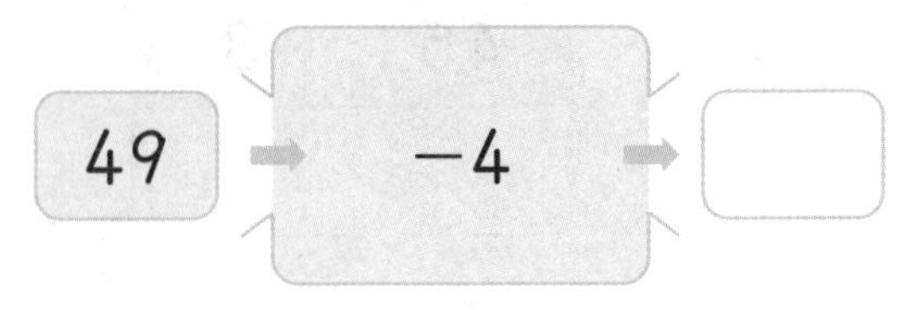

49
−4

추론

5 바르게 계산한 것에 ○표 하세요.

$$\begin{array}{r} 37 \\ -\ \ 2 \\ \hline 35 \end{array}$$

(　　　)

$$\begin{array}{r} 37 \\ -2\ \ \\ \hline 17 \end{array}$$

(　　　)

6 크기를 비교하여 더 작은 쪽에 색칠해 보세요.

78−6	74

7 풍선을 우희는 27개, 다래는 4개 가지고 있습니다. 우희는 다래보다 풍선을 몇 개 더 많이 가지고 있나요?

식 ______________________

답

개념 7 뺄셈 알아보기(2)

• (몇십)−(몇십)

예 30−20의 계산

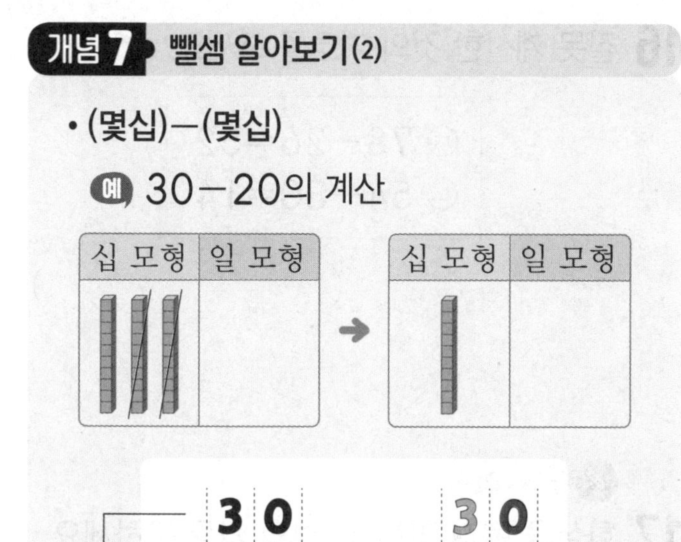

	3	0
−	2	0
	1	0

자리를 맞추어 씁니다. / 10개씩 묶음끼리 뺍니다. / 낱개의 자리에 0을 씁니다.

8 사과는 참외보다 몇 개 더 많은지 구하려고 합니다. □ 안에 알맞은 수를 써넣으세요.

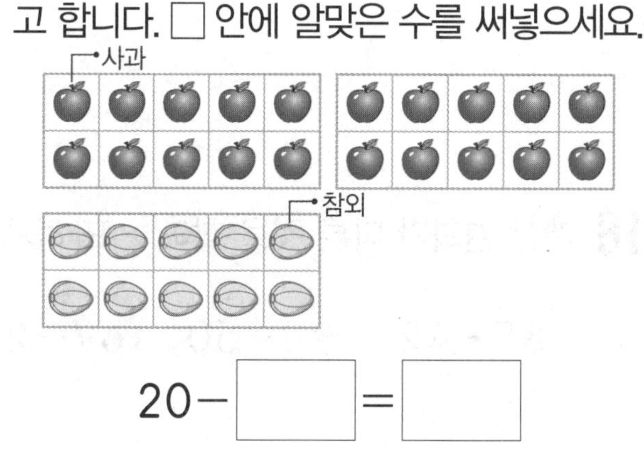

20−□=□

9 두 수의 차를 빈 곳에 써넣으세요.

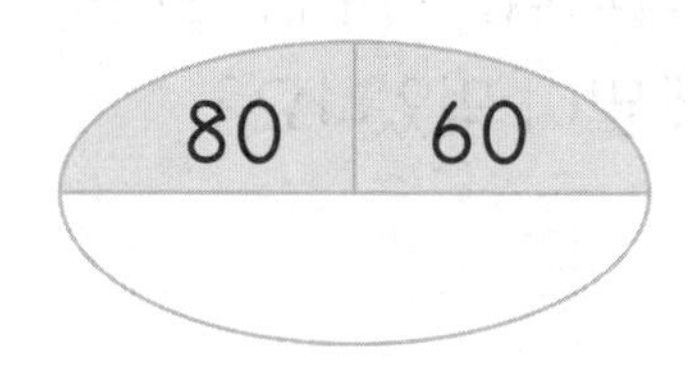

10 □ 안에 알맞은 수를 써넣으세요.

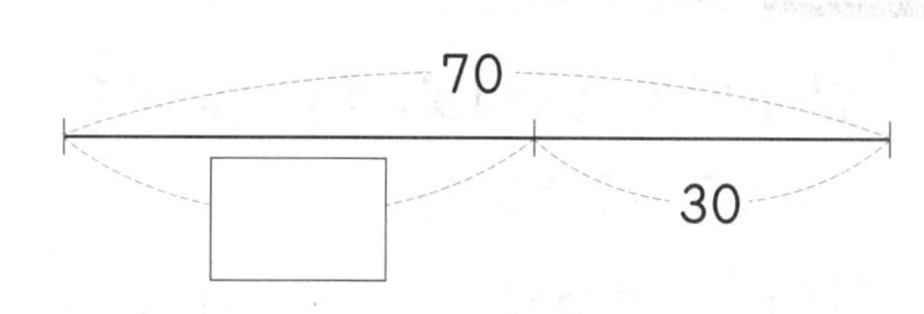

11 계산 결과가 같은 것끼리 이어 보세요.

40−20 •　　　　• 80−50

90−60 •　　　　• 60−40

12 계산 결과가 더 큰 것에 ○표 하세요.

50−20　　　80−70

(　　　)　　　(　　　)

실생활 연결

13 수미는 이름표 스티커 60장 중에서 10장을 학용품에 붙였습니다. 붙이지 않은 이름표 스티커는 몇 장인가요?

식 ______________________

답 ______________________

STEP 1

개념별 유형

개념 8 뺄셈 알아보기(3)

• 받아내림이 없는 (몇십몇)－(몇십몇)

예 27－13의 계산

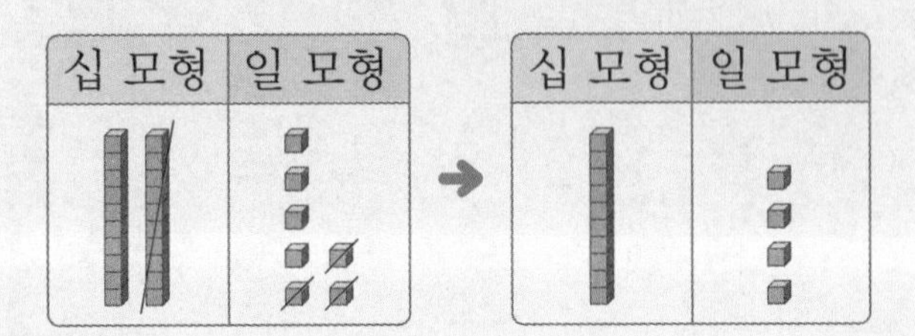

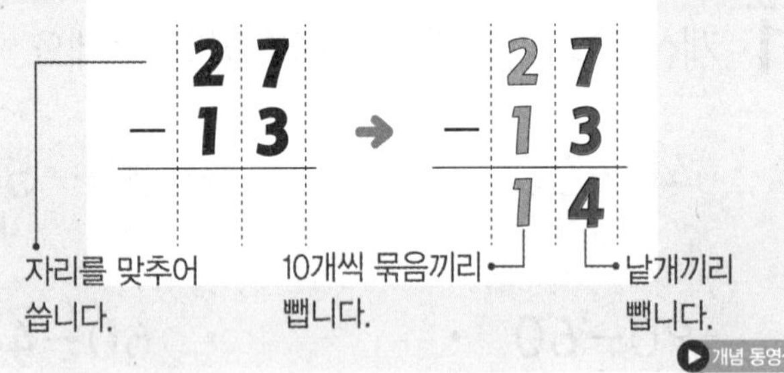

14 먹고 남은 초콜릿은 몇 개인지 구하려고 합니다. □ 안에 알맞은 수를 써넣으세요.

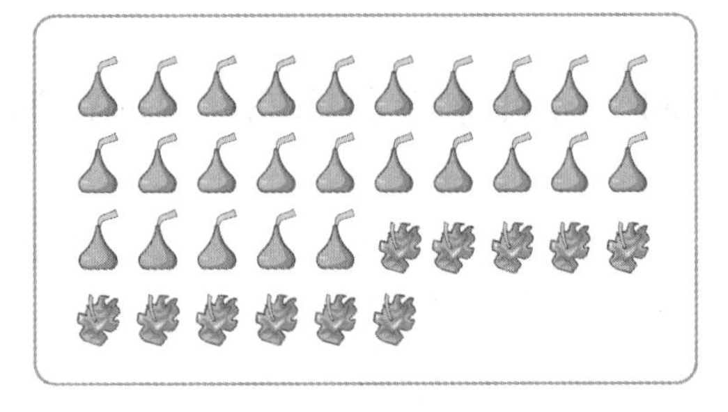

36－□＝□

15 두 수의 차를 구하세요.

98　　53

(　　　　　)

16 잘못 계산한 것의 기호를 쓰세요.

㉠ 78－26＝52
㉡ 54－30＝14

(　　　　　)

17 화살을 던져 맞힌 두 수의 차를 구하세요.

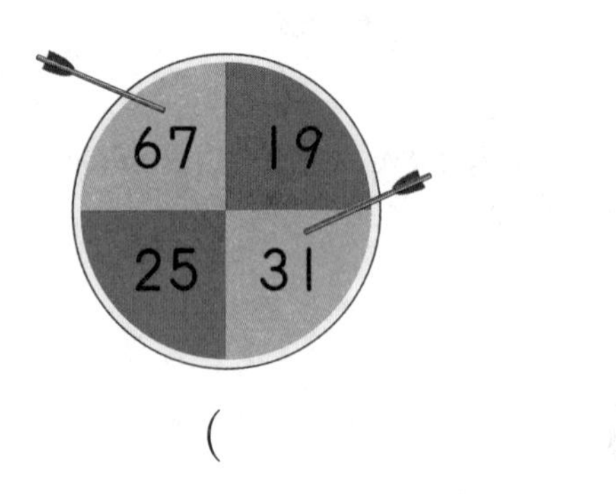

(　　　　　)

18 계산 결과가 다른 것을 찾아 ×표 하세요.

85－42	92－50	67－24
(　　)	(　　)	(　　)

19 땅콩을 지수는 29개 먹었고, 현우는 15개 먹었습니다. 지수는 현우보다 땅콩을 몇 개 더 많이 먹었나요?

답 ______

정답과 해설 32쪽

개념 9 뺄셈하기

1. 그림을 보고 뺄셈식으로 나타내기

예 흰색 달걀은 갈색 달걀보다 몇 개 더 많은지 뺄셈식으로 나타내기

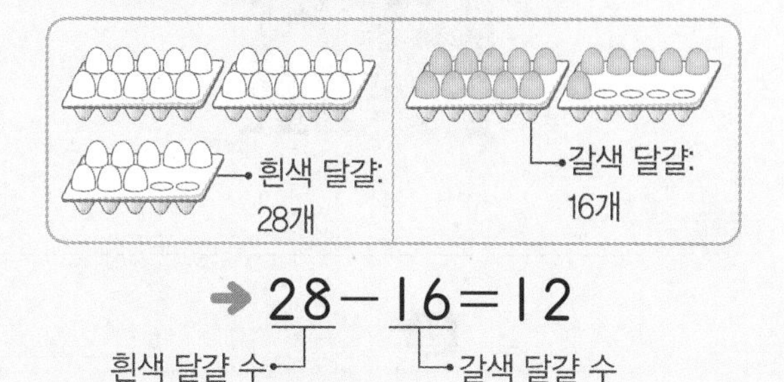

➜ 28 − 16 = 12

(28: 흰색 달걀 수, 16: 갈색 달걀 수)

2. 규칙을 찾아 뺄셈하기

54 − 10 = 44
54 − 20 = 34
54 − 30 = 24
54 − 40 = 14

빼는 수가 **10**씩 커지면 차는 **10**씩 작아집니다.

[20~21] 그림을 보고 뺄셈식으로 나타내 보세요.

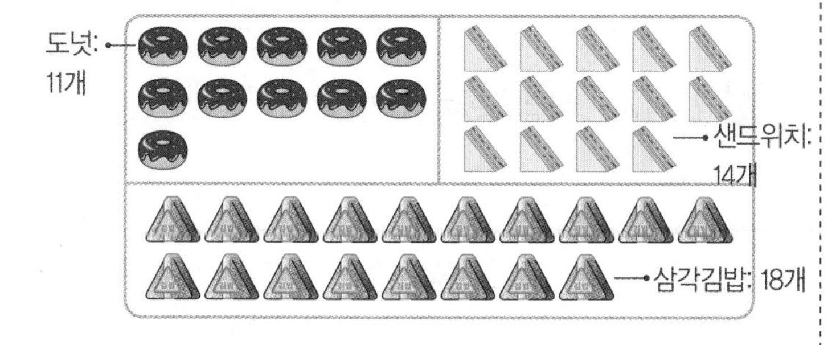

20 삼각김밥과 도넛 수의 차

➜ 18 − ☐ = ☐

21 삼각김밥과 샌드위치 수의 차

➜ ☐ − ☐ = ☐

22 뺄셈을 하세요.

93 − 12 = ☐
93 − 22 = ☐
93 − 32 = ☐
93 − 42 = ☐

23 빈칸에 알맞은 수를 써넣으세요.

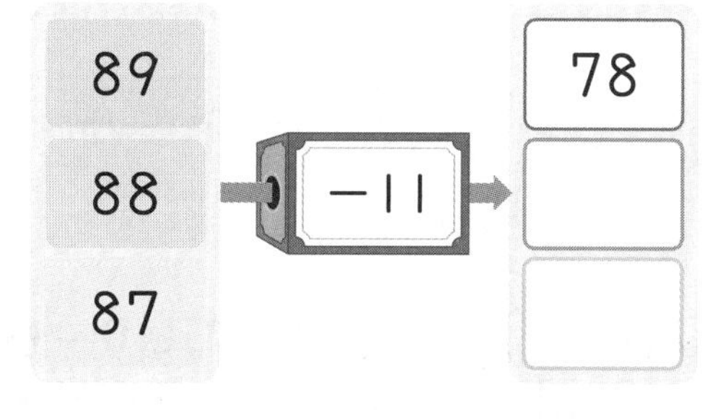

24 두 상자에서 수를 하나씩 골라 식을 쓰세요.

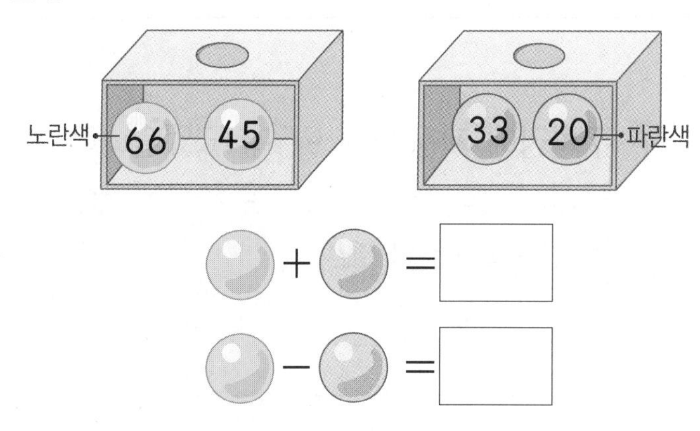

6 덧셈과 뺄셈(3)

STEP 1

개념별 유형

개념 10 뺄셈의 활용

- 남은 수를 구할 때
- ~보다 ~ 더 적은 수를 구할 때
- ~보다 얼마나 더 적은지(많은지) 구할 때

↓

뺄셈식을 이용

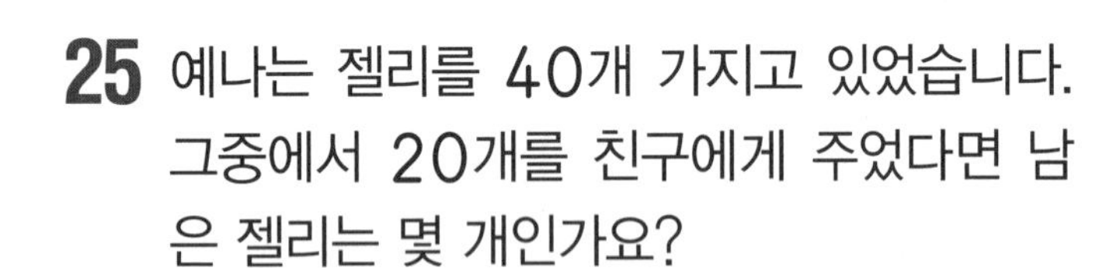

25 예나는 젤리를 40개 가지고 있었습니다. 그중에서 20개를 친구에게 주었다면 남은 젤리는 몇 개인가요?

식 40 − ☐ = ☐

답 ______

26 제기를 세호는 37번 찼고, 미주는 세호보다 14번 더 적게 찼습니다. 미주는 제기를 몇 번 찼나요?

식 37 − ☐ = ☐

답 ______

27 주차장에 자동차가 95대 있었습니다. 그중에서 3대가 나갔다면 주차장에 남은 자동차는 몇 대인가요?

식 ☐ − ☐ = ☐

답 ______

28 과일 가게에서 복숭아는 50개 팔렸고, 사과는 복숭아보다 30개 더 적게 팔렸습니다. 팔린 사과는 몇 개인가요?

식 ______

답 ______

문제 해결

[29~31] 꽃집에 튤립이 38송이, 장미가 11송이, 백합이 26송이 있습니다. 물음에 답하세요.

29 튤립과 장미는 모두 몇 송이인가요?

식 ______

답 ______

30 장미는 백합보다 몇 송이 더 적게 있나요?

식 ______

답 ______

31 튤립은 백합보다 몇 송이 더 많이 있나요?

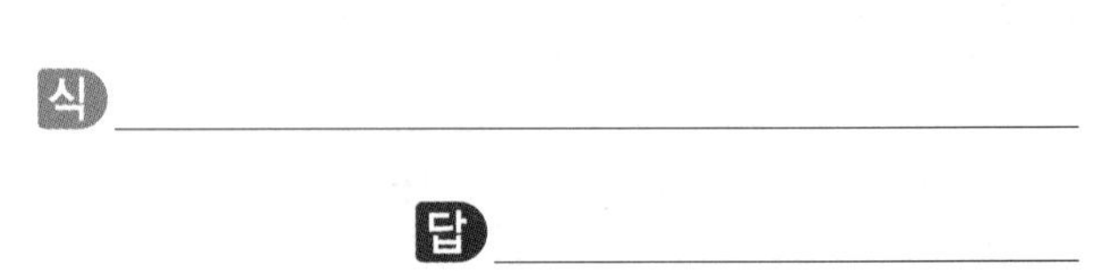

식 ______

답 ______

6~10 형성 평가

맞힌 문제 수 개/7개

공부한 날 월 일

1 두 수의 차를 구하세요.

90 20

( )

2 39－1을 계산한 것입니다. 잘못된 곳을 찾아 바르게 고쳐 보세요.

$$\begin{array}{r} 39 \\ -\ 1 \\ \hline 29 \end{array}$$ ➜ [ ]

[3~4] 그림을 보고 물음에 답하세요.

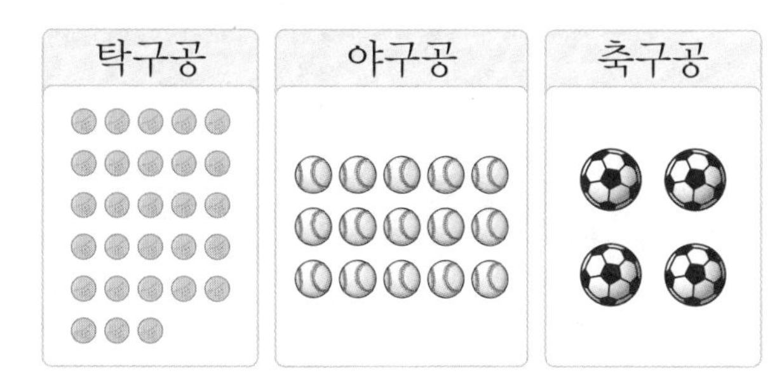

3 탁구공은 야구공보다 몇 개 더 많은지 뺄셈식으로 나타내 보세요.

[ ]－[ ]＝[ ]

4 야구공은 축구공보다 몇 개 더 많은지 뺄셈식으로 나타내 보세요.

5 그림을 보고 빈칸에 알맞은 수를 써넣으세요.

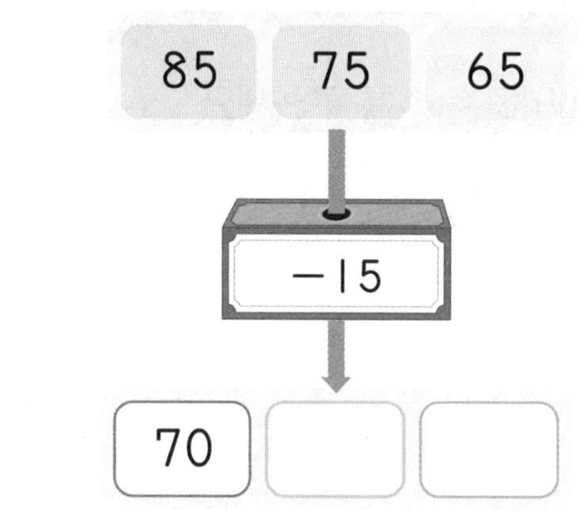

6 계산 결과가 다른 것을 찾아 기호를 쓰세요.

㉠ 46－13
㉡ 67－24
㉢ 38－5

( )

7 수진이가 책을 40권 가지고 있었습니다. 그 중에서 10권을 친구에게 빌려주었다면 남은 책은 몇 권인가요?

식 ______

답 ______

STEP 2 꼬리를 무는 유형

1 ■보다 ▲만큼 더 작은(큰) 수 구하기

1 기본 설명하는 수를 구하세요.

36보다 4만큼 더 작은 수

(   )

2 변형 지호가 말하는 수를 구하세요.

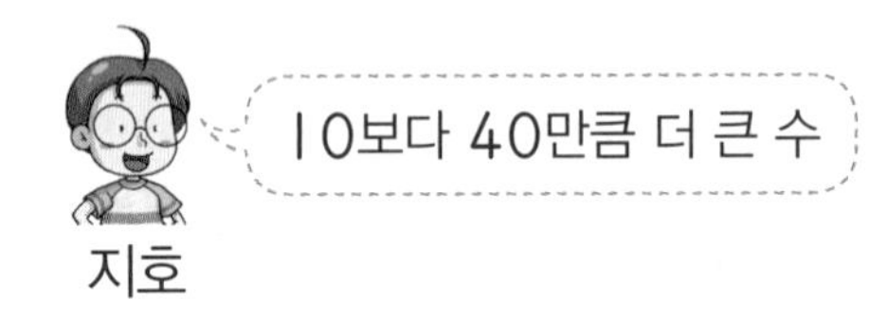

(   )

3 변형 □ 안에 알맞은 수를 써넣으세요.

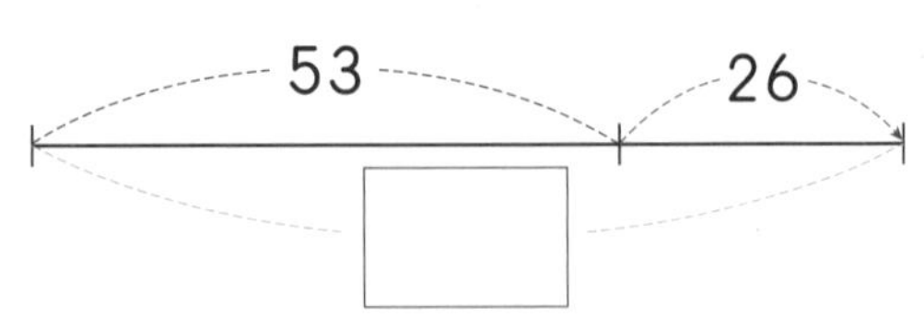

4 실생활 자는 28개 있고, 풀은 자보다 5개 더 적게 있습니다. 풀은 몇 개 있나요?

(   )

2 주어진 모양에 적힌 수의 합(차) 구하기

5 기본 (상자) 모양에 적힌 수의 합을 구하세요.

54	33	42	61

(   )

6 변형 (원기둥) 모양과 (공) 모양에 적힌 수의 차를 구하세요.

(   )

7 실생활 주어진 모양의 물건에 적힌 수의 합을 각각 구하세요.

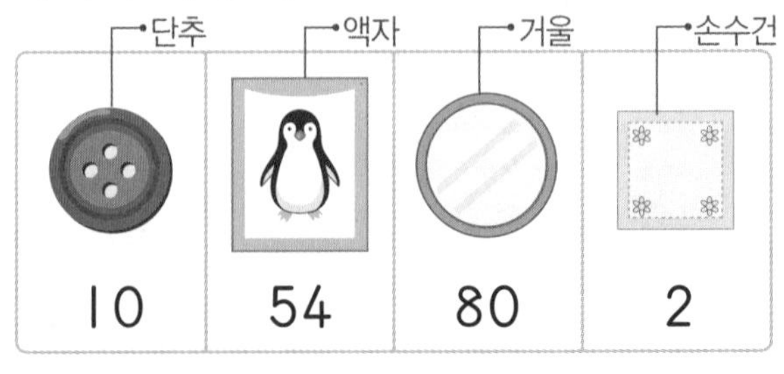

3 가장 큰 수와 가장 작은 수의 합(차) 구하기

8 기본 가장 큰 수와 가장 작은 수의 합을 구하세요.

22 16 4

( )

9 변형 가장 큰 수와 가장 작은 수의 차를 구하세요.

56 31 44

( )

10 실생활 빵집에 다음과 같이 머핀이 있습니다. 가장 많이 있는 머핀과 가장 적게 있는 머핀 수의 합은 몇 개인지 구하세요.

딸기 머핀	바닐라 머핀	민트 머핀
20개	30개	40개

( )

4 어떤 수 구하기

11 기본 □ 안에 알맞은 수를 써넣으세요.

$21+\square=46$

12 변형 빈 곳에 알맞은 수를 써넣으세요.

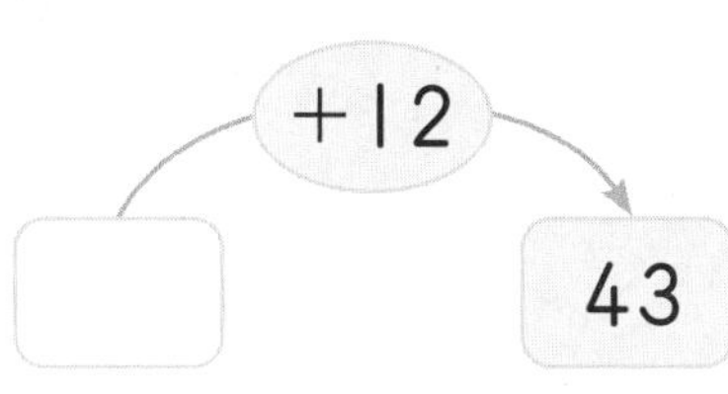

13 변형 빈 곳에 알맞은 수를 써넣으세요.

□ → −20 → 60

14 변형 79에서 어떤 수를 뺐더니 6이 되었습니다. 어떤 수는 얼마인가요?

( )

STEP 2

꼬리를 무는 유형

5 □ 안에 알맞은 수 써넣기

① 낱개끼리의 계산에서 □ 안에 알맞은 수를 구합니다.

② 10개씩 묶음끼리의 계산에서 □ 안에 알맞은 수를 구합니다.

15 실력 □ 안에 알맞은 수를 써넣으세요.

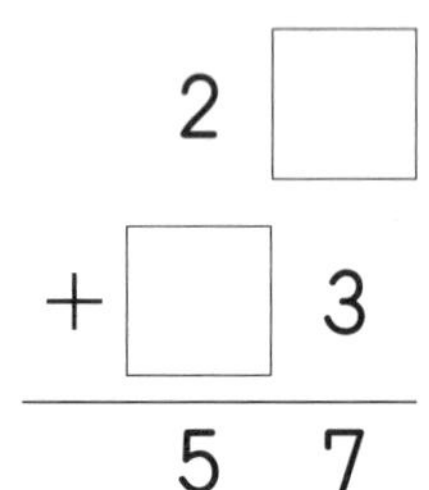

16 변형 □ 안에 알맞은 수를 써넣으세요.

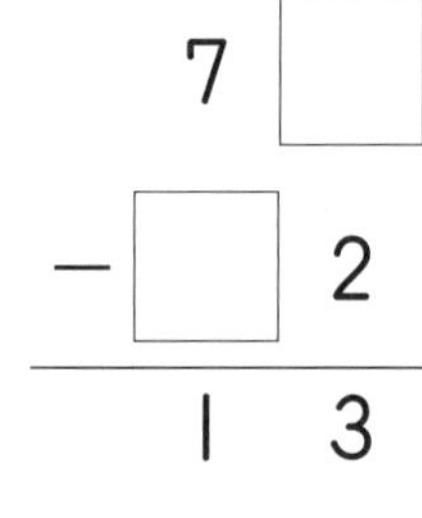

17 레벨업 숫자 1, 2, 7을 모두 사용하여 주어진 계산 결과가 나오도록 완성해 보세요.

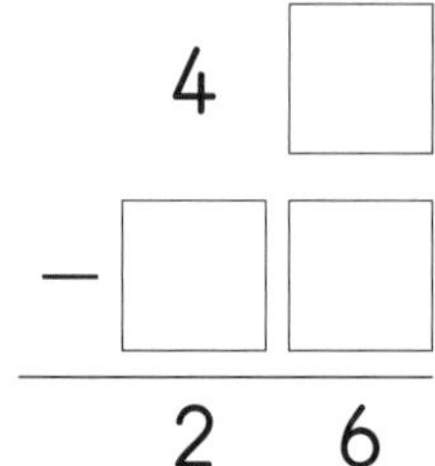

6 두 수를 골라 덧셈식(뺄셈식) 만들기

예 14, 23, 21 중 두 수를 골라 합이 35인 덧셈식 만들기

① 낱개끼리의 합이 5인 두 수를 찾습니다.
➔ 14와 23(×), 14와 21(○), 23과 21(×)

② 합이 35인지 계산해 봅니다.
➔ 14+21=35

18 실력 두 수를 골라 합이 56이 되도록 덧셈식을 쓰세요.

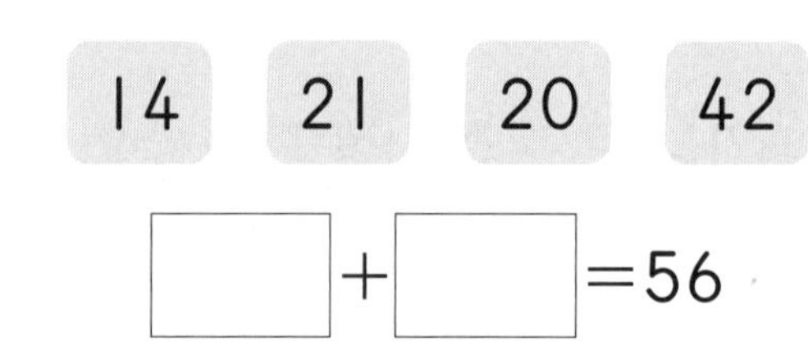

14 21 20 42

□ + □ =56

19 변형 두 수를 골라 차가 30이 되도록 뺄셈식을 쓰세요.

20 40 50 60

□ − □ =30

20 레벨업 4장의 수 카드 중에서 2장씩 골라 합이 78인 덧셈식을 2개 만들어 보세요.

72 4 6 74

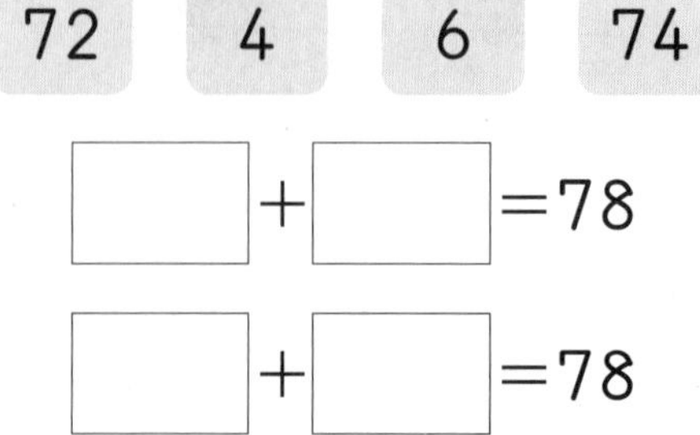

□ + □ =78

□ + □ =78

7 차가 가장 큰 뺄셈 만들기

㉠㉡−㉢

➔ 두 수의 차가 가장 크려면 ㉠㉡을 가장 큰 수로, ㉢을 가장 작은 수로 만듭니다.

21 실력 수 카드 1, 6, 5 를 □ 안에 한 번씩만 써넣어 차가 가장 큰 뺄셈을 만들고, 그 차를 구하세요.

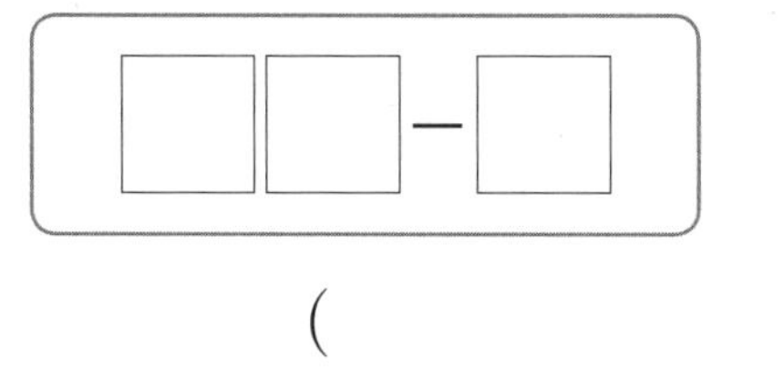

(　　　　　　　)

22 변형 수 카드 2, 9, 3, 7 중 3장을 골라 □ 안에 한 번씩만 써넣어 차가 가장 큰 뺄셈을 만들고, 그 차를 구하세요.

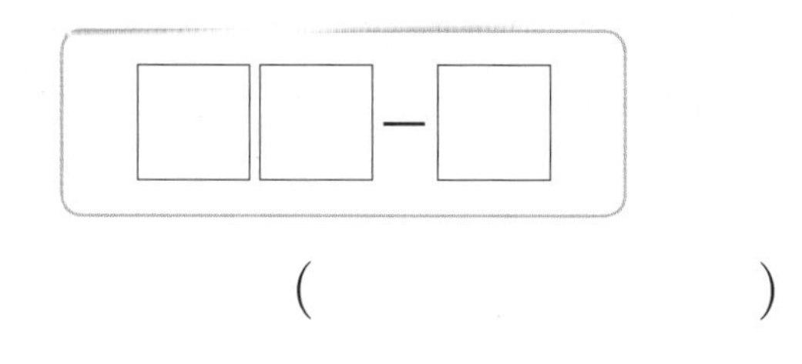

(　　　　　　　)

8 모양이 나타내는 수 구하기

알 수 있는 모양의 수부터 먼저 구합니다.

예 같은 모양은 같은 수를 나타낼 때 ★에 알맞은 수 구하기

• 12+13=●
• ●−★=14

① ●의 값을 먼저 구합니다.
➔ ●=25

② ●를 이용하여 ★의 값을 구합니다.
➔ 25−★=14에서 25−11=14이므로 ★=11

23 실력 같은 모양은 같은 수를 나타냅니다. ●에 알맞은 수를 구하세요.

• 11+53=■
• ■−●=32

(　　　　　　　)

24 레벨업 같은 모양은 같은 수를 나타냅니다. ■에 알맞은 수를 구하세요.

• 22+74=▲
• ▲−★=41
• ★+3=■

(　　　　　　　)

STEP 3

수학 독해력 유형

독해력 유형 1 덧셈과 뺄셈의 활용

구하려는 것에 밑줄을 긋고 풀어 보세요.

신발장에 운동화는 18켤레 있고, 구두는 운동화보다 7켤레 더 적게 있습니다. 신발장에 있는 운동화와 구두는 모두 몇 켤레인지 구하세요.

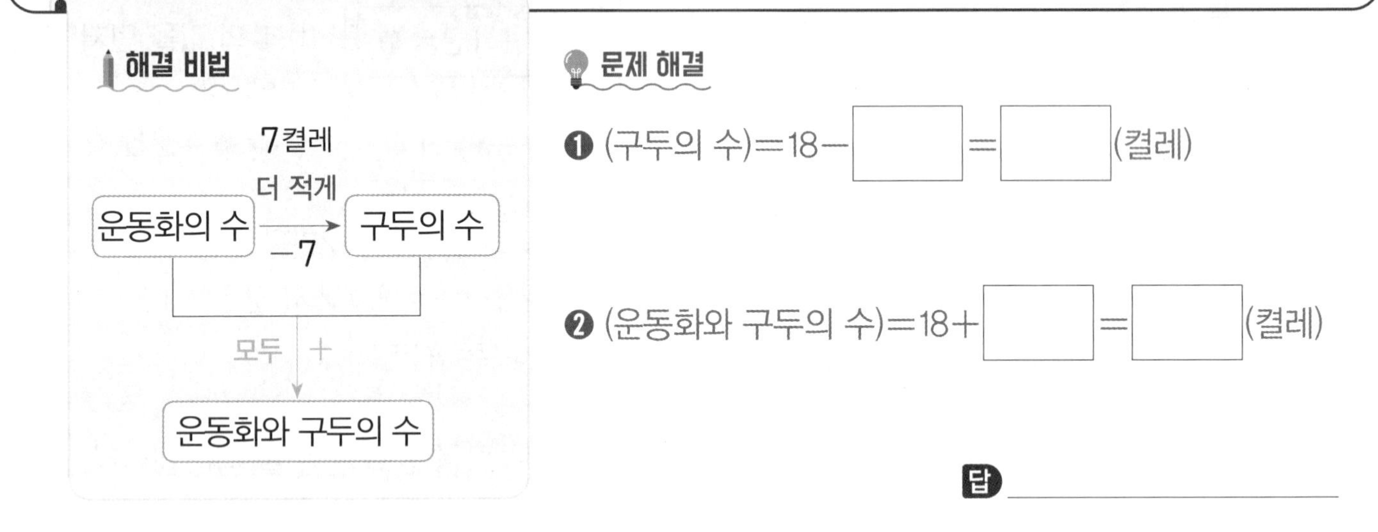

답 ________

쌍둥이 유형 1-1

위의 문제 해결 방법을 따라 풀어 보세요.

방울토마토를 시우는 20개 먹었고, 다은이는 시우보다 10개 더 적게 먹었습니다. 시우와 다은이가 먹은 방울토마토는 모두 몇 개인지 구하세요.

따라 풀기 ❶

❷

답 ________

쌍둥이 유형 1-2

과일 가게에 사과는 32개 있고, 망고는 사과보다 5개 더 많이 있습니다. 과일 가게에 있는 사과와 망고는 모두 몇 개인지 구하세요.

따라 풀기 ❶

❷

답 ________

정답과 해설 34쪽

공부한 날 월 일

독해력 유형 2 수 카드로 몇십몇을 만들어 합(차) 구하기

구하려는 것에 밑줄을 긋고 풀어 보세요.

수 카드 4장 중에서 2장을 골라 한 번씩만 사용하여 몇십몇을 만들려고 합니다. 만들 수 있는 수 중 가장 큰 수와 가장 작은 수의 합을 구하세요.

7 2 3 5

해결 비법

예 1, 2, 3, 4로 몇십몇 만들기

- 가장 큰 몇십몇: 4 3 (가장 큰 수, 두 번째 큰 수)
- 가장 작은 몇십몇: 1 2 (가장 작은 수, 두 번째 작은 수)

문제 해결

❶ 만들 수 있는 가장 큰 몇십몇 구하기: □

❷ 만들 수 있는 가장 작은 몇십몇 구하기: □

❸ (가장 큰 수와 가장 작은 수의 합)

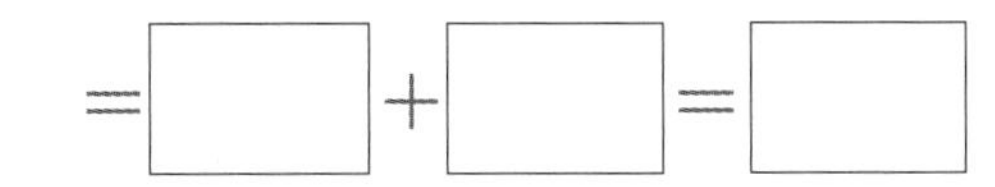

답 ____________

쌍둥이 유형 2-1

위의 문제 해결 방법을 따라 풀어 보세요.

수 카드 4장 중에서 2장을 골라 한 번씩만 사용하여 몇십몇을 만들려고 합니다. 만들 수 있는 수 중 가장 큰 수와 가장 작은 수의 차를 구하세요.

9 1 6 2

따라 풀기 ❶

❷

❸

답 ____________

수학 독해력 유형

독해력 유형 3 ■에 들어갈 수 있는 수 구하기

✎ 구하려는 것에 밑줄을 긋고 풀어 보세요.

1부터 9까지의 수 중에서 ■에 들어갈 수 있는 수는 모두 몇 개인지 구하세요.

24+2<2■

해결 비법

왼쪽 식을 먼저 계산한 후, 왼쪽 식의 값을 이용해 오른쪽 수의 ■에 들어갈 수 있는 수를 알아봅니다.

문제 해결

❶ 왼쪽 식을 계산하기: 24+2=☐

❷ ☐<2■에서 ■에 들어갈 수 있는 수:

______ ➔ ☐개

답 ______

쌍둥이 유형 3-1

✎ 위의 문제 해결 방법을 따라 풀어 보세요.

1부터 9까지의 수 중에서 ■에 들어갈 수 있는 수는 모두 몇 개인지 구하세요.

75−41<3■

따라 풀기 ❶

❷

답 ______

쌍둥이 유형 3-2

1부터 9까지의 수 중에서 ■에 들어갈 수 있는 수는 모두 몇 개인지 구하세요.

32+13>■4

따라 풀기 ❶

❷

답 ______

정답과 해설 34쪽

공부한 날 월 일

독해력 유형 4 합이 같음을 이용하여 모르는 수 구하기

구하려는 것에 밑줄을 긋고 풀어 보세요.

정훈이네 학교 1학년 1반과 2반의 학생 수를 나타낸 것입니다. 1반과 2반의 학생 수가 같을 때 2반의 여학생은 몇 명인가요?

	1반	2반
남학생 수(명)	12	23
여학생 수(명)	25	

해결 비법

- (전체 학생 수)
  =(남학생 수)+(여학생 수)
- (여학생 수)
  =(전체 학생 수)−(남학생 수)

문제 해결

❶ (1반의 학생 수)=12+25=☐(명)

❷ (2반의 학생 수)=☐명

➔ (2반의 여학생 수)=☐−23=☐(명)

답 ____________

쌍둥이 유형 4-1

위의 문제 해결 방법을 따라 풀어 보세요.

선빈이네 학교 1학년 3반과 4반의 학생 수를 나타낸 것입니다. 3반과 4반의 학생 수가 같을 때 4반의 남학생은 몇 명인가요?

	3반	4반
남학생 수(명)	21	
여학생 수(명)	18	20

따라 풀기 ❶

❷

답 

유형 TEST

[1~2] 그림을 보고 □ 안에 알맞은 수를 써넣으세요.

1

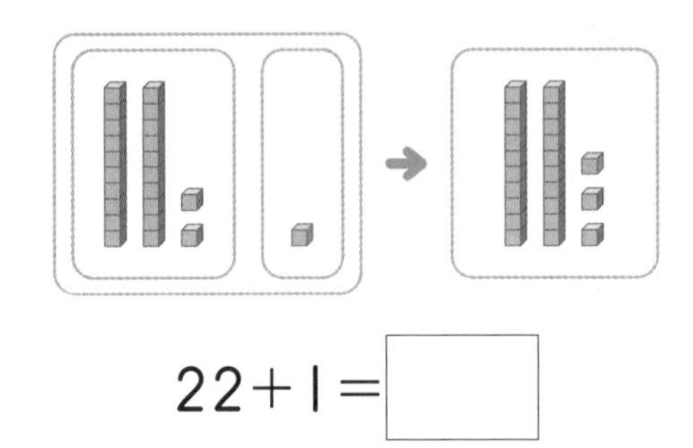

22+1=□

2

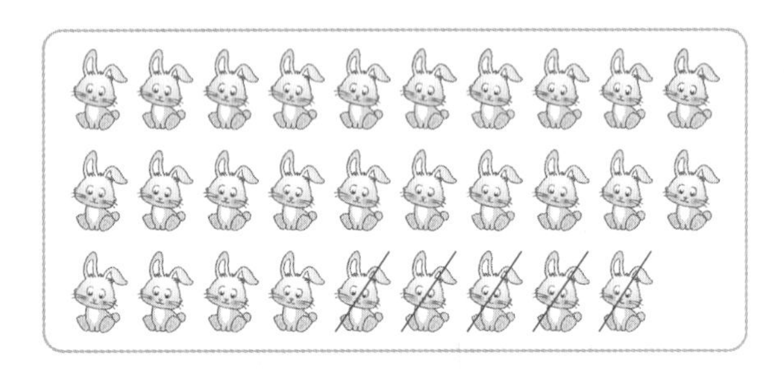

29−5=□

3 계산을 하세요.

(1)
$$\begin{array}{r} 7\ 3 \\ +\ 1\ 3 \\ \hline \end{array}$$

(2)
$$\begin{array}{r} 8\ 0 \\ -\ 2\ 0 \\ \hline \end{array}$$

4 빈 곳에 알맞은 수를 써넣으세요.

57 → −32 → □

5 두 수의 합을 구하세요.

40　50

(　　　　　)

6 계산 결과를 찾아 이어 보세요.

34+3 •　　• 73

84−11 •　　• 37

7 32+6을 계산한 것입니다. 잘못된 곳을 찾아 바르게 고쳐 보세요.

$$\begin{array}{r} 3\ 2 \\ +\ 6\ \ \\ \hline 9\ 2 \end{array}$$
→ □

추론

8 지유가 말하는 수를 구하세요.

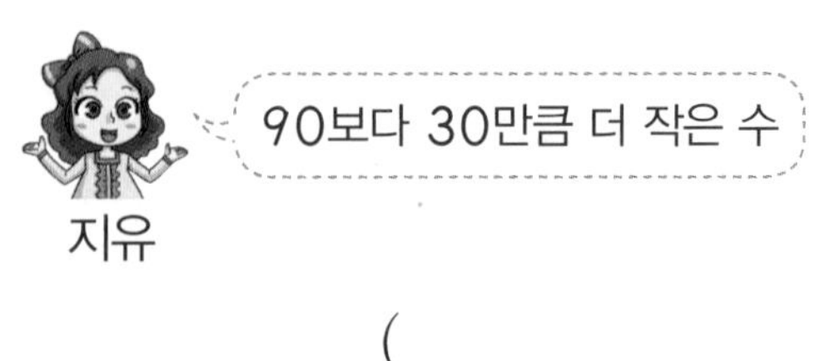

(　　　　　)

정답과 해설 35쪽

점수 점

공부한 날 월 일

9 크기를 비교하여 더 작은 쪽에 ○표 하세요.

53	59－7
(　　)	(　　)

[10~11] 그림을 보고 물음에 답하세요.

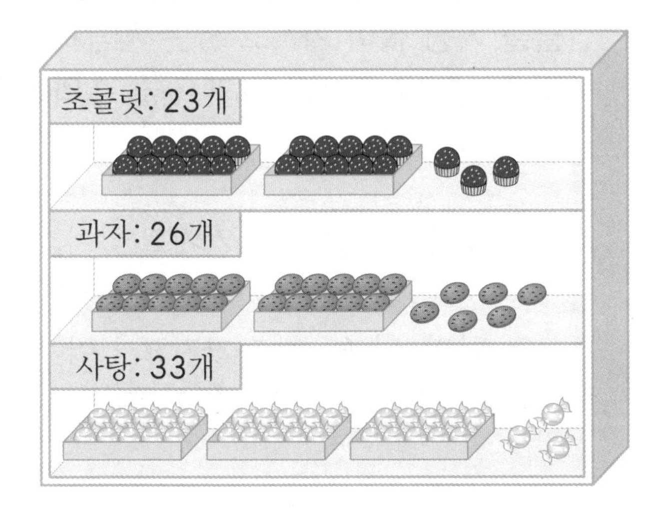

10 초콜릿과 과자는 모두 몇 개인지 덧셈식으로 나타내 보세요.

□＋□＝□

11 사탕은 초콜릿보다 몇 개 더 많은지 뺄셈식으로 나타내 보세요.

□－□＝□

12 빈칸에 알맞은 수를 써넣으세요.

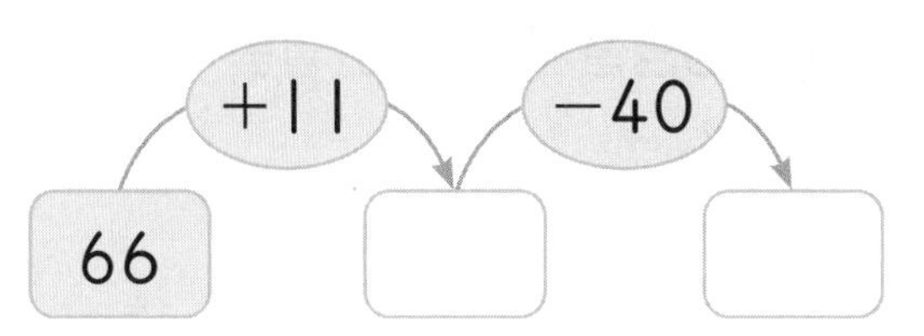

13 두 주머니에서 수를 하나씩 골라 뺄셈식을 쓰세요.

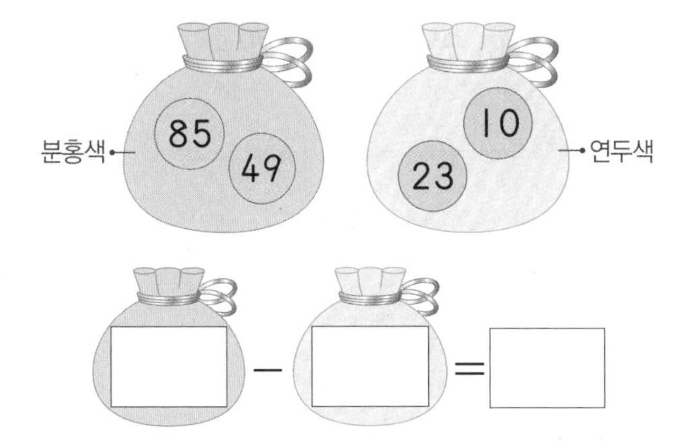

□－□＝□

문제 해결

14 ● 모양에 적힌 수의 합을 구하세요.

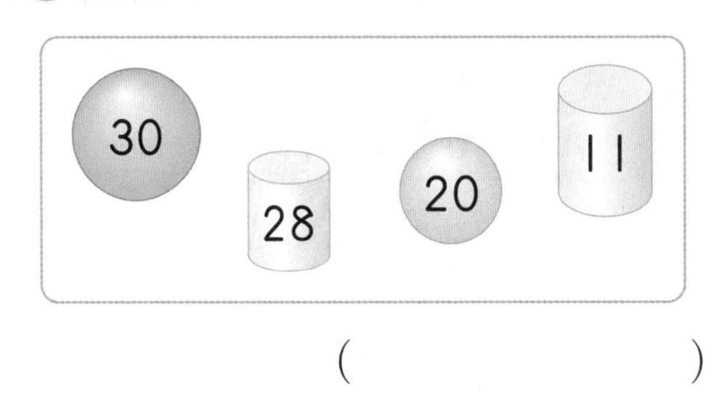

(　　　　　)

유형TEST

15 마트에 우유가 70병 있었습니다. 이 중에서 50병을 팔았다면 남은 우유는 몇 병인가요?

식 ______________________

답 ______________

16 당근은 54개 있고, 양파는 당근보다 34개 더 많이 있습니다. 양파는 몇 개인가요?

식 ______________________

답 ______________

문제 해결

17 오늘 지혜가 쓴 일기입니다. 오늘 지혜네 반 학생은 모두 몇 명이 되었는지 구하세요.

9월 16일 수요일	날씨: ☂
제목: 전학생	
우리 반 학생은 27명이었는데 오늘	
우리 반에 2명이 전학을 왔다.	

식 ______________________

답 ______________

18 어떤 수에 23을 더했더니 38이 되었습니다. 어떤 수는 얼마인가요?

(　　　　　　)

19 세 사람이 가지고 있는 구슬 수입니다. 구슬을 가장 많이 가지고 있는 사람과 가장 적게 가지고 있는 사람의 구슬 수의 합은 몇 개인가요?

주아: 난 40개를 가지고 있어.
선호: 난 10개 가지고 있는데!
하영: 난 60개를 가지고 있어.

(　　　　　　)

20 □ 안에 알맞은 수를 써넣으세요.

$$\begin{array}{r} 4\ \square \\ +\ \square\ 7 \\ \hline 7\ 9 \end{array}$$

21 두 수를 골라 차가 11이 되도록 뺄셈식을 쓰세요.

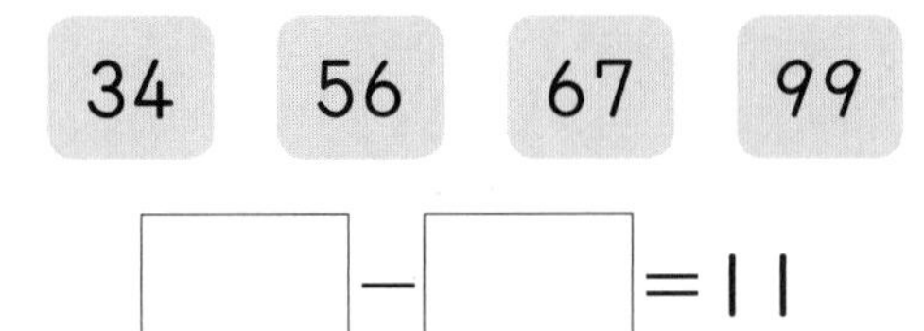

☐ − ☐ = 11

22 딸기를 수아는 36개 땄고, 경수는 수아보다 4개 더 적게 땄습니다. 수아와 경수가 딴 딸기는 모두 몇 개인가요?

( )

23 같은 모양은 같은 수를 나타냅니다. ★에 알맞은 수를 구하세요.

- 32+56=▲
- ▲−★=42

( )

24 1부터 9까지의 수 중에서 ■에 들어갈 수 있는 수는 모두 몇 개인지 구하세요.

68−3<■6

( )

서술형

25 수 카드 4장 중에서 2장을 골라 한 번씩만 사용하여 몇십몇을 만들려고 합니다. 만들 수 있는 수 중 가장 큰 수와 가장 작은 수의 합은 얼마인지 풀이 과정을 쓰고 답을 구하세요.

MEMO

꼭 알아야 할

사자성어

어떤 일이 일어나기 전, 미리 아는 지혜를
'선견지명'이라고 해요.
일기예보를 보고 미리 우산을 챙겨놓는다거나,
늦잠 잘 때를 대비해서 전날 밤 가방을 미리 챙겨놓는 것도
넓은 의미로 '선견지명'이라 할 수 있어요.

해당 콘텐츠는 천재교육 '똑똑한 하루 독해'를 참고하여 제작되었습니다.
모든 공부의 기초가 되는 어휘력+독해력을 키우고 싶을 땐,
똑똑한 하루 독해&어휘를 풀어보세요!

#차원이_다른_클라쓰
#강의전문교재
#초등교재

수학교재

●수학리더 시리즈
- 수학리더 [연산] 예비초~6학년/A·B단계
- 수학리더 [개념] 1~6학년/학기별
- 수학리더 [기본] 1~6학년/학기별
- 수학리더 [유형] 1~6학년/학기별
- 수학리더 [기본+응용] 1~6학년/학기별
- 수학리더 [응용·심화] 1~6학년/학기별
- 신간 수학리더 [최상위] 3~6학년/학기별

●독해가 힘이다 시리즈 *문제해결력
- 수학도 독해가 힘이다 1~6학년/학기별
- 신간 초등 문해력 독해가 힘이다 문장제 수학편 1~6학년/단계별

●수학의 힘 시리즈
- 신간 수학의 힘 1~2학년/학기별
- 수학의 힘 알파[실력] 3~6학년/학기별
- 수학의 힘 베타[유형] 3~6학년/학기별

●Go! 매쓰 시리즈
- Go! 매쓰(Start) *교과서 개념 1~6학년/학기별
- Go! 매쓰(Run A/B/C) *교과서+사고력 1~6학년/학기별
- Go! 매쓰(Jump) *유형 사고력 1~6학년/학기별

●계산박사 1~12단계

●수학 더 익힘 1~6학년/학기별

월간교재

●NEW 해법수학 1~6학년

●해법수학 단원평가 마스터 1~6학년/학기별

●월간 무등생평가 1~6학년

전과목교재

●리더 시리즈
- 국어 1~6학년/학기별
- 사회 3~6학년/학기별
- 과학 3~6학년/학기별

22개정 교육과정 반영

수학리더 유형

보충북

BOOK 2

1-2

리더가 되기 위한
공부 비법

응용력 향상 집중 연습
응용력을 키우는 핵심 유형
반복 연습

창의 · 융합 · 코딩 학습
수학 교과 역량 강화 학습

천재교육

보충북
포인트 3가지

- 응용 유형을 풀기 위한 워밍업 유형 수록
- 응용력 향상 핵심 유형 반복 학습
- 수학 교과 역량을 키우는 창의·융합형 문제 수록

수학 리더 유형 1-2

BOOK 2

보충북 **차례**

응용력 향상 집중 연습

▶ 정답과 해설 36쪽

나타내는 수가 얼마인지 구하기

1

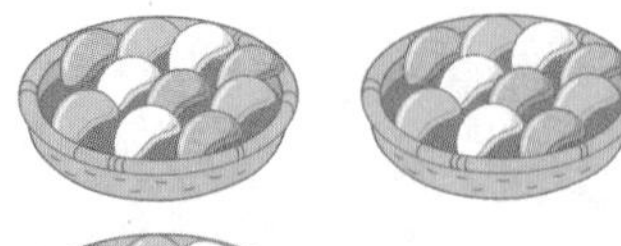

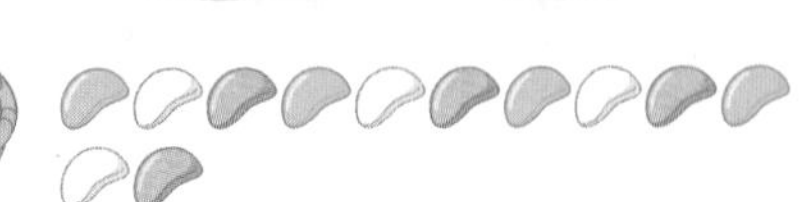

10개씩 묶음	낱개
4	12

→ ☐

2

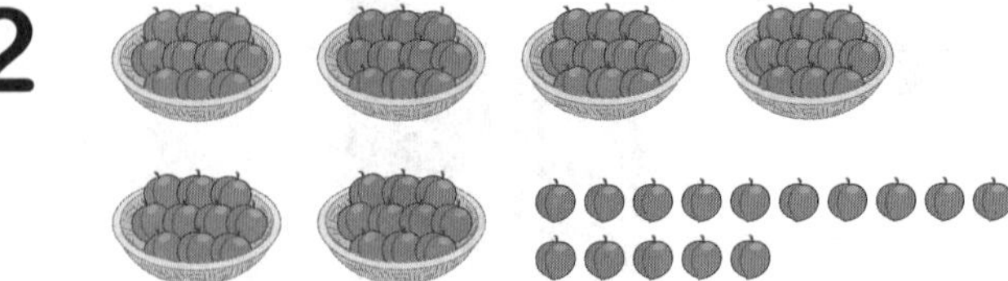

10개씩 묶음	낱개
6	

→ ☐

3

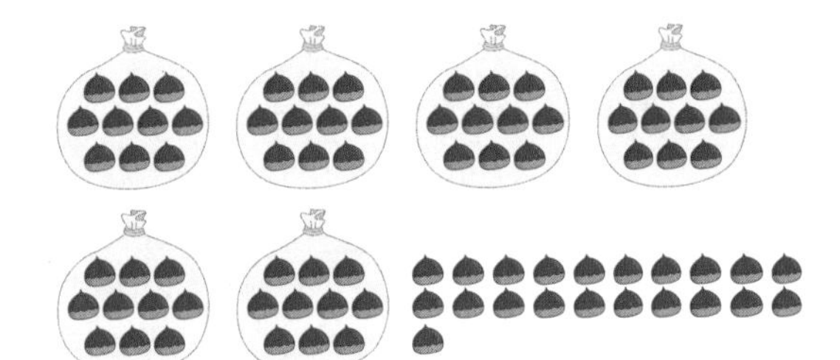

10개씩 묶음	낱개
6	

→ ☐

4

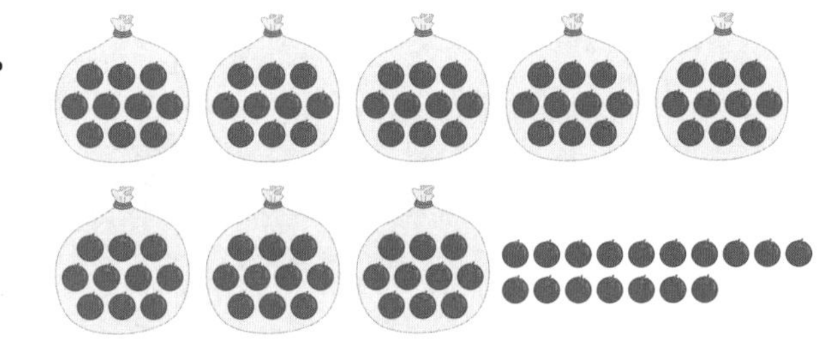

10개씩 묶음	낱개
8	

→ ☐

5

10개씩 묶음	낱개
7	13

→ ☐

6

10개씩 묶음	낱개
5	20

→ ☐

단원 1

응용력 향상 집중 연습

▶ 정답과 해설 36쪽

작은 수부터 순서대로 수 카드를 놓을 때 수 카드를 놓는 위치를 찾아 기호 쓰기

보기

42 ㉠ 54 ㉡ 67 ㉢ 85

84 는 ㉢ 에 놓아야 합니다.

84는 주어진 수 카드의 수 중 67보다 크고 85보다 작으므로 수 카드 84는 67과 85 사이에 놓아야 해.

1

36 ㉠ 63 ㉡ 71 ㉢ 90

57 은 ☐ 에 놓아야 합니다.

2

61 ㉠ 65 ㉡ 68 ㉢ 69

66 은 ☐ 에 놓아야 합니다.

3

89 ㉠ 92 ㉡ 96 ㉢ 100

98 은 ☐ 에 놓아야 합니다.

4

52 ㉠ 59 ㉡ 64 ㉢ 70

54 는 ☐ 에 놓아야 합니다.

5

74 ㉠ 79 ㉡ 86 ㉢ 91

85 는 ☐ 에 놓아야 합니다.

응용력 향상 집중 연습

▶ 정답과 해설 36쪽

조건에 알맞은 수 구하기

1 65와 72 사이에 있는 수 중 짝수입니다.

[ ], [ ], [ ]

2 87보다 크고 96보다 작은 수 중 홀수입니다.

[ ], [ ], [ ], [ ]

3 78보다 크고 91보다 작은 수 중 가장 작은 짝수입니다.

( )

4 58과 66 사이에 있는 수 중 가장 큰 홀수입니다.

( )

5 74부터 89까지의 수 중 둘째로 큰 짝수입니다.

( )

6 83보다 크고 95보다 작은 수 중 셋째로 작은 홀수입니다.

( )

응용력 향상 집중 연습

▶ 정답과 해설 36쪽

수 카드 2장을 골라 한 번씩만 사용하여 몇십몇 만들기

1 3, 6, 9 로 만들 수 있는 몇십몇을 모두 쓰기

□□, □□, □□,
□□, □□, □□

2 8, 2, 7 로 만들 수 있는 몇십몇을 모두 쓰기

□□, □□, □□,
□□, □□, □□

3 8, 1, 6 으로 만들 수 있는 몇십몇 중 60보다 큰 수를 모두 쓰기

(　　　　　　　　　　)

4 5, 9, 3 으로 만들 수 있는 몇십몇 중 55보다 작은 수를 모두 쓰기

(　　　　　　　　　　)

5 5, 7, 8 로 만들 수 있는 몇십몇 중 가장 작은 홀수 쓰기

□□

6 9, 4, 2 로 만들 수 있는 몇십몇 중 가장 큰 짝수 쓰기

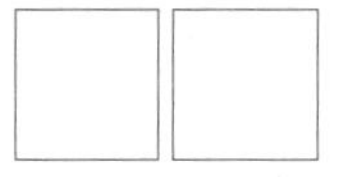

단원 1 창의·융합·코딩 학습

코딩 1 컴퓨터를 거쳐 나오는 수를 구해 봐!

다음과 같이 수를 걸러서 내보내는 컴퓨터가 있습니다. 컴퓨터를 지나 나오는 수를 각각 구하여 빈 곳에 써넣으세요.

나는 몇십을 내보내지.
난 60보다 큰 수를 내보낼 거야.
난 90보다 작은 수를 내보내.

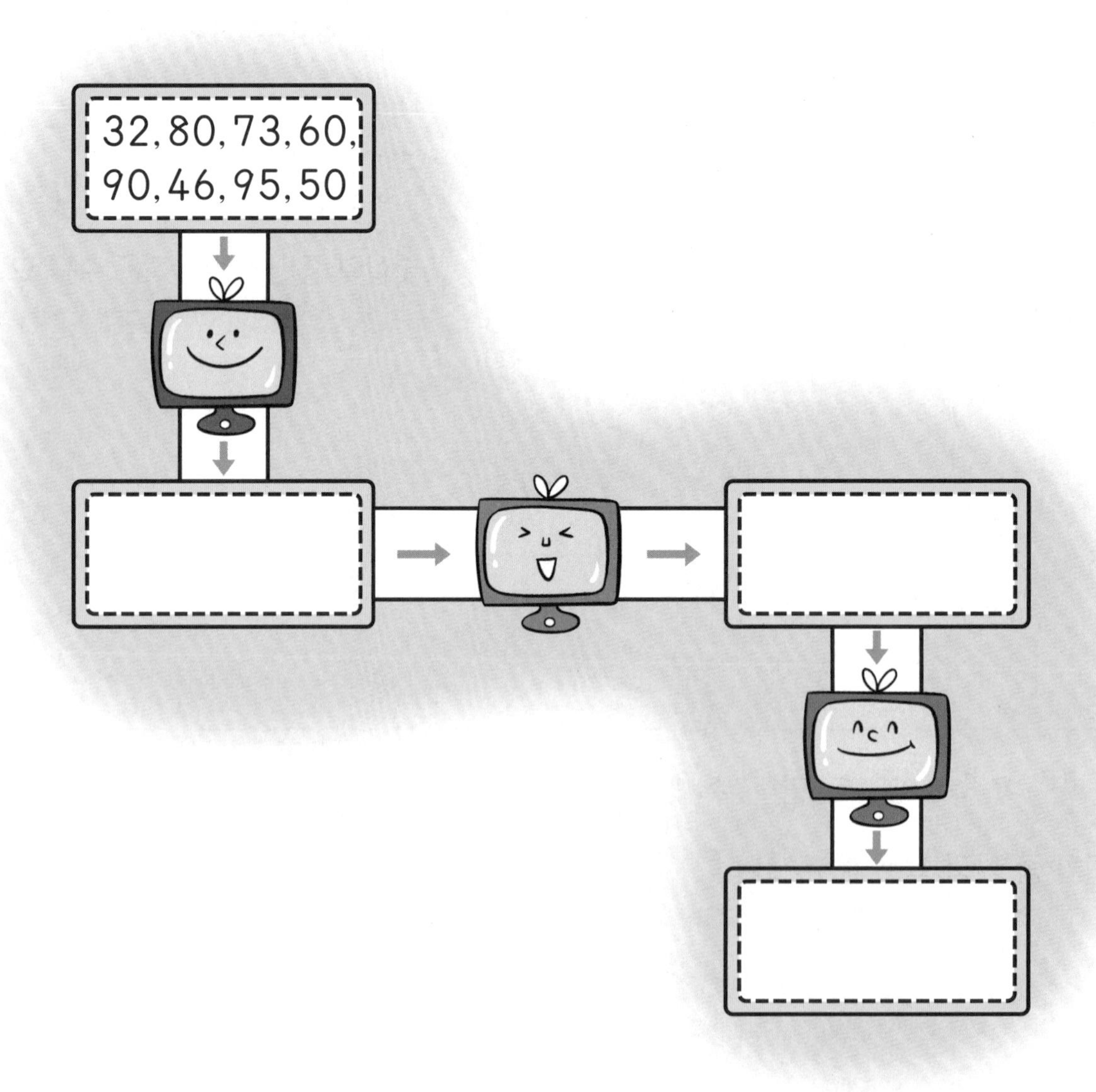

▶ 정답과 해설 37쪽

창의 2 주머니를 던져서 얻은 점수를 구해 봐!

운동장에 100칸짜리 칸을 그린 후 수를 순서대로 써놓았는데 일부가 지워졌습니다. 학생들이 주머니를 던져서 주머니가 놓인 칸에 알맞은 수만큼 점수를 얻는다고 합니다. 얻은 점수를 각각 구하세요.

1	2	3	4	5	6	7	8	9	10
	12	13	14	15	16		18	19	20
21	22			25	26	27	28	29	30
31	32	33	34	35	36	37			40
	42		44	45	46		48	49	50
51		53		55	56	57		59	60
61	62		64	65		67	68	69	
	72	73	74	75				79	80
81			84		86		88	89	
	92	93		95	96				

❶
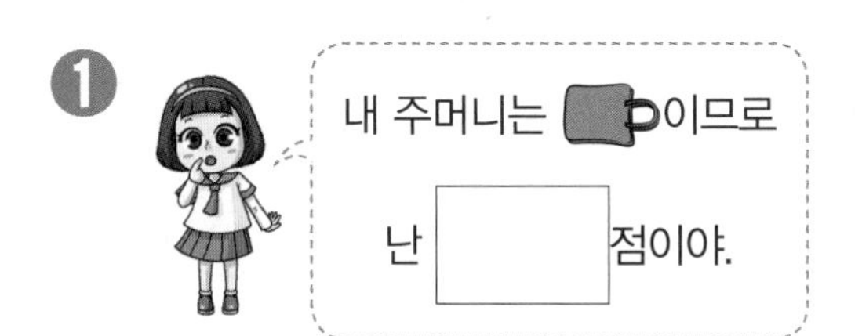
내 주머니는 이므로
난 점이야.

❷

내 주머니는 이므로
난 점이야.

❸
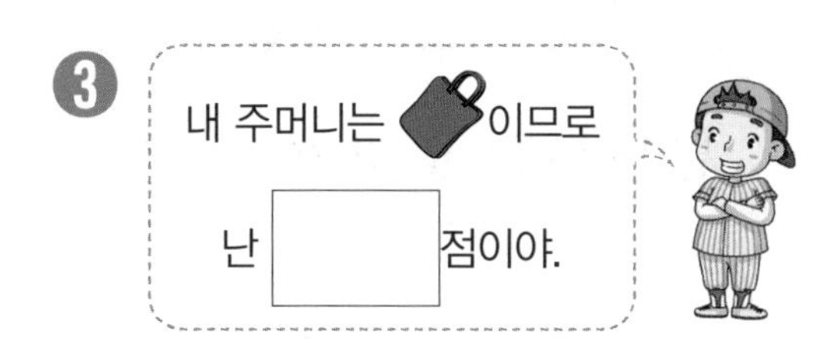
내 주머니는 이므로
난 점이야.

❹
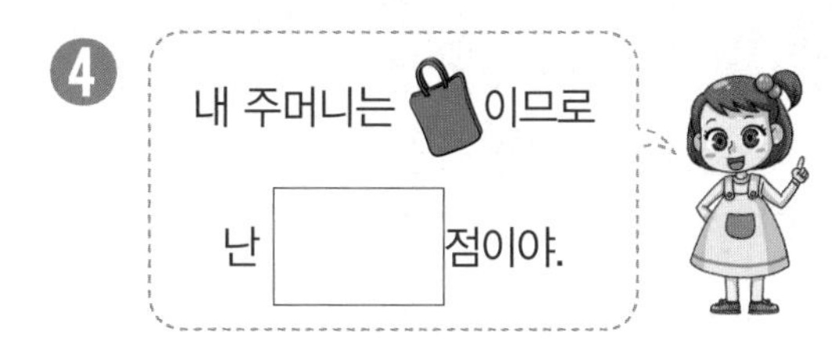
내 주머니는 이므로
난 점이야.

단원 2

응용력 향상 집중 연습

▶ 정답과 해설 37쪽

그림에 알맞은 뺄셈식 쓰기

1

바둑돌은 모두 10개입니다.

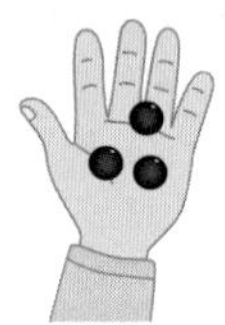

오른손에 있는 바둑돌은 몇 개인가요?

☐ − ☐ = ☐

2

빵은 모두 10개입니다.

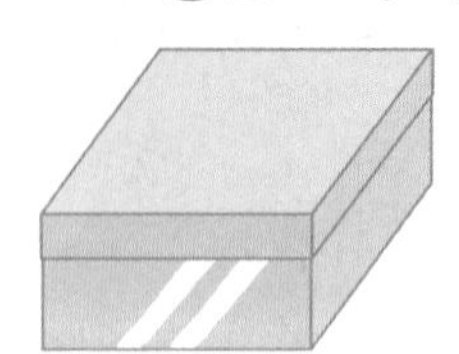

왼쪽 상자에 있는 빵은 몇 개인가요?

☐ − ☐ = ☐

3

공은 모두 10개입니다.

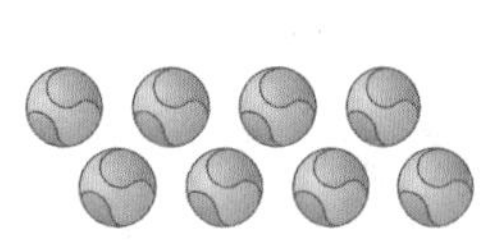

통 안에 있는 공은 몇 개인가요?

☐ − ☐ = ☐

4

카드는 모두 10장입니다.

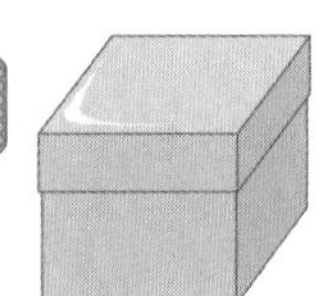

상자 안에 있는 카드는 몇 장인가요?

☐ − ☐ = ☐

5

주차장에 자동차가 10대 있었습니다.

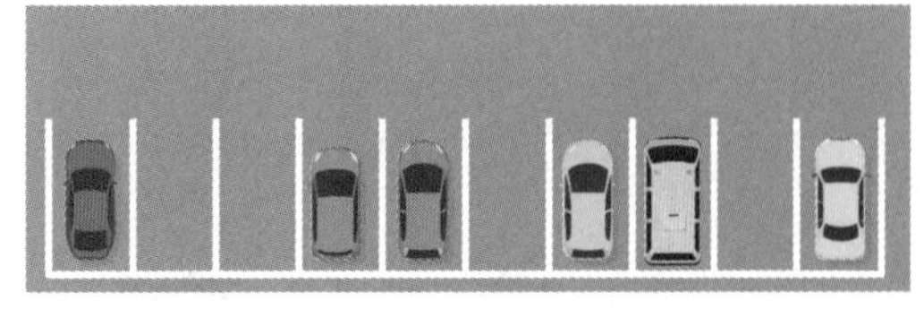

주차장을 나간 자동차는 몇 대인가요?

☐ − ☐ = ☐

6

새가 10마리 있었습니다.

날아간 새는 몇 마리인가요?

☐ − ☐ = ☐

단원 2

응용력 향상 집중 연습

▶ 정답과 해설 37쪽

계산을 하고 조건에 맞는 식을 찾아 기호 쓰기

1

㉠ 4+2+1=□

㉡ 3+3+2=□

계산 결과가 8인 식은 □입니다.

2

㉠ 7−1−1=□

㉡ 9−2−3=□

계산 결과가 5인 식은 □입니다.

3

㉠ 1+3+2=□

㉡ 2+6+1=□

계산 결과가 홀수인 식은 □입니다.

4

㉠ 8−2−3=□

㉡ 6−3−1=□

계산 결과가 짝수인 식은 □입니다.

5

㉠ 2+8+4=□

㉡ 9+3+1=□

㉢ 5+5+5=□

계산 결과가 가장 큰 식은 □입니다.

6

㉠ 6+3+7=□

㉡ 4+6+8=□

㉢ 8+7+2=□

계산 결과가 가장 작은 식은 □입니다.

단원 2

응용력 향상 집중 연습

▶ 정답과 해설 38쪽

◐ 수 카드 중 2장을 골라 □ 안에 한 번씩만 넣어 만들 수 있는 덧셈식 쓰기

1

2+□+□=12

1 4 6 8

덧셈식 ____________

2

8+□+□=18

2 3 4 7

덧셈식 ____________

3

□+7+□=17

1 6 7 9

덧셈식 ____________

4

□+5+□=15

2 3 8 9

덧셈식 ____________

5

□+□+4=14

2 3 4 6 7

덧셈식 1 ____________

덧셈식 2 ____________

6

□+□+9=19

0 1 2 8 9

덧셈식 1 ____________

덧셈식 2 ____________

응용력 향상 집중 연습

▶ 정답과 해설 38쪽

● 1부터 9까지의 수 중 □ 안에 들어갈 수 있는 수 구하기

1

$3+1+3<\square$

➜ □ 안에 들어갈 수 있는 수를 모두 쓰면 ______________ 입니다.

2

$9-2-1>\square$

➜ □ 안에 들어갈 수 있는 수를 모두 쓰면 ______________ 입니다.

3

$1+2+\square<8$

➜ □ 안에 들어갈 수 있는 수를 모두 쓰면 ______________ 입니다.

4

$7-1-\square>2$

➜ □ 안에 들어갈 수 있는 수를 모두 쓰면 ______________ 입니다.

5

$4+2+\square<9$

➜ □ 안에 들어갈 수 있는 가장 큰 수는 ________ 입니다.

6

$9-2-\square>3$

➜ □ 안에 들어갈 수 있는 가장 큰 수는 ________ 입니다.

융합 1 헨젤과 그레텔의 집을 찾아줘!

길을 잃은 헨젤과 그레텔은 합이 10이 되는 곳을 지나가며 미로를 통과해 집을 찾아 가려고 합니다. 헨젤과 그레텔이 지나가야 하는 길을 따라 선을 그어 보세요.

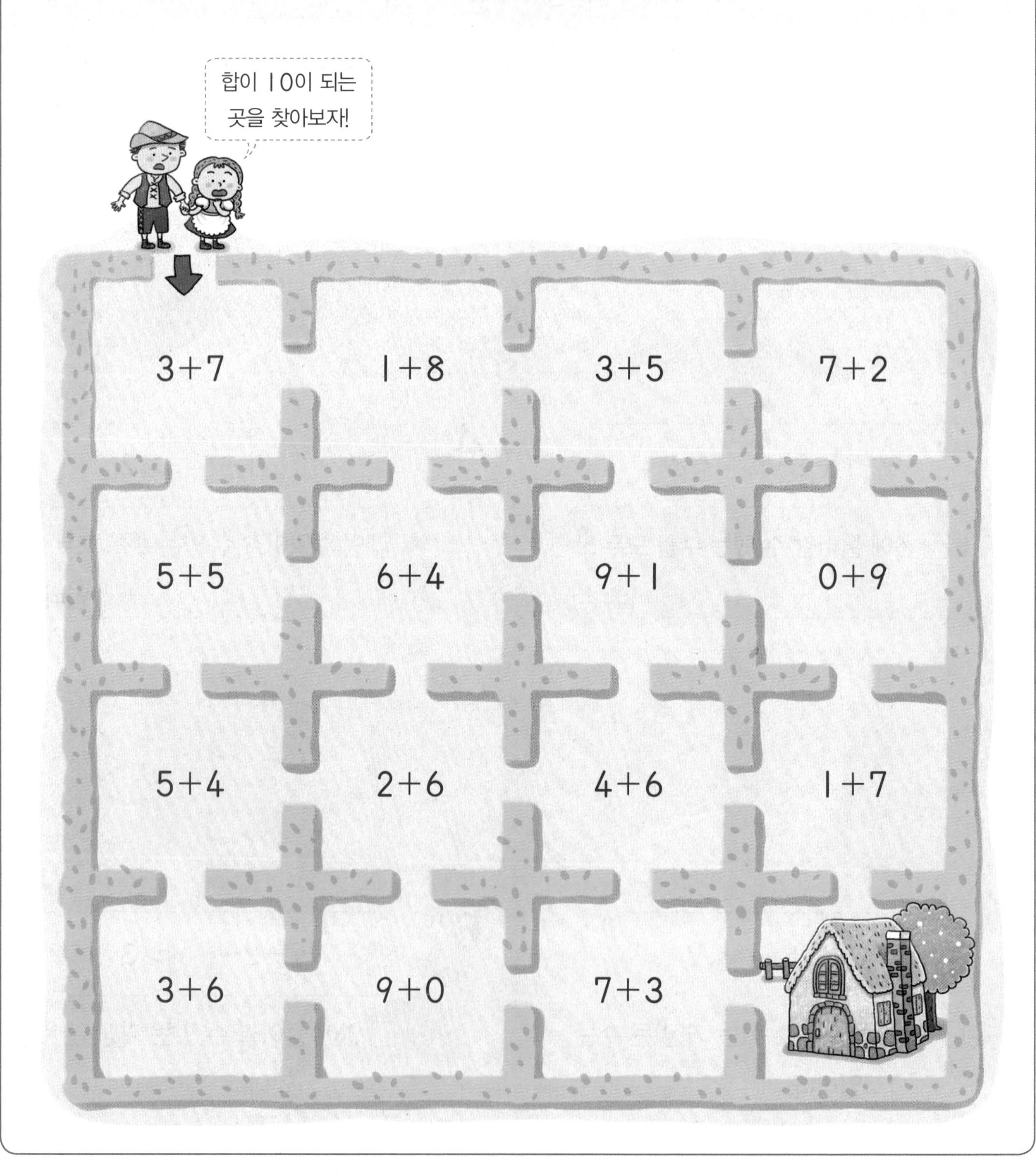

▶ 정답과 해설 38쪽

창의 2 각 줄에 놓이는 수의 합이 같게 만들어 봐!

그림에서 각 줄에 놓이는 세 수의 합이 모두 같게 만들려고 합니다. 보기의 방법을 보고 주어진 수를 빈 곳에 모두 한 번씩 써넣어 각 줄에 놓이는 세 수의 합이 모두 같게 만들어 보세요.

보기

• 1부터 5까지의 수를 각 줄에 놓이는 수의 합이 같게 빈 곳에 써넣는 방법

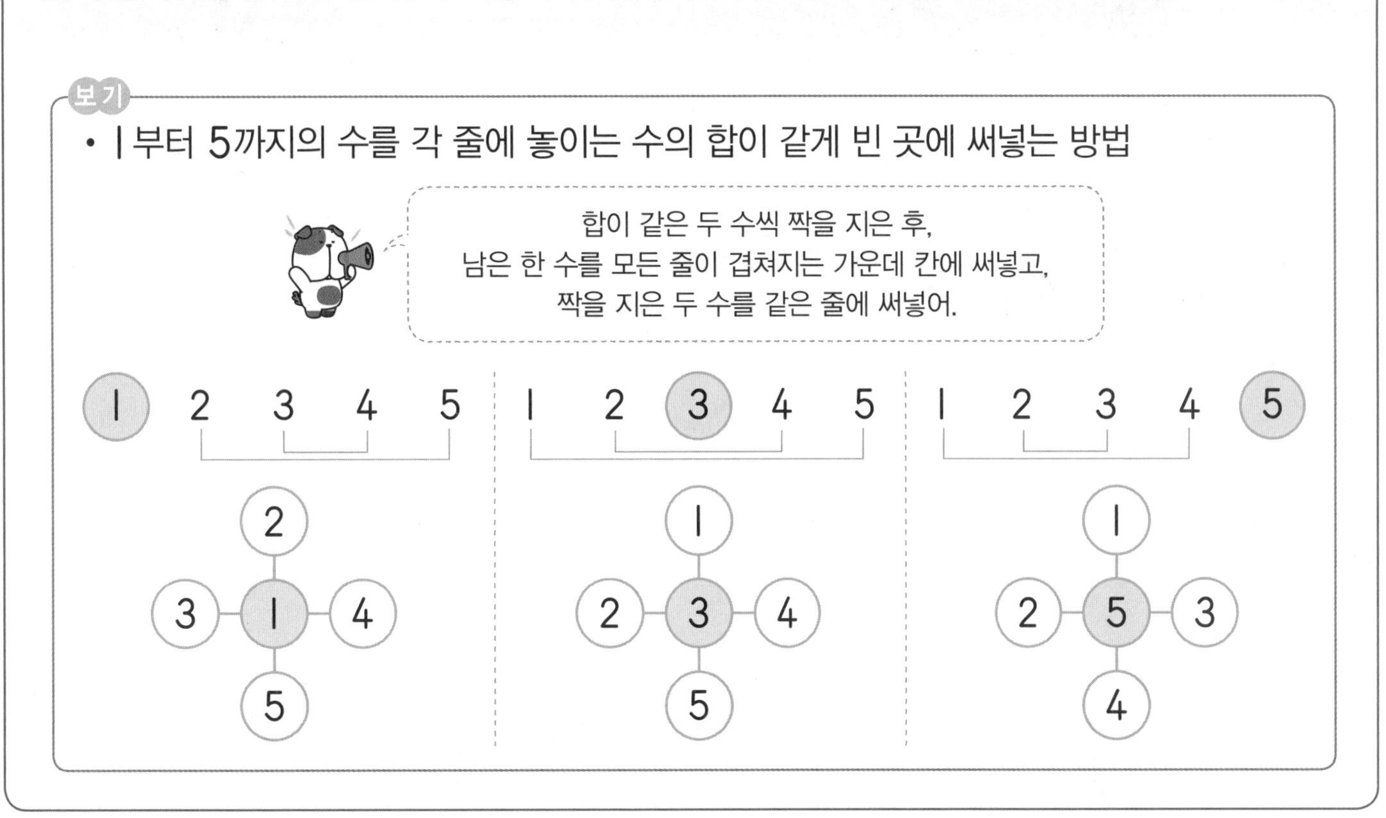

❶ 1부터 7까지의 수

❷ 1부터 9까지의 수

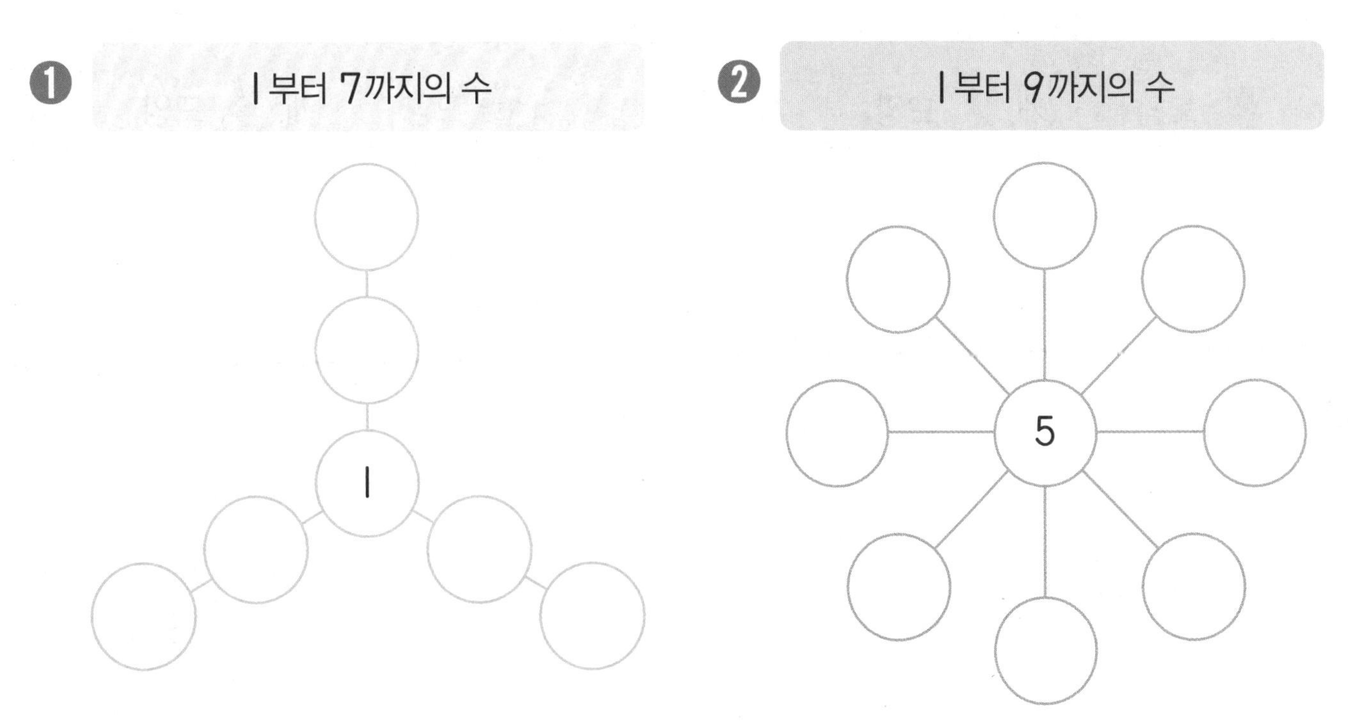

▶ 정답과 해설 39쪽

점선을 따라 모두 잘랐을 때 나오는 모양의 수 세어 보기

1

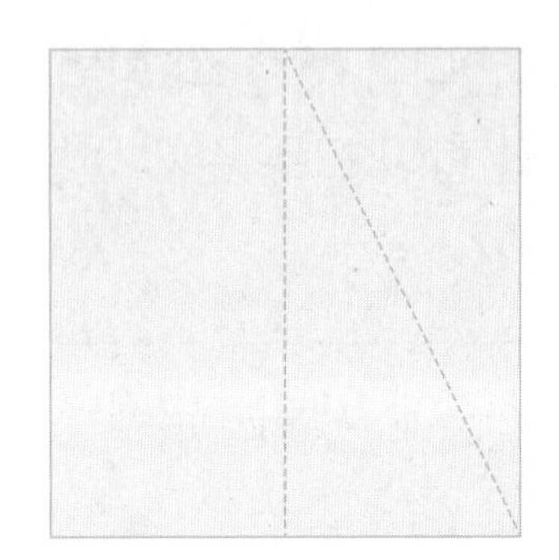

■ 모양 ☐ 개, ▲ 모양 ☐ 개

2

■ 모양 ☐ 개, 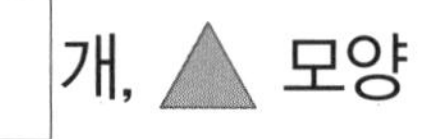 ▲ 모양 ☐ 개

3

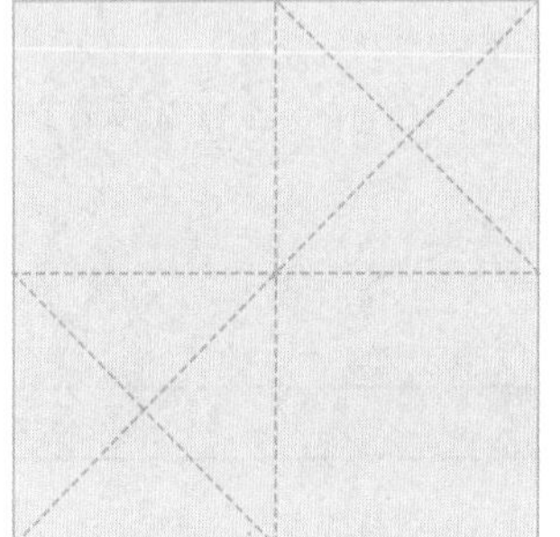

■ 모양 ☐ 개, ▲ 모양 ☐ 개

4

■ 모양 ☐ 개, ▲ 모양 ☐ 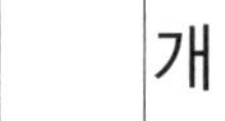 개

5

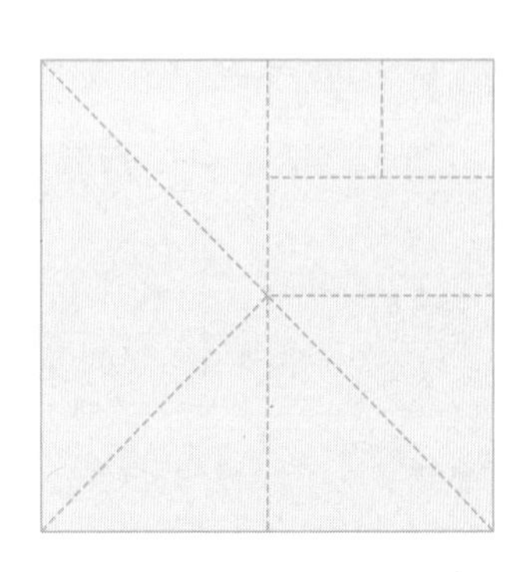

■ 모양 ☐ 개, ▲ 모양 ☐ 개

6

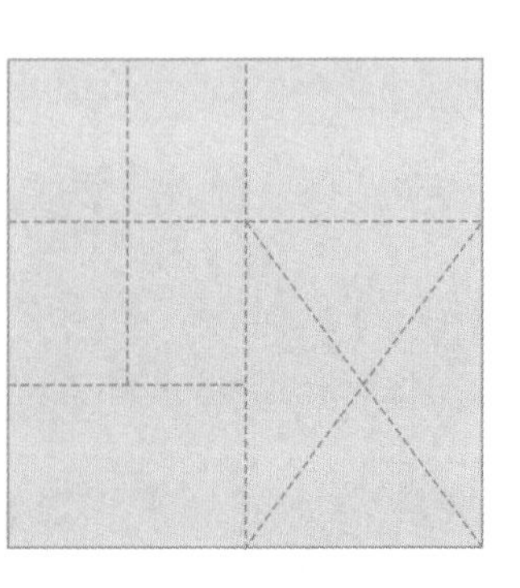

■ 모양 ☐ 개,  ▲ 모양 ☐ 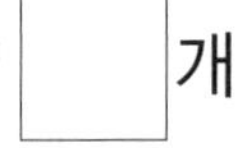 개

응용력 향상 집중 연습

▶ 정답과 해설 39쪽

● 액자를 꾸미는 데 이용한 ■, ▲, ● 모양의 수 알아보기

1

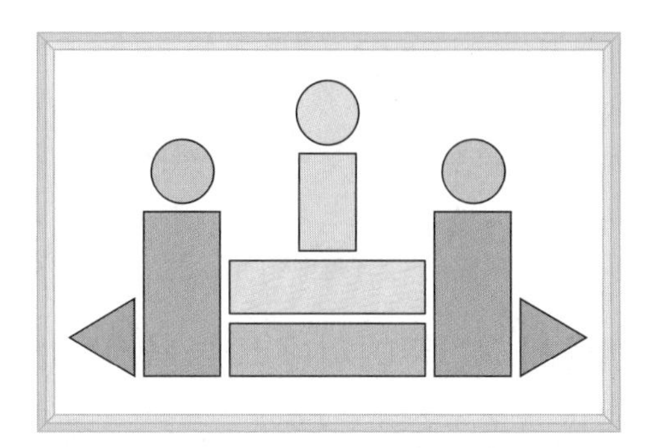

3개를 이용한 모양은 □ 모양입니다.

2

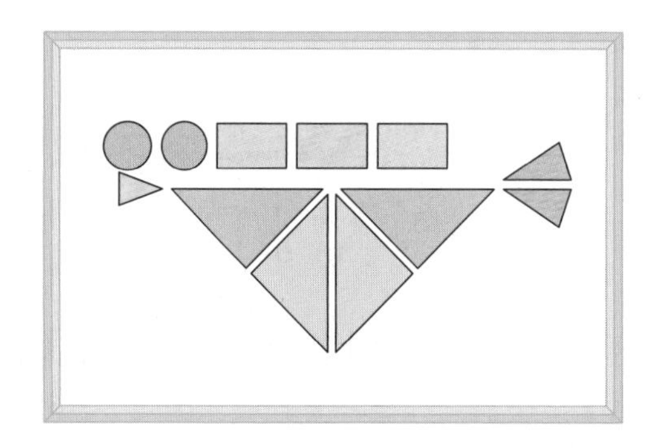

7개를 이용한 모양은 □ 모양입니다.

3

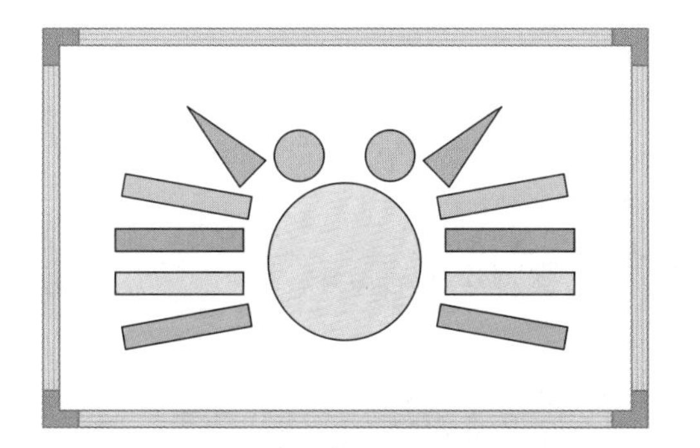

가장 적게 이용한 모양은 □ 모양입니다.

4

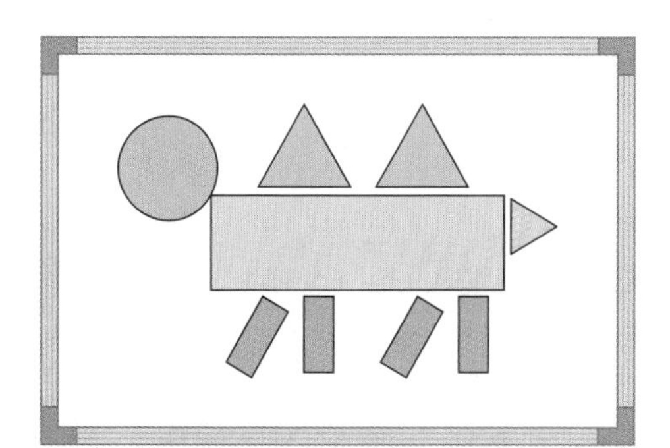

가장 많이 이용한 모양은 □ 모양입니다.

5

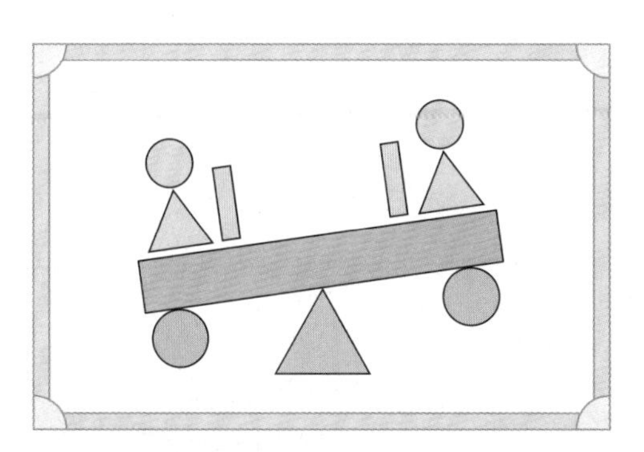

이용한 모양의 수가 같은 모양은 □ 모양과 □ 모양입니다.

6

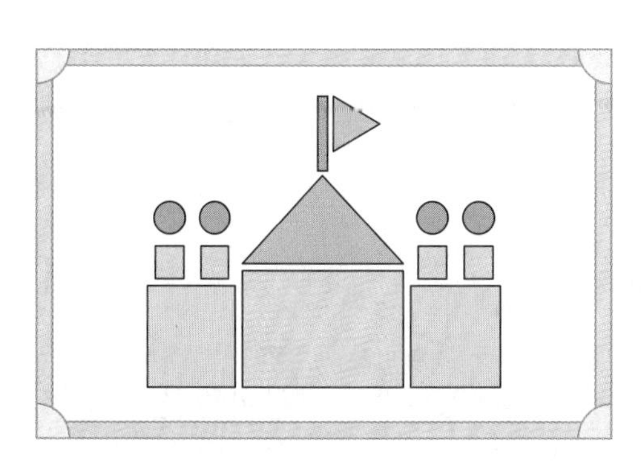

■ 모양은  모양보다 □ 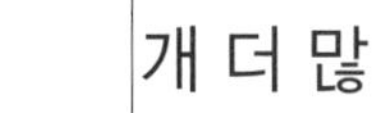 개 더 많이 이용했습니다.

응용력 향상 집중 연습

▶ 정답과 해설 39쪽

◐ 시계의 긴바늘을 돌렸을 때의 시각 구하기

1

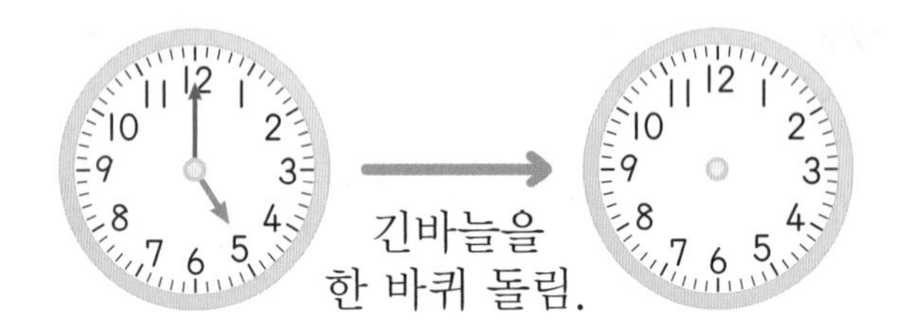

5시에서 긴바늘을 한 바퀴 돌리면 짧은바늘은 □ 을/를 가리키므로 □ 시입니다.

2

3시 30분에서 긴바늘을 한 바퀴 돌리면 짧은바늘은 □ 와/과 □ 의 가운데를 가리키므로 □ 시 30분입니다.

3

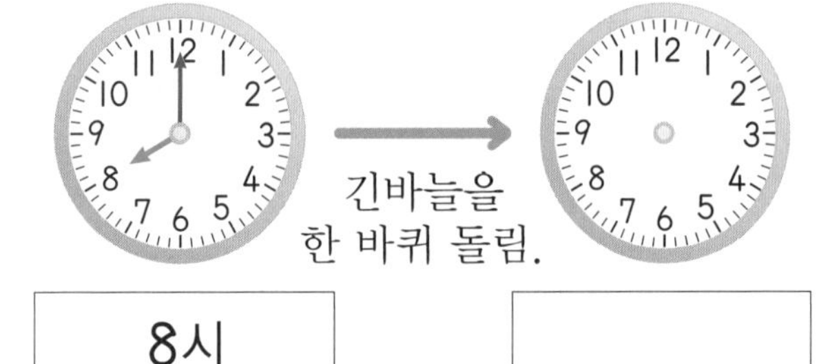

8시	

4

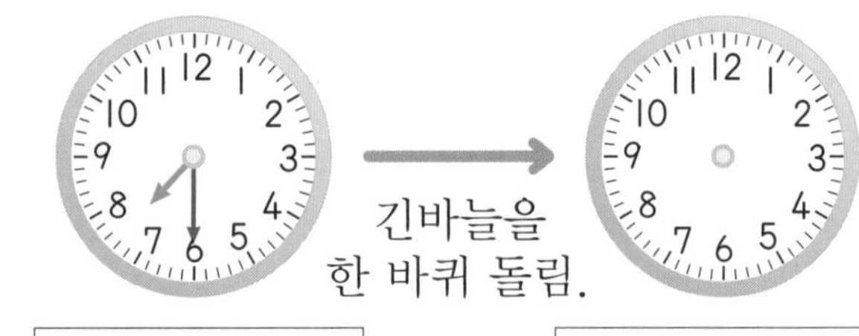

7시 30분	

5

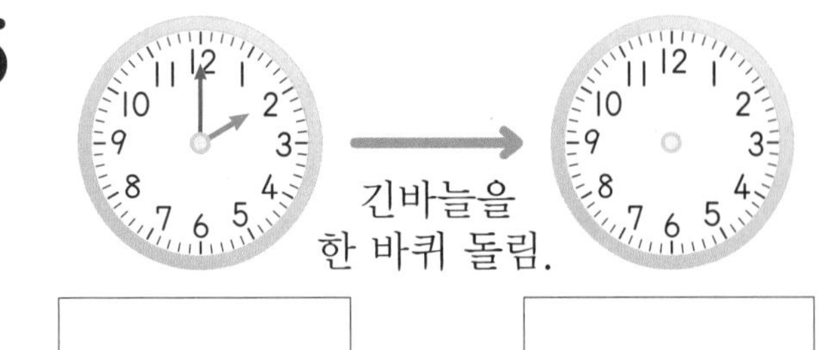

6

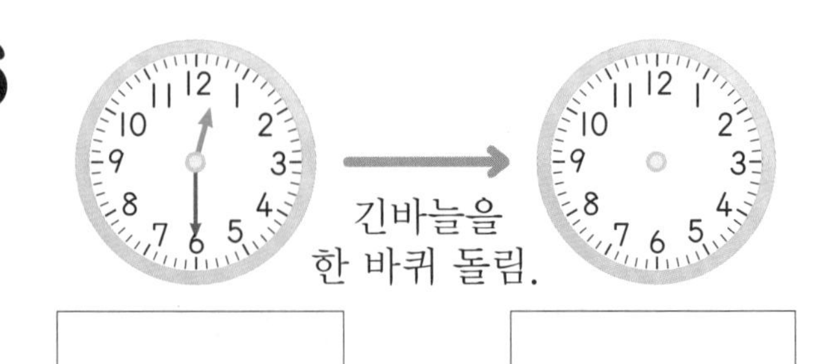

응용력 향상 집중 연습

▶ 정답과 해설 39쪽

● 설명에 맞는 일을 찾아 ○표 하기

1 4시에 한 일

운동하기 ( ) 숙제하기 ( ) 독서하기 ( )

2 10시 30분에 한 일

세수하기 ( ) 축구하기 ( ) 간식 먹기 ( )

3 낮에 한 일 중 가장 먼저 한 일

영화 보기 ( ) 학원 가기 ( ) 산책하기 ( )

4 저녁에 한 일 중 가장 늦게 한 일

요리하기 ( ) 양치하기 ( ) 공부하기 ( )

5 저녁에 한 일 중 7시와 9시 사이에 한 일

식사하기 ( ) 텔레비전 보기 ( ) 일기 쓰기 ( )

6 아침에 한 일 중 8시와 10시 사이에 한 일

청소하기 ( ) 게임하기 ( ) 봉사 활동 ( )

융합 1 미로를 탈출하면서 보석을 모아 봐!

여우가 미로를 탈출하여 동굴에 가려고 하는데 길의 곳곳에 빛나는 보석이 떨어져 있습니다. 여우가 탈출하면서 지나가는 길에 있는 보석을 모두 모았을 때, 모은 보석들에는 뾰족한 부분이 모두 몇 군데 있는지 알아보세요.

❶ 여우가 미로를 탈출하여 동굴까지 가는 길을 그려 보세요.

❷ 여우가 탈출하면서 모은 보석은 ■, ▲, ● 모양이 각각 몇 개인가요?

■ 모양 [ ]개, ▲ 모양 [ ]개, ● 모양 [ ]개

❸ 여우가 탈출하면서 모은 보석들에는 뾰족한 부분이 모두 몇 군데 있나요?

(　　　　　　　)

▶ 정답과 해설 40쪽

창의 2 서로 다른 부분을 찾아봐!

아침에 잠에서 깬 깡총이는 거울을 보고 동생이 얼굴에 낙서한 것을 알았습니다. 두 그림에서 서로 다른 부분 3곳을 찾아 ○표 하고 물음에 답하세요.

❶ 거울에 비친 시계를 보고 깡총이가 거울을 본 시각을 쓰세요.

(　　　　　　　　)

❷ 깡총이는 친구들과 함께 9시 30분에 놀이 공원에 가려고 합니다. 9시 30분을 시계에 나타내 보세요.

단원 4 응용력 향상 집중 연습

▶ 정답과 해설 40쪽

◐ 두 상자에서 공을 각각 한 개씩 꺼내서 합이 가장 큰(작은) 덧셈식 만들기

1 합이 가장 큰 덧셈식

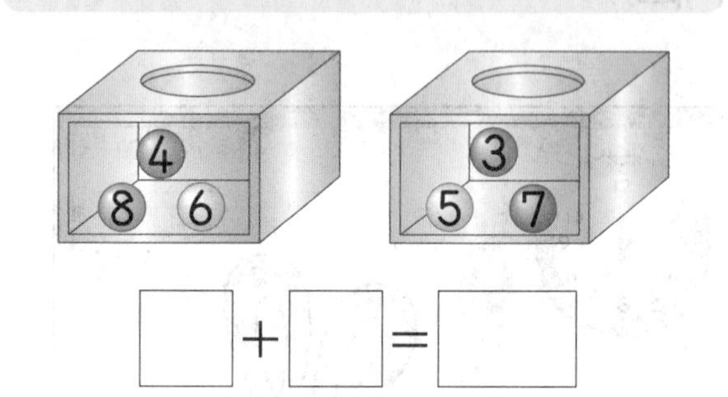

☐ + ☐ = ☐

2 합이 가장 작은 덧셈식

☐ + ☐ = ☐

3 합이 가장 큰 덧셈식

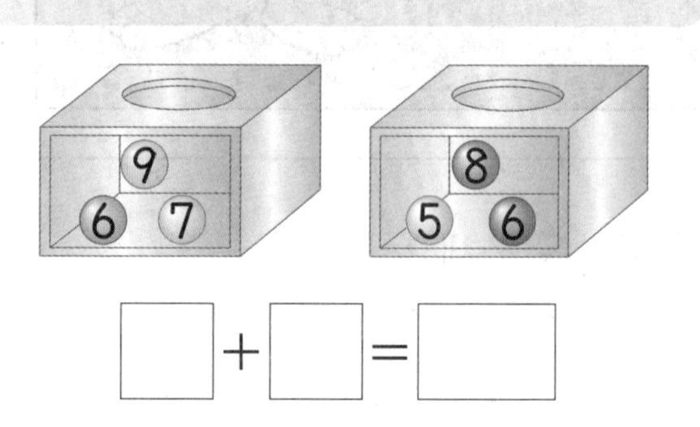

☐ + ☐ = ☐

4 합이 가장 작은 덧셈식

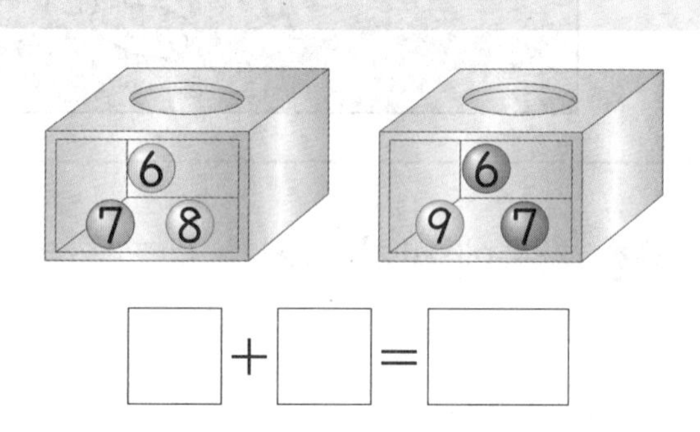

☐ + ☐ = ☐

5 합이 가장 큰 덧셈식

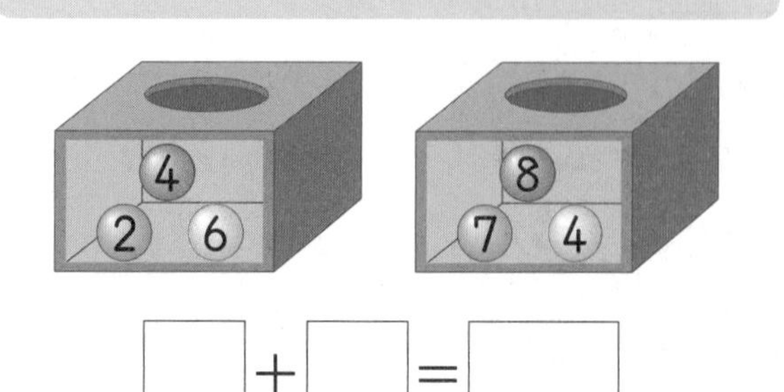

☐ + ☐ = ☐

6 합이 가장 작은 덧셈식

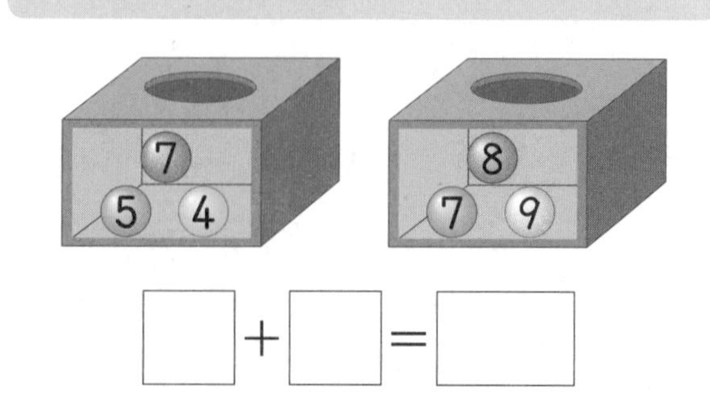

☐ + ☐ = ☐

응용력 향상 집중 연습

▶ 정답과 해설 40쪽

◐ 수 카드 중 2장을 골라 차가 가장 큰 뺄셈식 만들기

1 [13] [5] [11] [6]

➔ 차가 가장 큰 뺄셈식:

☐ − ☐ = ☐

2 [17] [8] [7] [15]

➔ 차가 가장 큰 뺄셈식:

☐ − ☐ = ☐

3 [15] [7] [16] [9]

➔ 차가 가장 큰 뺄셈식:

☐ − ☐ = ☐

4 [5] [12] [3] [11]

➔ 차가 가장 큰 뺄셈식:

☐ − ☐ = ☐

5 [18] [9] [17] [8]

➔ 차가 가장 큰 뺄셈식:

☐ − ☐ = ☐

6 [6] [14] [9] [12]

➔ 차가 가장 큰 뺄셈식:

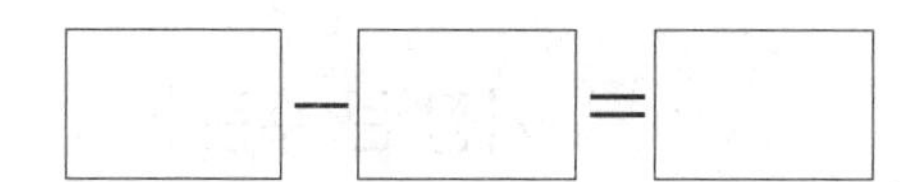

☐ − ☐ = ☐

응용력 향상 집중 연습

▶ 정답과 해설 41쪽

●에 들어갈 수 있는 수 중 가장 큰(작은) 수 구하기

1

7+9>●

→ ●에 들어갈 수 있는 수 중 가장 큰 수는 ☐입니다.

2

●>8+6

→ ●에 들어갈 수 있는 수 중 가장 작은 수는 ☐입니다.

3

15−7>●

→ ●에 들어갈 수 있는 수 중 가장 큰 수는 ☐입니다.

4

●>12−5

→ ●에 들어갈 수 있는 수 중 가장 작은 수는 ☐입니다.

5

13−●>9

→ ●에 들어갈 수 있는 수 중 가장 큰 수는 ☐입니다.

6

7+●>14

→ ●에 들어갈 수 있는 수 중 가장 작은 수는 ☐입니다.

응용력 향상 집중 연습

▶ 정답과 해설 41쪽

□ 안에 알맞은 수가 더 큰(작은) 것의 기호 쓰기

1

㉠ 9+□=13

㉡ □+8=14

➔ □ 안에 알맞은 수가 더 큰 것: □

2

㉠ □+7=12

㉡ 8+□=16

➔ □ 안에 알맞은 수가 더 작은 것: □

3

㉠ 16−□=9

㉡ 13−□=5

➔ □ 안에 알맞은 수가 더 큰 것: □

4

㉠ 14−□=7

㉡ 15−□=6

➔ □ 안에 알맞은 수가 더 작은 것: □

5

㉠ 6+□=13

㉡ 17−□=8

➔ □ 안에 알맞은 수가 더 큰 것: □

6

㉠ □+5=13

㉡ 11−□=4

➔ □ 안에 알맞은 수가 더 작은 것: □

단원

4 창의·융합·코딩 학습

코딩 1 규칙을 찾고 수를 구해 봐!

화살표의 규칙을 찾아 수를 구하려고 합니다. 물음에 답하세요.

13	→	9	→	5	→	1
↑						↓
5						8
						↓
		3	←	9	←	15

❶ 화살표의 규칙을 찾아 □ 안에 알맞은 수를 써넣으세요.

규칙

↑: +8　　→: −□

↓: +7　　←: −□

❷ 화살표의 규칙에 맞게 □ 안에 알맞은 수를 써넣으세요.

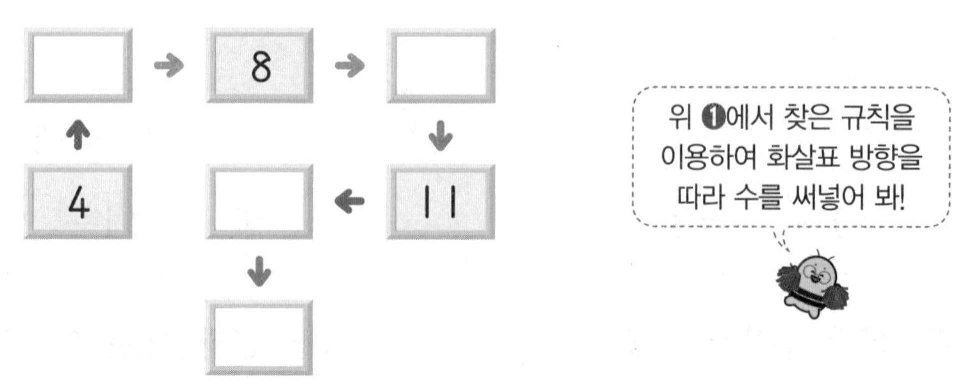

8
4
11
위 ❶에서 찾은 규칙을 이용하여 화살표 방향을 따라 수를 써넣어 봐!

▶ 정답과 해설 41쪽

창의 2 덧셈 빙고 놀이를 해 봐!

게임 규칙에 따라 덧셈 빙고 놀이를 하고 있습니다. 다은이와 도윤이 중 빙고를 외칠 수 있는 사람은 누구인가요?

게임 규칙

① 놀이판에 10부터 18까지의 수를 써넣습니다.
② 현서가 말하는 덧셈의 계산 결과를 놀이판에서 찾아 ○표 합니다.
③ ○표 한 수가 한 줄이 되면 '빙고'라고 외칩니다.

❶ 
현서

내가 말하는 덧셈의 계산 결과를 찾아서 ○표 하면 돼.
$3+8$, $9+9$, $5+9$

계산 결과를 먼저 구하면
$3+8=11$, $9+9=$ ☐, $5+9=$ ☐ (이)야.

다은

도윤

이제 계산 결과를 찾아 ○표 해 보자.

다은

(11)	10	18
12	17	14
16	13	15

▲ 다은이의 놀이판

12	13	17
15	16	10
(11)	14	18

▲ 도윤이의 놀이판

도윤

❸ 
현서

빙고를 외칠 수 있는 사람은 바로 ☐ 이야!

응용력 향상 집중 연습

▶ 정답과 해설 42쪽

◐ 보기와 같은 규칙으로 물건을 놓은 사람의 이름 쓰기

1 보기

은지

영석

(　　　　　　　　)

2 보기

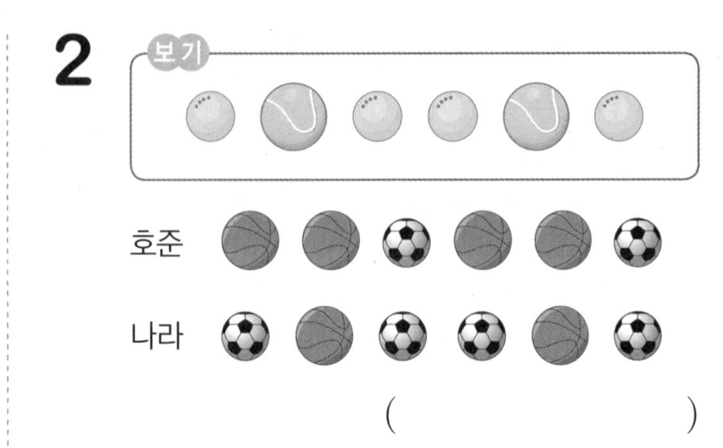

(　　　　　　　　)

3 보기

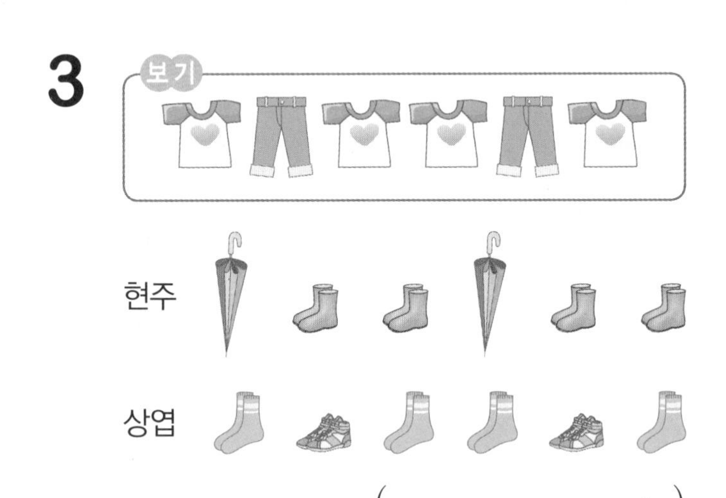

(　　　　　　　　)

4 보기

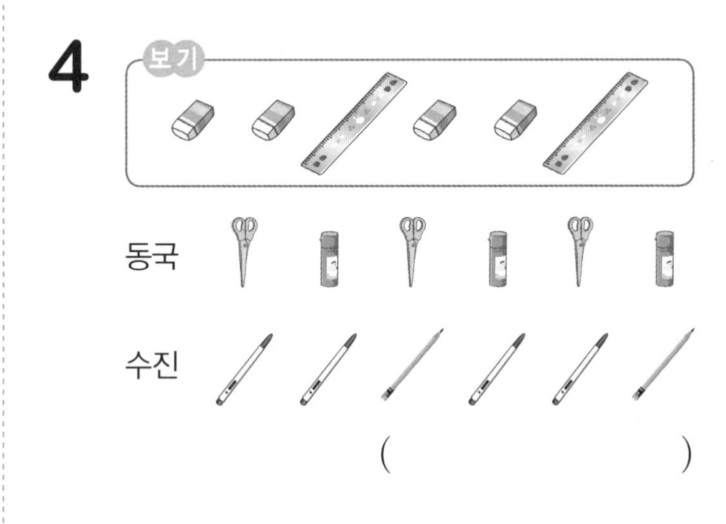

(　　　　　　　　)

5 보기

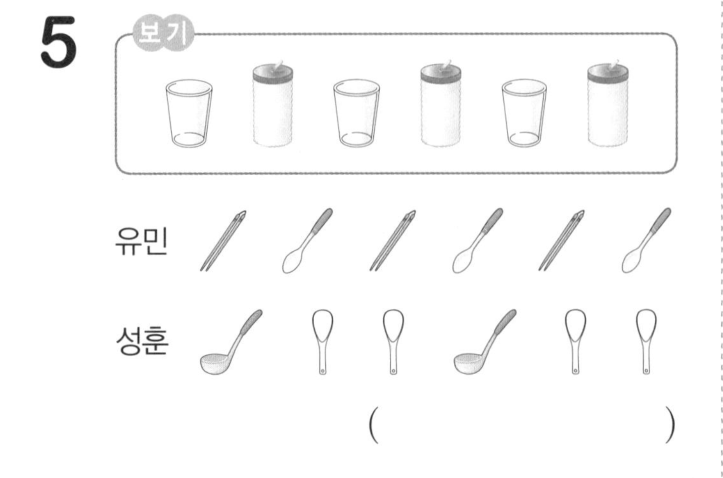

(　　　　　　　　)

6 보기

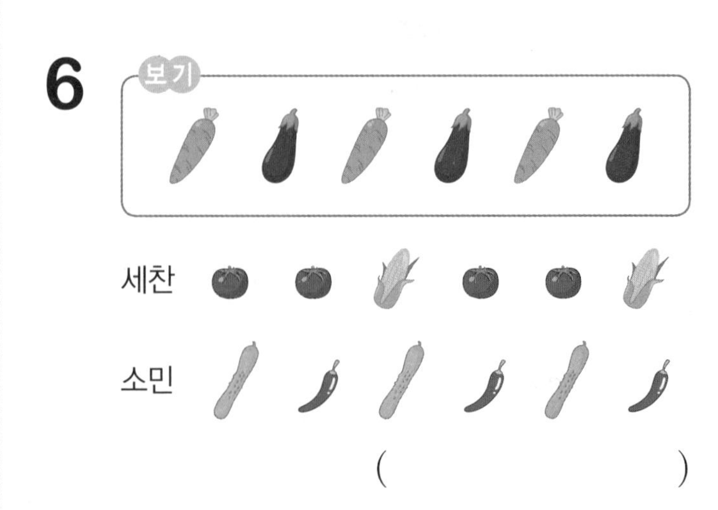

(　　　　　　　　)

단원 5 응용력 향상 집중 연습

▶ 정답과 해설 42쪽

규칙에 따라 무늬를 완성할 때 완성한 무늬에서 모양 수 구하기

1

♥	★	♥	★	♥	★		
♥	★	♥	★	♥	★		
♥	★	♥	★	♥	★		

➔ ♥의 수: ☐ 개

2

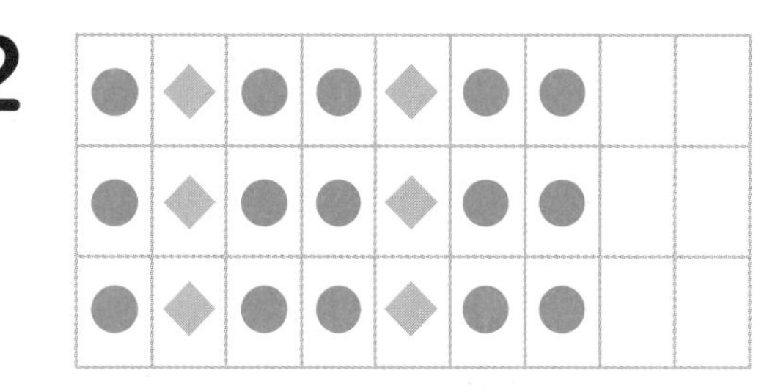

➔ ◆의 수: ☐ 개

3

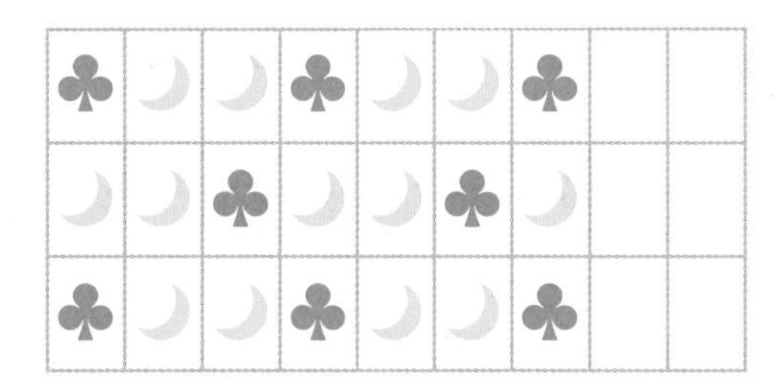

➔ ☽의 수: ☐ 개

4

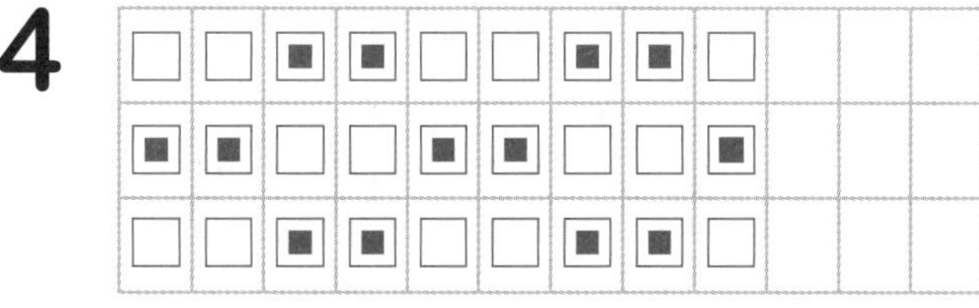

➔ □의 수: ☐ 개

5

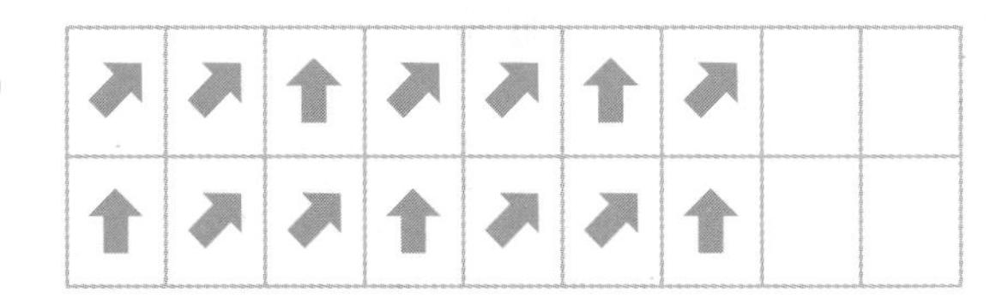

➔ ↗의 수: ☐ 개

6

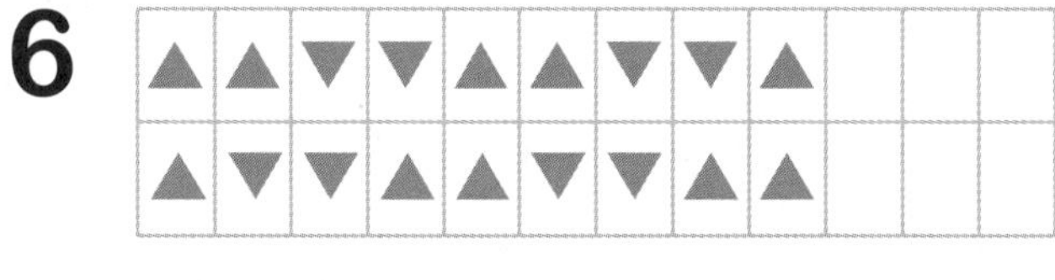

➔ ▲의 수: ☐ 개

응용력 향상 집중 연습

▶ 정답과 해설 42쪽

◉ 규칙에 따라 수를 써넣을 때 빈칸에 알맞은 수가 더 큰(작은) 것의 기호 쓰기

1

2 – 4 – 2 – 4 – 2 – ㉠

6 – 1 – 6 – 1 – 6 – ㉡

➔ 빈칸에 알맞은 수가 더 큰 것: ☐

2

3 – 5 – 3 – 5 – 3 – ㉠

4 – 2 – 4 – 2 – 4 – ㉡

➔ 빈칸에 알맞은 수가 더 작은 것: ☐

3

42 – 40 – 38 – 36 – 34 – ㉠

51 – 47 – 43 – 39 – 35 – ㉡

➔ 빈칸에 알맞은 수가 더 큰 것: ☐

4

12 – 13 – 14 – 15 – 16 – ㉠

3 – 6 – 9 – 12 – 15 – ㉡

➔ 빈칸에 알맞은 수가 더 작은 것: ☐

5

10 – 20 – 30 – 40 – 50 – ㉠

67 – 66 – 65 – 64 – 63 – ㉡

➔ 빈칸에 알맞은 수가 더 큰 것: ☐

6

55 – 49 – 55 – 49 – 55 – ㉠

25 – 30 – 35 – 40 – 45 – ㉡

➔ 빈칸에 알맞은 수가 더 작은 것: ☐

단원 5

응용력 향상 집중 연습

▶ 정답과 해설 43쪽

규칙에 따라 시계에 알맞은 시각을 나타내기

1

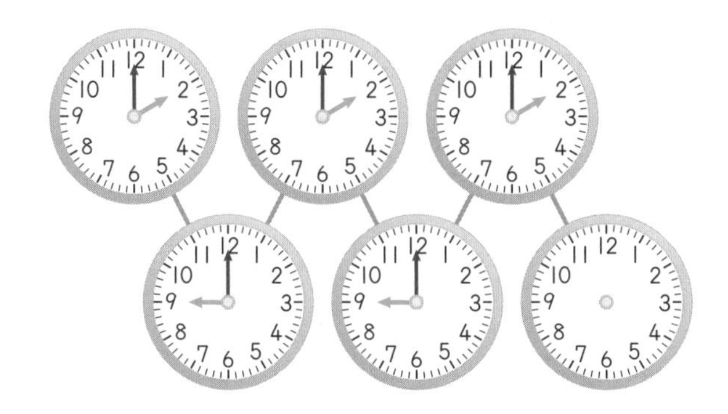

2

3

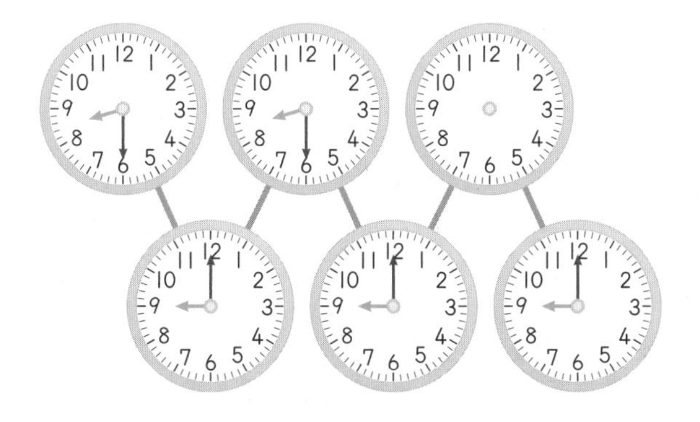

4

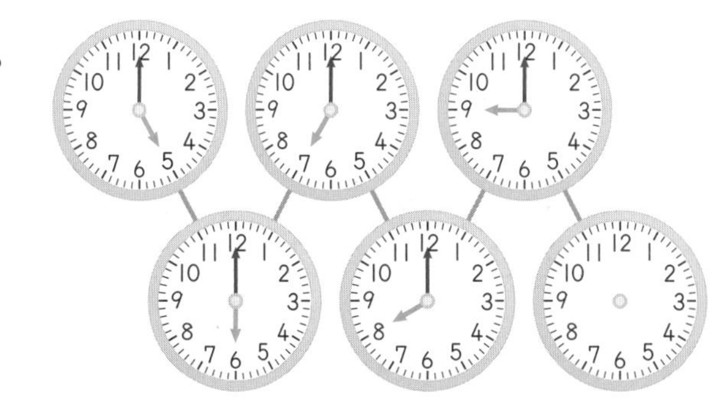

5

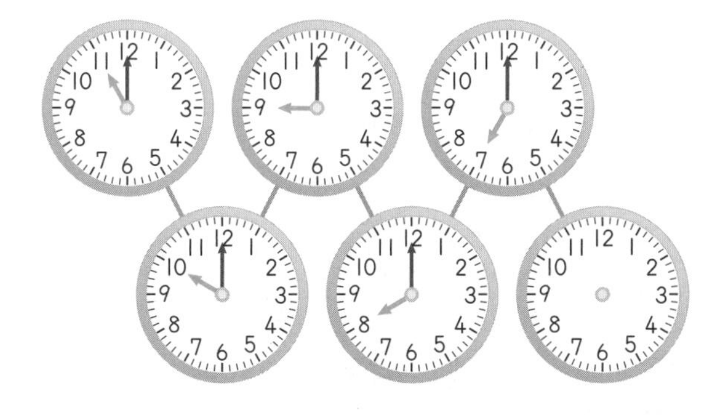

6

단원

5 창의·융합·코딩 학습

코딩 1 어떤 단추를 눌러야 하는지 알아봐!

다음과 같이 숫자 단추 를 누르면 규칙 에 따라 모양이 배열됩니다. 다음과 같이 배열되려면 어떤 숫자 단추를 눌러야 하는지 쓰세요.

규칙

- 1 : ▲ — ■ 모양이 반복됩니다.
- 2 : ▲ — ■ — ■ 모양이 반복됩니다.
- 3 : ■ — ▲ — ■ 모양이 반복됩니다.

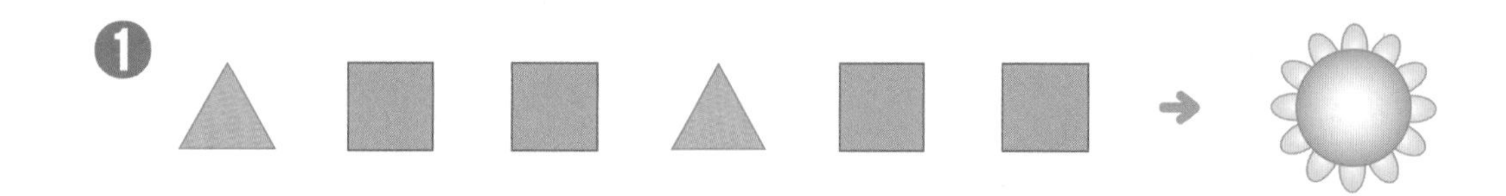

❶ ▲ ■ ■ ▲ ■ ■ →

❷ ■ ▲ ■ ■ ▲ ■ →

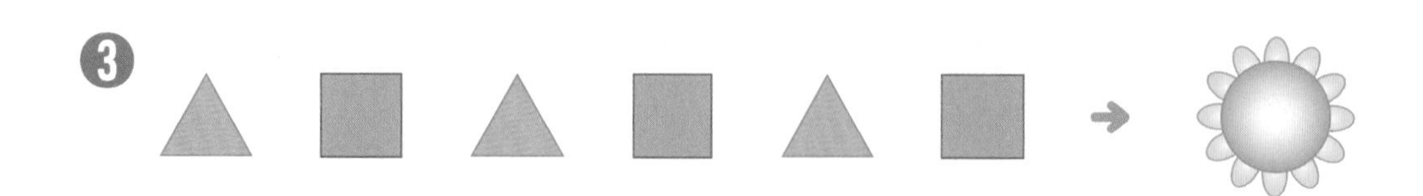

❸ ▲ ■ ▲ ■ ▲ ■ →

창의 2 도착점이 어디인지 알아봐!

보기 와 같이 출발점의 수부터 시작하여 주어진 규칙 으로 칸을 따라 갔을 때 도착점의 번호를 찾아 쓰세요.

보기

규칙 1부터 시작하여 2씩 커집니다.

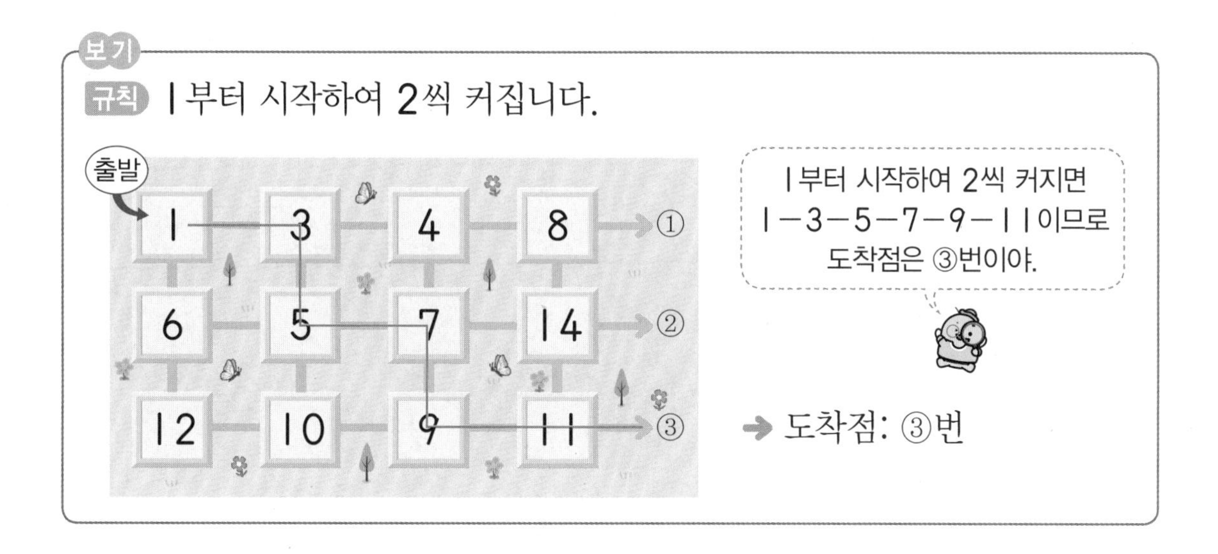

❶ 규칙 4부터 시작하여 3씩 커집니다.

➔ 도착점: ☐번

❷ 규칙 26부터 시작하여 2씩 작아집니다.

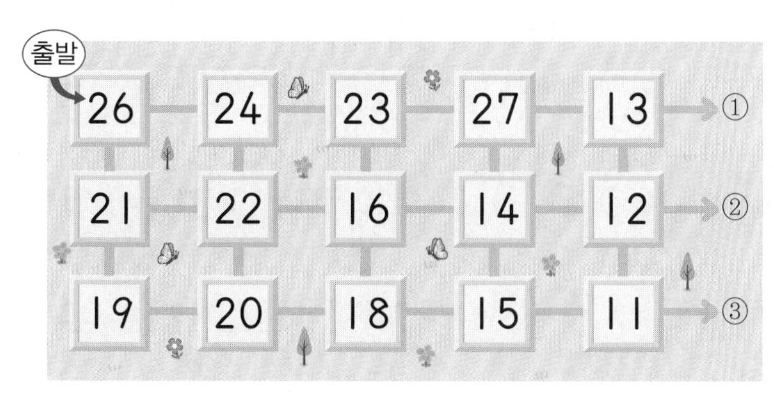

➔ 도착점: ☐번

단원 6

응용력 향상 집중 연습

▶ 정답과 해설 43쪽

◐ 위에 있는 두 수의 합을 아래에 있는 빈 곳에 써넣기

1

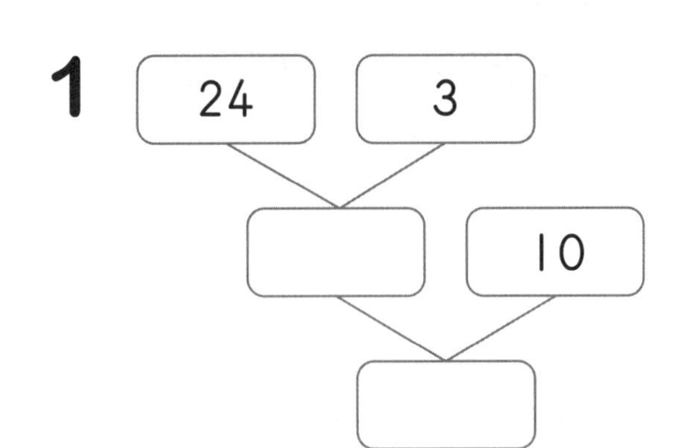

2

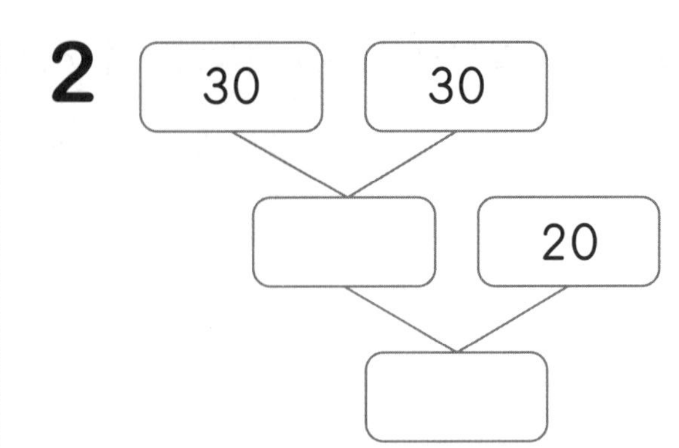

3

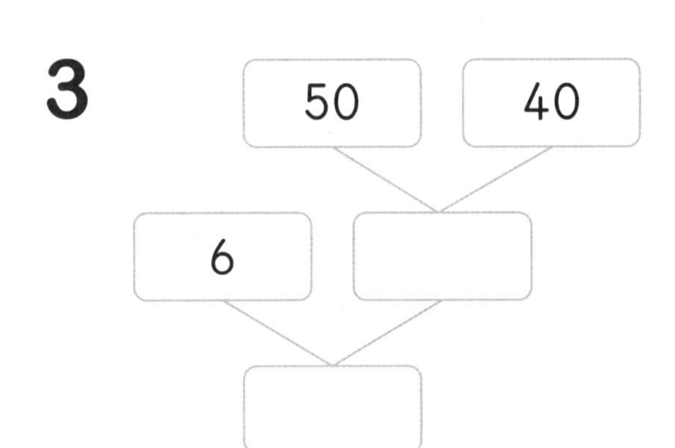

4

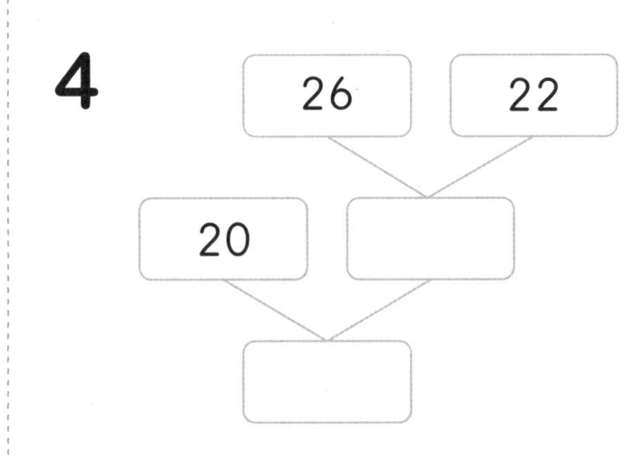

5

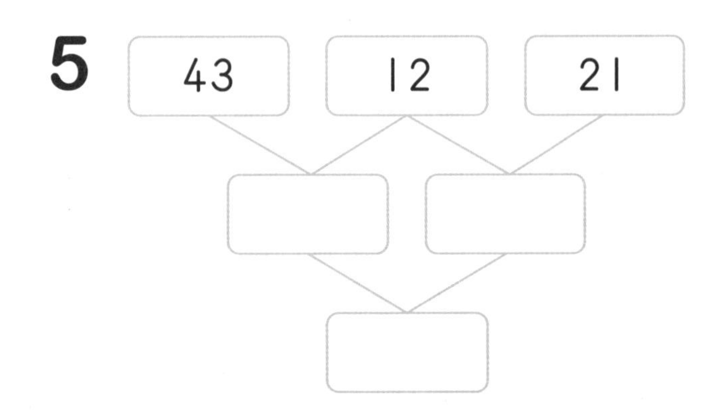

6

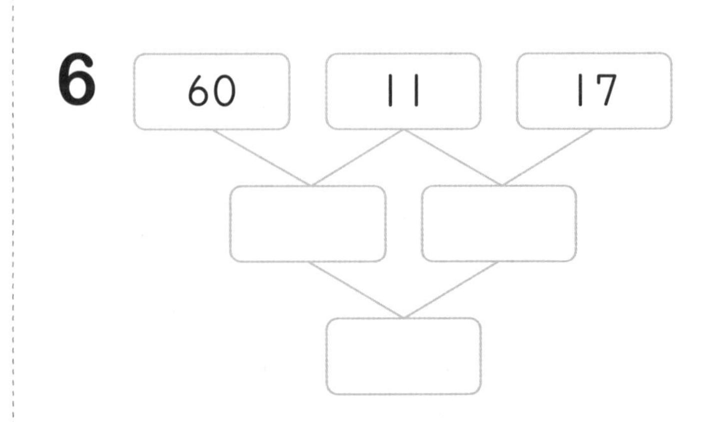

응용력 향상 집중 연습

▶ 정답과 해설 43쪽

계산 결과가 같은 식 만들기

1

30+5

14+□

2

45+32

12+□

3

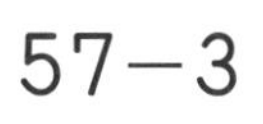

57−3

69−□

4

90−40

70−□

5

26+61

88−□

6

79−6

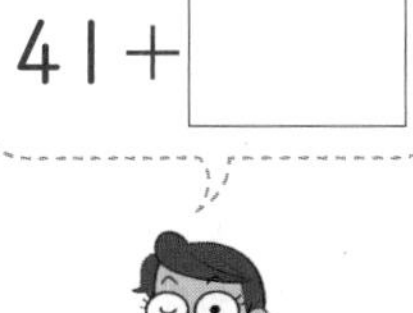

41+□

응용력 향상 집중 연습

▶ 정답과 해설 43쪽

계산 결과가 가장 큰(작은) 것을 찾아 기호 쓰기

1

㉠ 23+6
㉡ 10+17
㉢ 11+15

→ 계산 결과가 가장 큰 것: ☐

2

㉠ 47−6
㉡ 44−12
㉢ 51−21

→ 계산 결과가 가장 작은 것: ☐

3

㉠ 78−38
㉡ 56−11
㉢ 67−25

→ 계산 결과가 가장 큰 것: ☐

4

㉠ 32+34
㉡ 60+7
㉢ 52+13

→ 계산 결과가 가장 작은 것: ☐

5

㉠ 69−3
㉡ 32+37
㉢ 85−23

→ 계산 결과가 가장 큰 것: ☐

6

㉠ 45+41
㉡ 99−15
㉢ 63+26

→ 계산 결과가 가장 작은 것: ☐

단원 6

응용력 향상 집중 연습

▶ 정답과 해설 44쪽

수 카드 중 2장을 골라 합이 가장 큰(작은) 덧셈식 만들기

1 20 10 40 30

➜ 합이 가장 큰 덧셈식:

□ + □ = □

2 32 21 24 13

➜ 합이 가장 작은 덧셈식:

□ + □ = □

3 56 31 12 29

➜ 합이 가장 큰 덧셈식:

□ + □ = □

4 61 34 45 58

➜ 합이 가장 작은 덧셈식:

□ + □ = □

5 32 23 17 64

➜ 합이 가장 큰 덧셈식:

□ + □ = □

6 43 50 54 25

➜ 합이 가장 작은 덧셈식:

□ + □ = □

응용력 향상 집중 연습

▶ 정답과 해설 44쪽

◉ 규칙에 따라 ㉠과 ㉡에 들어갈 수의 합(차) 구하기

1

1	2	3	4
11	12	13	㉠
21	22	㉡	24

➔ ㉠+㉡= ☐

2

10	20	30	40
20	30	㉠	50
30	40	50	㉡

➔ ㉡−㉠= ☐

3

58	56	㉠	52
48	46	44	42
38	36	34	㉡

➔ ㉠+㉡= ☐

4

69	㉠	49	39
66	56	46	36
63	53	43	㉡

➔ ㉠−㉡= ☐

5

16	15	14	13
26	25	24	㉠
36	㉡	34	33

➔ ㉠+㉡= ☐

6

42	44	46	㉠
41	43	45	47
40	㉡	44	46

➔ ㉠−㉡= ☐

단원 6 응용력 향상 집중 연습

▶ 정답과 해설 44쪽

◐ 같은 모양은 같은 수를 나타낼 때 ▲에 알맞은 수 구하기

1

- 20+1=●
- ●+32=■
- ■+15=▲

→ ▲=

2

- 87−42=●
- ●−4=■
- ■−31=▲

→ ▲=

3

- 10+10=●
- ●+●=■
- ■+37=▲

→ ▲=

4

- 99−21=●
- ●−■=44
- ■−3=▲

→ ▲=

5

- 53+10=●
- ●+■=85
- ■−11=▲

→ ▲=

6

- 76−34=●
- ●−■=12
- ■+▲=66

→ ▲=

코딩 1 순서에 따라 수를 만들어 봐!

순서에 따라 수를 만드는 과정을 나타낸 것입니다. 보기 와 같이 순서에 따라 수를 만들었을 때 끝에 나오는 수를 구하세요.

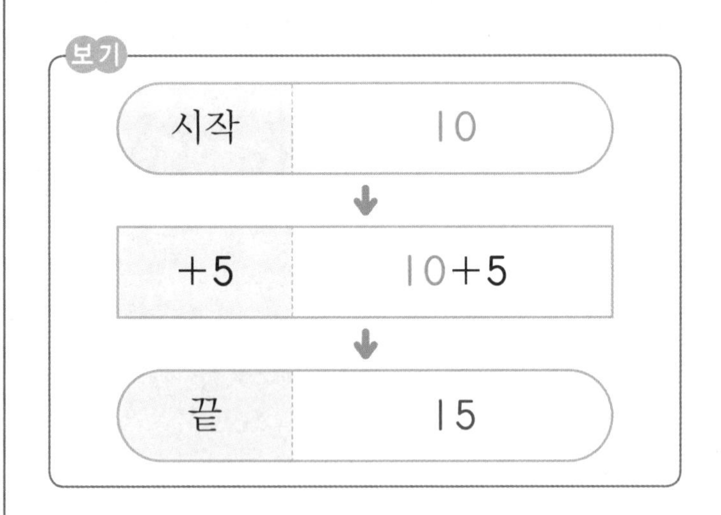

시작에 10을 넣으면
10+5=15가 되어
끝에 나오는 수는 15야!

❶
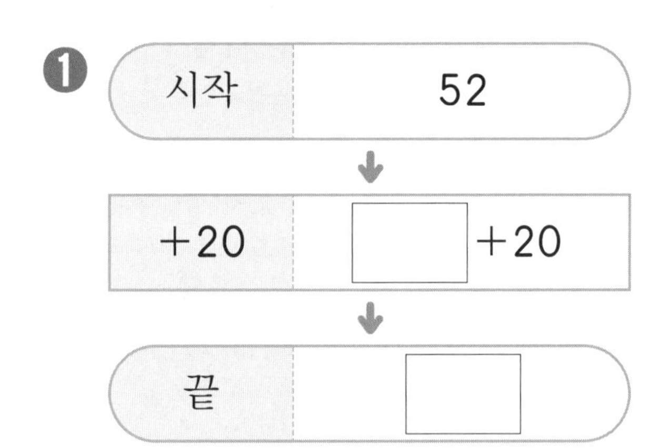

❷
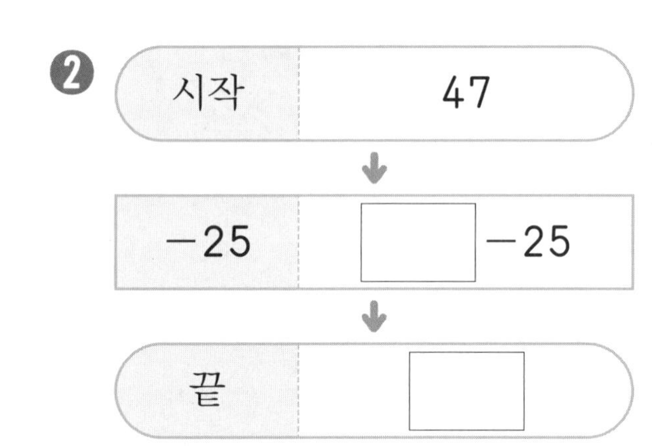

❸
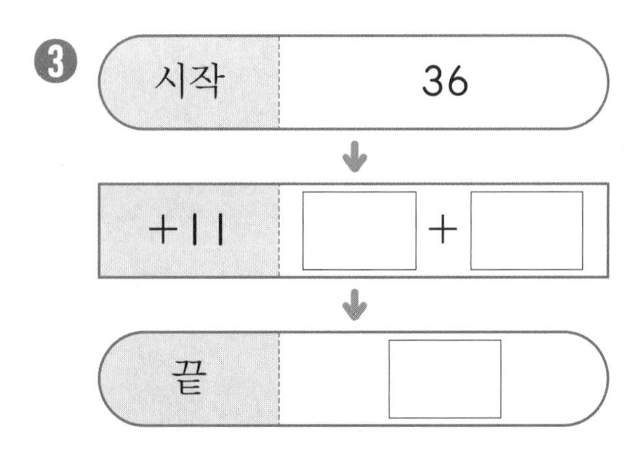

❹
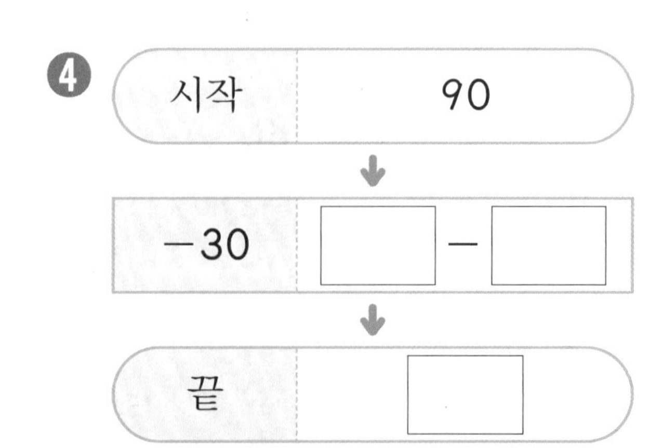

▶ 정답과 해설 44쪽

창의 2 바뀌어 나오는 수를 구해 봐!

보기 와 같이 규칙 에 따라 수가 바뀌어 나오는 상자가 있습니다. 물음에 답하세요.

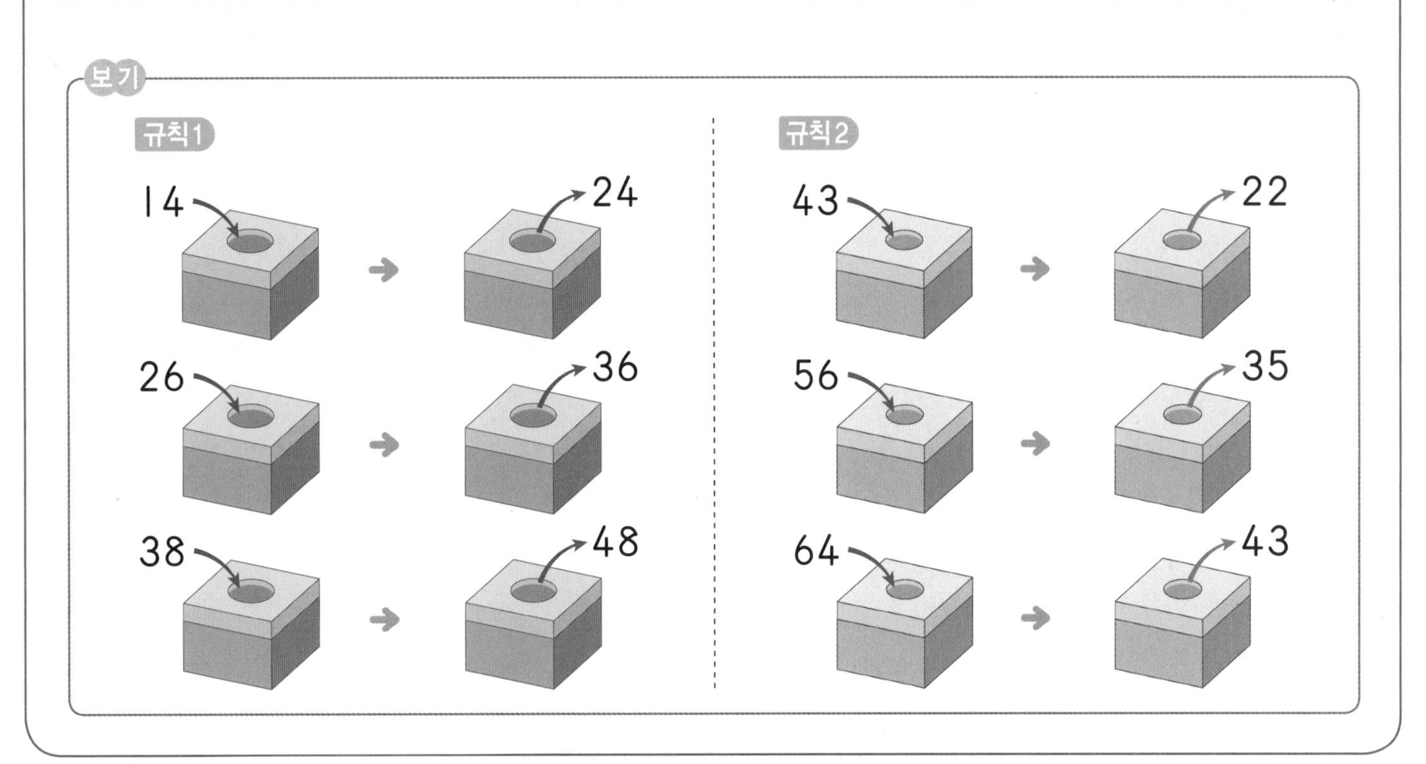

❶ 규칙1 에 따라 상자에 45를 넣으면 얼마가 나오는지 구하세요.

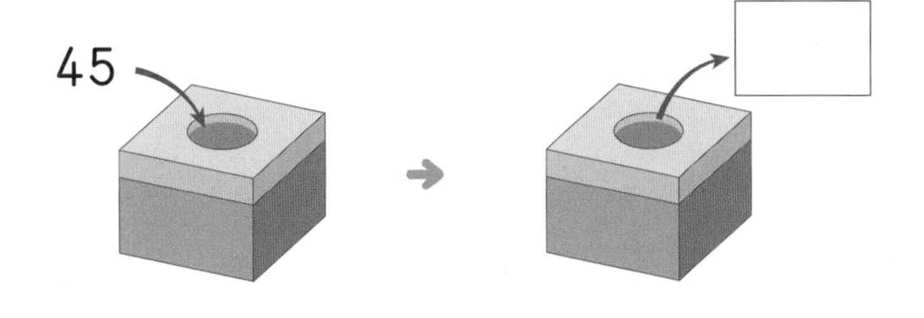

❷ 규칙2 에 따라 상자에 87을 넣으면 얼마가 나오는지 구하세요.

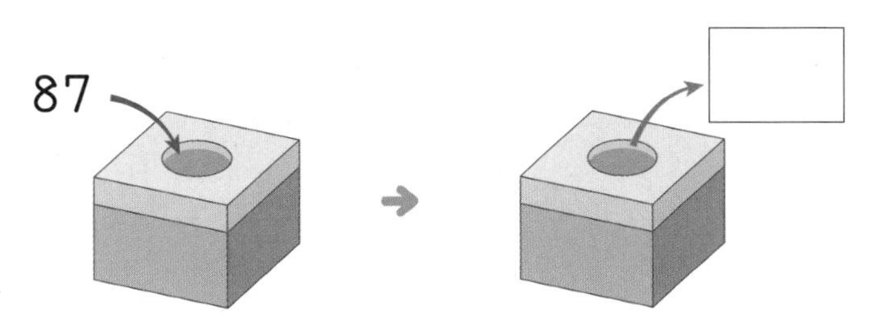

book.chunjae.co.kr

교재 내용 문의 ·························· 교재 홈페이지 ▸ 초등 ▸ 교재상담
교재 내용 외 문의 ······················ 교재 홈페이지 ▸ 고객센터 ▸ 1:1문의
발간 후 발견되는 오류 ··············· 교재 홈페이지 ▸ 초등 ▸ 학습지원 ▸ 학습자료실

※ **주의**
책 모서리에 다칠 수 있으니 주의하시기 바랍니다.
부주의로 인한 사고의 경우 책임지지 않습니다.
8세 미만의 어린이는 부모님의 관리가 필요합니다.
※ **KC 마크는 이 제품이 공통안전기준에 적합하였음을 의미합니다.**

차세대 리더

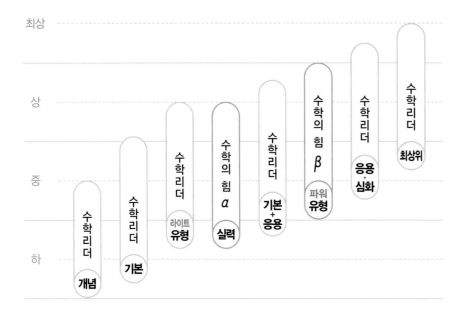

시험 대비교재

●올백 전과목 단원평가	1~6학년/학기별 (1학기는 2~6학년)
●HME 수학 학력평가	1~6학년/상·하반기용
●HME 국어 학력평가	1~6학년

논술·한자교재

●YES 논술	1~6학년/총 24권
●천재 NEW 한자능력검정시험 자격증 한번에 따기	8~5급(총 7권)/4급~3급(총 2권)

영어교재

●READ ME	
– Yellow 1~3	2~4학년(총 3권)
– Red 1~3	4~6학년(총 3권)
●Listening Pop	Level 1~3
●Grammar, ZAP!	
– 입문	1, 2단계
– 기본	1~4단계
– 심화	1~4단계
●Grammar Tab	총 2권
●Let's Go to the English World!	
– Conversation	1~5단계, 단계별 3권
– Phonics	총 4권

예비중 대비교재

●천재 신입생 시리즈	수학/영어
●천재 반편성 배치고사 기출 & 모의고사	

앞선 생각으로
더 큰 미래를 제시하는 기업

서책형 교과서에서 디지털 교과서,
참고서를 넘어 빅데이터와 AI학습에 이르기까지
끝없는 변화와 혁신으로
대한민국 교육을 선도해 나갑니다.

book.chunjae.co.kr

22개정 교육과정 반영

수학리더 유형

해법 전략

BOOK 3

1-2

BOOK 1

유형북

개념별 유형
+ 꼬리를 무는 유형
+ 수학 독해력 유형

리더가 되기 위한

공부 비법

BOOK 2

보충북

응용력 향상 집중 연습
+ 창의·융합·코딩 학습

천재교육

해법전략
포인트 3가지

- 혼자서도 이해할 수 있는 친절한 문제 풀이
- 참고, 주의, 중요, 전략 등 자세한 풀이 제시
- 다른 풀이를 제시하여 다양한 방법으로 문제 풀이 가능

정답과 해설

1. 100까지의 수

1 STEP 개념별 유형 6~10쪽

1 7 / 70 2 8 / 80
3 6 / 60 / 육십 / 예순
4 9, 0 / 90 / 구십 / 아흔
5 (선 잇기) 6 60개
7 건우
8 7상자 9 7, 6 / 76
10 8, 2 / 82

11 78 12 ①, ④
13 87 / 팔십칠 / 여든일곱
14 (위에서부터) 9 / 9 / 75
15 (○) ( ) ( )
16 68 56 (선 잇기) 17 97개
18 ○ 19 ×
20 칠십일 21 예순일곱
22 99 / 57

23 예 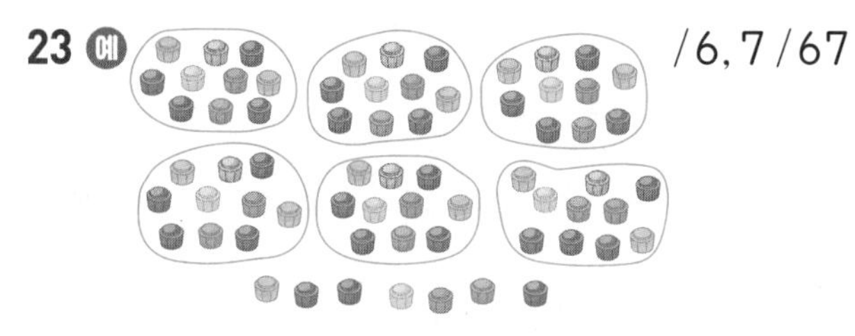 / 6, 7 / 67
24 ②, ③, ⑤ 25 은우

2 밤이 10개씩 묶음 8개이므로 80입니다.

3 토마토가 10개씩 묶음 6개, 낱개 0개이므로 60이고, 60은 육십 또는 예순이라고 읽습니다.

4 연결 모형이 10개씩 묶음 9개와 낱개 0개이므로 90이고, 90은 구십 또는 아흔이라고 읽습니다.

5 • 10개씩 묶음 7개는 70(칠십, 일흔)입니다.
• 10개씩 묶음 9개는 90(구십, 아흔)입니다.
• 10개씩 묶음 8개는 80(팔십, 여든)입니다.

6 의자는 10개씩 묶음 6개이므로 모두 60개입니다.

7 건우: 90은 아흔 또는 구십이라고 읽습니다.
일흔은 70이라고 씁니다.

8 70은 10개씩 묶음 7개이므로 사과를 70개 사려면 7상자를 사야 합니다.

9 달걀이 10개씩 묶음 7개와 낱개 6개이므로 76입니다.

10 색연필이 10자루씩 묶음 8개와 낱개 2자루이므로 82입니다.

12 ① 61은 육십일 또는 예순하나라고 읽습니다.
④ 82는 팔십이 또는 여든둘이라고 읽습니다.

13 연결 모형이 10개씩 묶음 8개와 낱개 7개이므로 87입니다. 87은 팔십칠 또는 여든일곱이라고 읽습니다.

14 • 69는 10개씩 묶음 6개와 낱개 9개입니다.
• 92는 10개씩 묶음 9개와 낱개 2개입니다.
• 10개씩 묶음 7개와 낱개 5개이면 75입니다.

15 전략
세 사람이 말한 것을 수로 나타낸 후 다른 수를 찾습니다.

• 육십삼을 수로 쓰면 63입니다.
• 10개씩 묶음 6개와 낱개 4개이면 64입니다.
• 예순넷을 수로 쓰면 64입니다.
➜ 나타내는 수가 다른 것은 육십삼입니다.

16 • 왼쪽: 구슬이 10개씩 묶음 6개와 낱개 8개이므로 68(예순여덟)입니다.
• 오른쪽: 구슬이 10개씩 묶음 5개와 낱개 6개이므로 56(쉰여섯)입니다.

17 비스킷은 10개씩 묶음 9개와 낱개 7개이므로 모두 97개입니다.

20 해법로 71은 주소이므로 칠십일이라고 읽습니다.

21 나이 67살은 예순일곱 살이라고 읽습니다.

23 10개씩 묶음 6개와 낱개 7개이므로 공깃돌은 모두 67개입니다.

24 10개씩 묶음 8개와 낱개 6개이므로 ② 86입니다.
86은 ③ 팔십육 또는 ⑤ 여든여섯이라고 읽습니다.

25 10개씩 묶음 9개와 낱개 5개이므로 95입니다.
땅콩은 모두 95개(아흔다섯 개)입니다.
따라서 바르게 말한 사람은 은우입니다.

❶~❹ 형성평가 11쪽

1 7, 0 / 70
2 9, 1 / 91
3
4 60
5 80
6 ㉠, ㉢
7 칠십칠

1 구슬이 10개씩 묶음 7개와 낱개 0개이므로 70입니다.

2 구슬이 10개씩 묶음 9개와 낱개 1개이므로 91입니다.

6 ㉠, ㉢ 98 ㉡ 78

7 해의 수(햇수) 77년은 칠십칠 년이라고 읽습니다.

1 STEP 개념별 유형 12~16쪽

1 58 / 60
2 67에 ○표
3 (1) 73 (2) 95
4 80, 81, 84, 85, 86
5 (위에서부터) 57 / 61, 62 / 67, 70
6

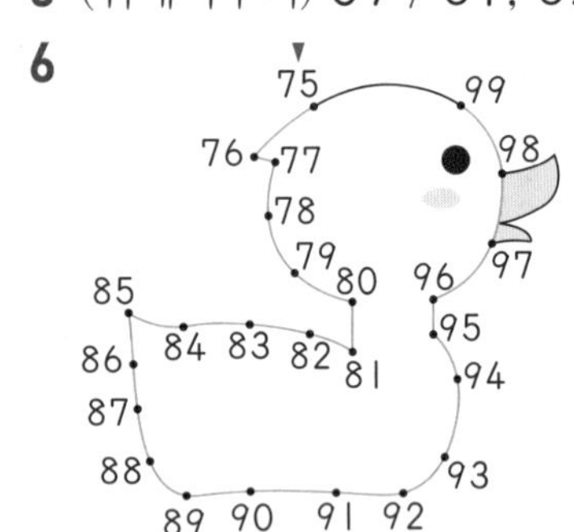

7 지호 / 예 90보다 1만큼 더 큰 수는 91이야.
8

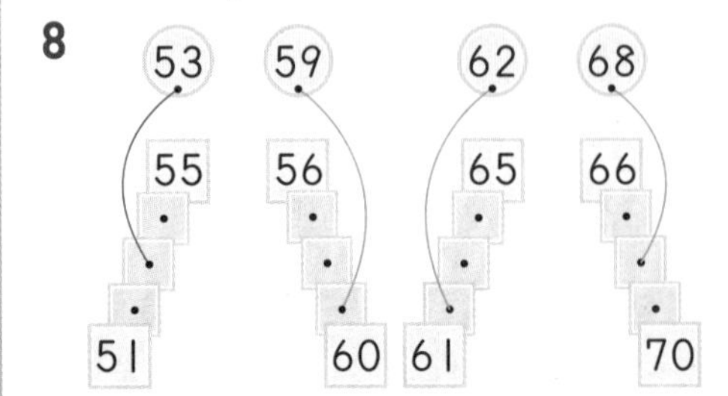

9 100 / 백
10 ㉢
11 100명

12 82에 ○표
13 > / 큽니다에 ○표 / 작습니다에 ○표
14 77에 색칠
15 ( )
(△)
( )
16 윤아
17 (왼쪽부터) 67 / 86<92
18 <
19 (1) < (2) >
20 55 < 57
21 69, 80에 ○표
22 김치만두
23

24 예 / 짝수에 ○표
25 예

/ 홀수에 ○표
26 짝수에 ○표 / 홀수에 ○표
27 8, 짝수에 ○표 / 11, 홀수에 ○표
28 ( )
( )
(○)

1 59보다 1만큼 더 작은 수는 바로 앞의 수인 58이고, 59보다 1만큼 더 큰 수는 바로 뒤의 수인 60입니다.

2 68보다 1만큼 더 작은 수는 바로 앞의 수인 67입니다.

3 (1) 72보다 1만큼 더 큰 수는 바로 뒤의 수인 73입니다.
(2) 96보다 1만큼 더 작은 수는 바로 앞의 수인 95입니다.

4 79보다 1만큼 더 큰 수는 80이고, 87보다 1만큼 더 작은 수는 86입니다. 좌석의 번호를 80부터 86까지 왼쪽부터 오른쪽으로 순서대로 씁니다.

5 53부터 70까지의 수를 순서대로 씁니다.

6 75부터 시작하여 99까지의 수를 순서대로 이어 봅니다.

7 평가 기준
잘못 말한 사람을 찾고 바르게 고쳤으면 정답으로 합니다.

다른 답
90보다 1만큼 더 작은 수는 89야.
88보다 1만큼 더 큰 수는 89야.

8 전략
수의 순서를 생각하여 59, 62, 68의 순서에 맞는 점을 찾아 이어 봅니다.

53은 51에서 두 번째 뒤의 수이고, 59는 60의 바로 앞의 수입니다. 62는 61의 바로 뒤의 수이고, 68은 70에서 두 번째 앞의 수입니다.

9 99보다 1만큼 더 큰 수를 100(백)이라고 합니다.

10 ㉠, ㉡은 100을, ㉢은 98을 나타냅니다.

11 99보다 1만큼 더 큰 수는 100입니다.
따라서 윤아네 학교 여학생은 100명이 되었습니다.

12 10개씩 묶음의 수가 클수록 큰 수이므로 더 큰 수는 82입니다.

13 10개씩 묶음의 수가 클수록 큰 수이므로 97>84입니다.

15 91 > 85
9>8

16 60>55이므로 자두를 더 많이 딴 사람은 윤아입니다.

17 • 70보다 작은 수는 67과 51입니다. ➔ 51<67
• 70보다 큰 수는 86과 92입니다. ➔ 86<92

18 수직선에서 오른쪽에 있는 수가 더 큰 수입니다.

19 (1) 75 < 76
5<6
(2) 97 > 94
7>4

20 왼쪽: 10개씩 묶음 5개와 낱개 5개이므로 55입니다.
오른쪽: 10개씩 묶음 5개와 낱개 7개이므로 57입니다.
➔ 55<57

21 • 10개씩 묶음의 수를 비교하면 59는 67보다 작고, 80은 67보다 큽니다.
• 67, 69, 61의 낱개의 수를 비교하면 69는 67보다 크고, 61은 67보다 작습니다.

22 59>51이므로 더 적게 판 것은 김치만두입니다.

23 10개씩 묶음의 수가 모두 같으므로 낱개의 수를 비교하면 가장 작은 수는 62입니다.

24 6은 둘씩 짝을 지을 때 남는 것이 없는 수이므로 짝수입니다.

25 13은 둘씩 짝을 지을 때 하나가 남는 수이므로 홀수입니다.

26 수박의 수는 16이고 둘씩 짝을 지을 때 남는 것이 없으므로 짝수입니다.
상자의 수는 17이고 둘씩 짝을 지을 때 하나가 남으므로 홀수입니다.

27 양은 8마리이고 8은 짝수입니다.
닭은 11마리이고 11은 홀수입니다.

28 • 20, 14는 짝수, 5는 홀수입니다.
• 19, 7, 15는 모두 홀수입니다.
• 4, 18, 10은 모두 짝수입니다.

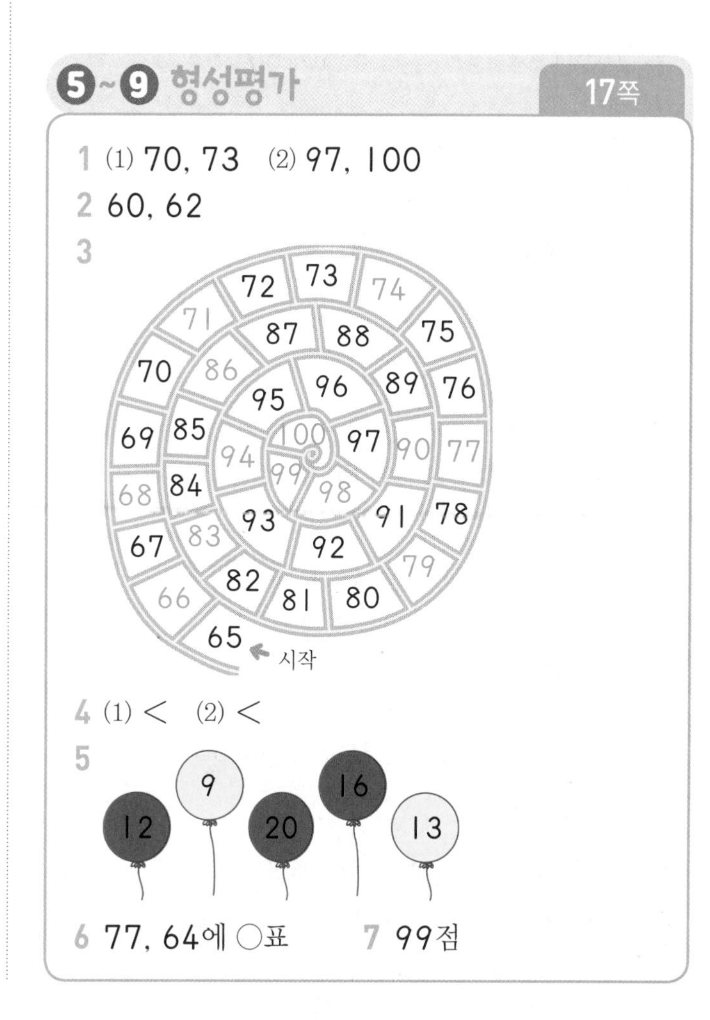

5~9 형성평가
17쪽
1 (1) 70, 73 (2) 97, 100
2 60, 62
3
시작
4 (1) < (2) <
5
6 77, 64에 ○표
7 99점

2 61보다 1만큼 더 작은 수는 바로 앞의 수인 60이고, 1만큼 더 큰 수는 바로 뒤의 수인 62입니다.

3 65부터 100까지의 수를 순서대로 씁니다.

4 (1) 66 < 75 (6<7) (2) 90 < 93 (0<3)

5 • 짝수: 12, 20, 16 • 홀수: 9, 13

6 85보다 작은 수는 77, 64입니다.

7 100보다 1만큼 더 작은 수는 99이므로 현서의 점수는 99점입니다.

2 STEP 꼬리를 무는 유형 18~21쪽

1 90, 89
2 (위에서부터) 78, 75, 72, 71, 69
3

4 74에 ○표 5 80, 69, 64
6 경수
7 할아버지, 할머니, 아버지
8 태겸 9 다현
10 79, 80, 81 11 4개
12 64, 65, 66 13 2명

14 31, 33, 35, 37, 39
15 56, 58, 60, 62, 64, 66
16 5개 17 87
18 70 19 ㉢
20 8, 9 21 0, 1, 2, 3
22 6 23 65개
24 90개 25 72개

1 91부터 순서를 거꾸로 하여 수를 쓰면 91−90−89−88입니다.

2 79부터 순서를 거꾸로 하여 수를 쓰면 79−78−77−76−75−74−73−72−71−70−69−68입니다.

3 63부터 순서를 거꾸로 하여 7장의 수 카드를 놓으면 63−62−61−60−59−58−57이므로 58이 쓰여 있는 수 카드는 오른쪽에서 두 번째 자리에 놓아야 합니다.

4 74>71이므로 더 큰 수는 74입니다.

5 세 수의 10개씩 묶음의 수의 크기를 비교하면 8>6이므로 80이 가장 큰 수이고, 64와 69의 낱개의 수를 비교하면 4<9이므로 64가 가장 작은 수입니다.
→ 80>69>64

6 전략
점수가 더 높은 사람을 찾으려면 점수 중에서 더 큰 수를 찾아야 합니다.

80<85 → 수학 점수가 더 높은 사람은 경수입니다.

7 전략
나이가 많을수록 더 먼저 태어난 것입니다.

72>68>47이므로 먼저 태어난 사람부터 순서대로 쓰면 할아버지, 할머니, 아버지입니다.

8 태겸: 지우개는 일흔다섯 개입니다.
지윤: 지우개 75개는 10개씩 묶음 7개와 낱개 5개입니다.
다현: 지우개의 수는 75이므로 홀수입니다.

9 윤아: 긴 초가 6개, 짧은 초가 2개입니다.
지윤: 10살짜리 초 6개와 1살짜리 초 2개이므로 62살(예순두 살)입니다.
다현: 62번째(예순두 번째) 생신입니다.

10 78과 82 사이에 있는 수는 79, 80, 81입니다.
주의
78과 82 사이에 있는 수에 78, 82는 포함되지 않습니다.

11 59와 64 사이에 있는 수는 60, 61, 62, 63으로 모두 4개입니다.

12 63보다 크고 67보다 작은 수는 64부터 66까지의 수입니다. → 64, 65, 66

13 87과 90 사이에 있는 수는 88, 89이므로 준석이와 영미 사이에 번호표를 뽑은 사람은 모두 2명입니다.

14 30부터 40까지의 수 중 낱개의 수가 1, 3, 5, 7, 9인 수를 모두 찾습니다. ➜ 31, 33, 35, 37, 39

15 55부터 67까지의 수 중 낱개의 수가 0, 2, 4, 6, 8인 수를 모두 찾습니다. ➜ 56, 58, 60, 62, 64, 66

16 주어진 수가 홀수이므로 낱개의 수는 1, 3, 5, 7, 9가 될 수 있습니다. 따라서 □ 안에 들어갈 수 있는 수는 모두 5개입니다.

17 88보다 1만큼 더 작은 수가 □이므로 □=87입니다.

18 69보다 1만큼 더 큰 수가 □이므로 □=70입니다.

19 ㉠ □는 95보다 1만큼 더 작은 수이므로 94입니다.
㉡ □는 92보다 1만큼 더 큰 수이므로 93입니다.
㉢ □는 94보다 1만큼 더 큰 수이므로 95입니다.
➜ $93<94<95$이므로 가장 큰 것은 ㉢입니다.

20 10개씩 묶음의 수가 같으므로 낱개의 수를 비교하면 $7<$□입니다.
➜ □ 안에는 7보다 큰 수인 8, 9가 들어갈 수 있습니다.

21 10개씩 묶음의 수가 같으므로 낱개의 수를 비교하면 □<4입니다.
➜ □ 안에는 4보다 작은 수인 0, 1, 2, 3이 들어갈 수 있습니다.

22 낱개의 수를 비교하면 $9>2$이므로 10개씩 묶음의 수 □는 7보다 작아야 합니다.
➜ □ 안에는 6, 5, 4, 3, 2, 1이 들어갈 수 있으므로 가장 큰 수는 6입니다.

참고
7̲9>72, 8̲9>72, 9̲9>72이므로 □ 안에는 7 또는 7보다 큰 수인 8, 9는 들어갈 수 없습니다.

23 낱개 15개는 10개씩 묶음 1개, 낱개 5개와 같습니다. 꿀떡은 10개씩 묶음 $5+1=6$(개), 낱개 5개와 같으므로 모두 65개입니다.

24 낱개 20개는 10개씩 2상자와 같습니다. 딴 배는 10개씩 $7+2=9$(상자)와 같으므로 모두 90개입니다.

25 남은 딸기 12개는 10개씩 1접시, 낱개 2개와 같습니다. 사 온 딸기는 10개씩 $6+1=7$(접시), 낱개 2개와 같으므로 모두 72개입니다.

3 STEP 수학 독해력 유형 22~25쪽

독해력 1 ❶ 큰에 ○표 ❷ $59<62<68$
❸ 학원
답 학원

쌍둥이 1-1 답 편의점

독해력 2 ❶ 5, 2 ❷ 52
답 52개

쌍둥이 2-1 답 76마리

쌍둥이 2-2 답 65개

독해력 3 ❶ $8>5>3$
❷ 8에 ○표 / 5에 ○표 / 85
답 85

쌍둥이 3-1 답 98

쌍둥이 3-2 답 67

독해력 4 ❶ 89 ❷ 80, 81, 82
❸ 81 / 81
답 81

쌍둥이 4-1 답 2개

쌍둥이 1-1 ❶ 가장 가까운 곳을 찾으려면 걸음 수 중 가장 작은 수를 찾아야 합니다.
❷ 걸음 수의 크기 비교하기: $70<83<87$
❸ 다윤이네 집에서 가장 가까운 곳: 편의점

쌍둥이 2-1 ❶ 남은 열대어 나타내기:
10마리씩 묶음 $9-2=7$(개)와 낱개 6마리
❷ 남은 열대어의 수: 76마리

쌍둥이 2-2 ❶ 지금 있는 즉석밥 나타내기:
10개씩 묶음 $1+5=6$(상자)와 낱개 5개
❷ 지금 있는 즉석밥의 수: 65개

쌍둥이 3-1 ❶ 수 카드의 수의 크기 비교하기:
$9>8>4>1$
❷ 가장 큰 몇십몇을 만들려면 10개씩 묶음의 수에 9를 놓고, 낱개의 수에 8을 놓아야 합니다.
➜ 만들 수 있는 가장 큰 수: 98

쌍둥이 3-2 ❶ 수 카드의 수의 크기 비교하기:
$6<7<8<9$
❷ 가장 작은 몇십몇을 만들려면 10개씩 묶음의 수에 6을 놓고, 낱개의 수에 7을 놓아야 합니다.
➜ 만들 수 있는 가장 작은 수: 67

쌍둥이 4-1 ❶ 10개씩 묶음의 수가 6인 수:
60부터 69까지의 수
❷ 위 ❶에서 구한 수 중 65보다 큰 수:
66, 67, 68, 69
❸ 위 ❷에서 구한 수 중 짝수: 66, 68
➜ 조건을 모두 만족하는 수는 66, 68로 2개입니다.

유형 TEST 26~29쪽

1 70
2 6, 2 / 62
3 100, 백
4 ○
5 짝수에 ○표
6 > / 큽니다 / 작습니다
7 82, 84
8 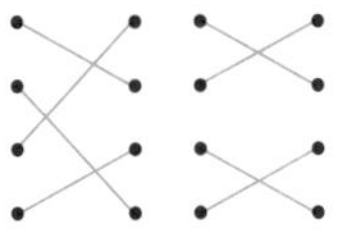
9 

10 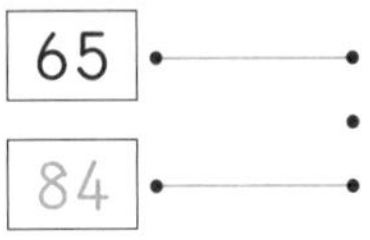

11 예 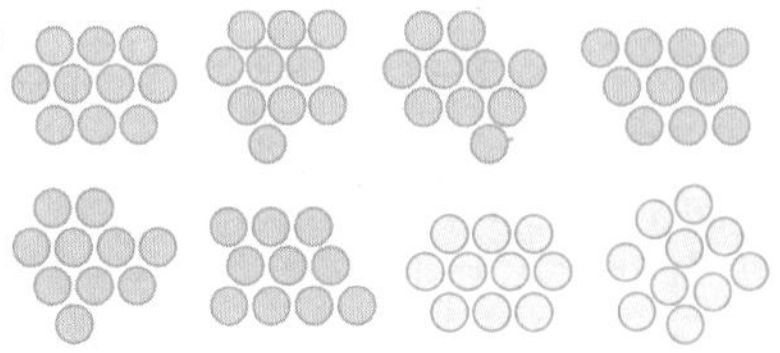
12 ㉡

13 ③, ④
14 (위에서부터) 9, 8, 96
15 홀수
16 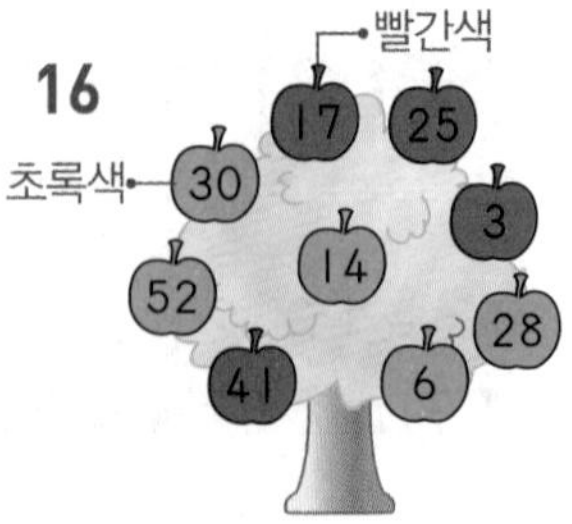

17 73, 74, 75, 76
18 성연
19 오십사 / 백
20 (왼쪽부터) $63<79$ / $88<91$
21 79
22 지호
23 0, 1, 2, 3, 4
24 70
25 예 ❶ 낱개 13개는 10개씩 묶음 1개, 낱개 3개와 같습니다.
❷ 만든 송편은 10개씩 묶음 $5+1=6$(개), 낱개 3개와 같으므로 모두 63개입니다. 답 63개

2 감이 10개씩 묶음 6개와 낱개 2개이므로 62입니다.

4 버스 번호는 팔십팔 번이라고 읽습니다.

5 둘씩 짝을 지으면 남는 것이 없으므로 12는 짝수입니다.

7 • 83보다 1만큼 더 작은 수는 83의 바로 앞의 수이므로 82입니다.
• 83보다 1만큼 더 큰 수는 83의 바로 뒤의 수이므로 84입니다.

9 61부터 시작하여 79까지의 수를 순서대로 이어 봅니다.

10 • 위쪽: 65는 육십오 또는 예순다섯이라고 읽습니다.
• 아래쪽: 10개씩 묶음 8개와 낱개 4개는 84이고, 84는 팔십사 또는 여든넷이라고 읽습니다.

11 80은 10개씩 묶음이 8개입니다.
주어진 그림은 10개씩 묶음이 6개이므로 10개씩 묶음 2개를 더 그립니다.

12 ㉡ 79는 칠십구 또는 일흔아홉이라고 읽습니다.
주의
79를 '칠십아홉' 또는 '일흔구'라고 읽지 않도록 합니다.

13 10개씩 묶음 6개와 낱개 5개이므로 ③ 65입니다.
65는 육십오 또는 ④ 예순다섯이라고 읽습니다.

14 • 79는 10개씩 묶음 7개와 낱개 9개입니다.
• 81은 10개씩 묶음 8개와 낱개 1개입니다.
• 10개씩 묶음 9개와 낱개 6개이면 96입니다.

15 전학을 오기 전에는 학생 22명을 둘씩 짝을 지으면 남는 학생이 없으므로 짝수이고, 1명이 전학을 온 후의 학생 수는 홀수가 됩니다.

16 낱개의 수가 0, 2, 4, 6, 8이면 짝수이고, 낱개의 수가 1, 3, 5, 7, 9이면 홀수입니다.

17 72보다 크고 77보다 작은 수는 73부터 76까지의 수입니다.
➔ 73, 74, 75, 76

18 $75<90$이므로 국어 점수가 더 낮은 사람은 성연입니다.

19 54일은 오십사 일이라고 읽고, 사람 수 100명은 백 명이라고 읽습니다.

20 • 80보다 작은 수는 79와 63입니다. ➔ $63<79$
• 80보다 큰 수는 91과 88입니다. ➔ $88<91$

21 전략
어떤 수 ← 1만큼 더 큰 수 / 1만큼 더 작은 수 → 80

80보다 1만큼 더 작은 수가 어떤 수입니다.
따라서 어떤 수는 79입니다.

22 여든한 번 ➔ 81번, 일흔여덟 번 ➔ 78번
87, 81, 78 중 가장 큰 수는 87이므로 줄넘기를 가장 많이 넘은 사람은 지호입니다.

23 10개씩 묶음의 수가 같으므로 낱개의 수를 비교하면 $5>\square$입니다.
➔ □ 안에는 5보다 작은 수가 들어갈 수 있으므로 모두 구하면 0, 1, 2, 3, 4입니다.

24 • 10개씩 묶음의 수가 7인 수: 70부터 79까지의 수
• 70부터 79까지의 수 중 72보다 작은 수: 70, 71
• 70, 71 중 짝수: 70
➔ 조건을 모두 만족하는 수는 70입니다.

25 채점 기준

❶ 낱개 13개를 10개씩 묶음의 수와 낱개의 수로 나타냄.	2점	4점
❷ 만든 송편은 모두 몇 개인지 구함.	2점	

2. 덧셈과 뺄셈(1)

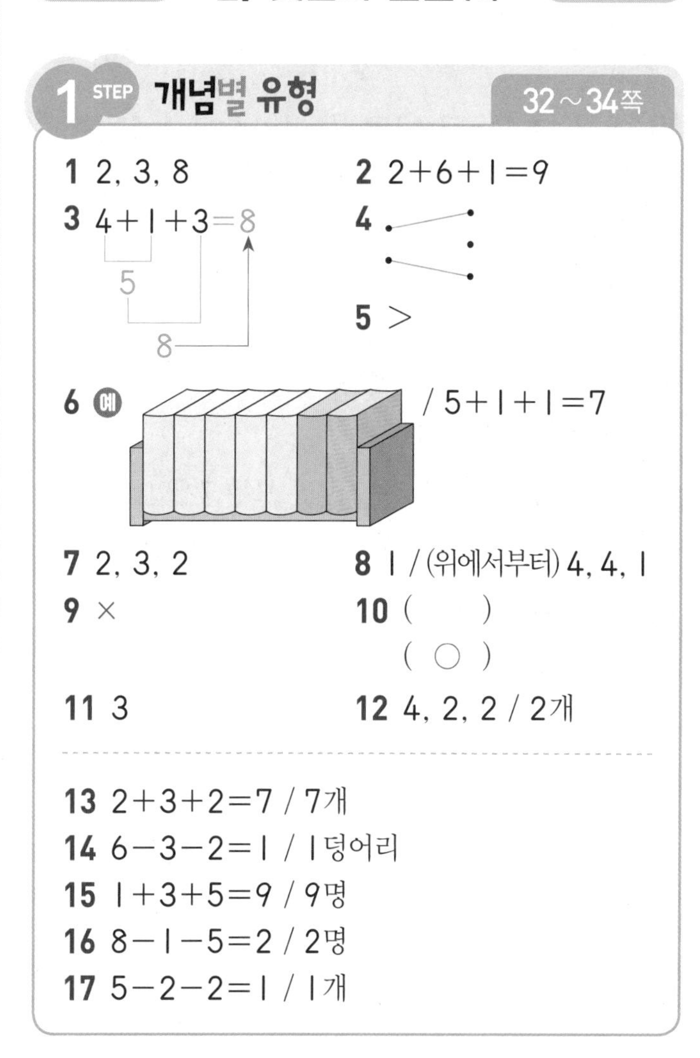

1 STEP 개념별 유형 32~34쪽

1 2, 3, 8
2 2+6+1=9
3 4+1+3=8 (5, 8)
4
5 >
6 예 / 5+1+1=7
7 2, 3, 2
8 1 / (위에서부터) 4, 4, 1
9 ×
10 ( ) (○)
11 3
12 4, 2, 2 / 2개

13 2+3+2=7 / 7개
14 6−3−2=1 / 1덩어리
15 1+3+5=9 / 9명
16 8−1−5=2 / 2명
17 5−2−2=1 / 1개

1 딸기우유 3개, 흰 우유 2개, 초코우유 3개이므로 우유는 모두 8개입니다. ➔ 3+2+3=8
참고
식을 세울 때 더하는 수의 순서를 바꾸어 써도 정답입니다.

4 • 1+2=3, 3+2=5 ➔ 1+2+2=5
• 2+4=6, 6+3=9 ➔ 2+4+3=9

5 3+3=6, 6+3=9
➔ 3+3+3=9이므로 $9>8$입니다.

6 색칠한 세 가지 색깔의 책의 수를 더하여 합이 7이 되는 덧셈식을 만듭니다.

7 바둑돌 7개 중에서 2개와 3개를 덜어 내면 2개가 남습니다. ➔ 7−2−3=2
참고
식을 세울 때 빼는 수의 순서를 바꾸어 써도 정답입니다.

9 바르게 계산하기: $9-4-3=2$ (5, 2)

10 $7-3=4$, $4-3=1$ → $7-3-3=1$
$9-1=8$, $8-5=3$ → $9-1-5=3$

11 □$=8-3-2=5-2=3$

12 (남는 자두의 수)
=(전체 자두의 수)−(내가 먹는 자두의 수)
−(윤지에게 주는 자두의 수)
$=8-4-2=2$(개)

13 $2+3+2=7$이므로 솜사탕은 모두 7개입니다.

14 $6-3-2=1$이므로 남은 찰흙은 1덩어리입니다.

15 $1+3+5=9$이므로 모두 9명입니다.

16 $8-1-5=2$이므로 남아 있는 사람은 2명입니다.

17 $5-2-2=1$이므로 형이 먹은 어묵은 1개입니다.

❶~❸ 형성평가 35쪽

1 1, 3
2 8
3 ( )(×)
4 1
5 (선 잇기)
6 $3+2+1=6$ / 6명
7 예

3 • $1+3=4$, $4+3=7$ → $1+3+3=7$
• $4+3=7$, $7+2=9$ → $4+3+2=9$
따라서 잘못 계산한 것은 오른쪽 식입니다.

4 $3<5<9$이므로 가장 큰 수는 9입니다.
→ $9-3=6$, $6-5=1$이므로 $9-3-5=1$입니다.

5 • $4-1=3$, $3-1=2$ → $4-1-1=2$
• $6-2=4$, $4-1=3$ → $6-2-1=3$
• $8-3=5$, $5-4=1$ → $8-3-4=1$

6 $3+2+1=6$이므로 지금 버스에 타고 있는 사람은 모두 6명입니다.

7 $7-2=5$, $5-2=3$ → $7-2-2=3$이므로 지금 듣고 있는 음악 소리의 크기는 3칸입니다.

1 STEP 개념별 유형 36~40쪽

1 3, 10 / $5+5=10$
2 10, 10 / 예 10으로 같습니다.
3 (선 잇기)
4 $9+1=10$ / 10문제
5 예 / 파란, 6 / 보라, 4 / 6, 4
6 / 6
7 (○)( )
8 ㉡
9 3, 7 / 2, 8
10 6, 4

11 7, 3
12 예 / 4 / 4, 6
13 ( )( )(○)
14 $10-8=2$ / 2개
15 예 / 3
16 (위에서부터) 4, 나 / 6, 라
17 10, 14 / 14
18 (1) 12 (2) 17
19 (선 잇기)
20 9 1 5 / 15
21 18
22 하린, 17

23 (계산 순서대로) 10, 15 / 15
24 $9+(2+8)=$ 19
25 ○
26 17
27 예 / 4, 6
28 >

2 평가 기준

각각 덧셈을 하고 '같습니다'라는 말을 썼으면 정답으로 합니다.

4 (어제 푼 수학 문제의 수)+(오늘 푼 수학 문제의 수)
$=9+1=10$(문제)

5 1칸과 9칸, 2칸과 8칸, 3칸과 7칸, 4칸과 6칸, 5칸과 5칸으로 나누어 두 가지 색으로 색칠하고, 더해서 10이 되는 덧셈식을 만듭니다.

6 10이 되려면 ●을 6개 더 그려야 합니다.
➔ $4+\boxed{6}=10$

7 • 5와 더해서 10이 되는 수는 5입니다. ➔ $\square=5$
• 1과 더해서 10이 되는 수는 9입니다. ➔ $\square=9$

8 ㉠ 3과 더해서 10이 되는 수는 7입니다. ➔ $\square=7$
㉡ 2와 더해서 10이 되는 수는 8입니다. ➔ $\square=8$

10 파란색 연결 모형이 10개, 빨간색 연결 모형이 6개입니다. 파란색 연결 모형은 빨간색 연결 모형보다 $10-6=4$(개) 더 많습니다.

11 전체 손가락의 수에서 접은 손가락의 수를 빼면 펼친 손가락의 수가 됩니다. ➔ $10-7=3$

13 • $10-5=5$ • $10-1=9$ • $10-9=1$
➔ 두 수의 차가 1인 것은 10과 9입니다.

14 (넘어지지 않은 컵의 수)
=(전체 컵의 수)−(넘어뜨린 컵의 수)
$=10-8=2$(개)

15 붕어빵 10개 중 7개가 남으려면 3개를 /으로 지워야 합니다. ➔ $10-\boxed{3}=7$

16 • 10에서 빼서 6이 되는 수는 4입니다.
➔ $\square=4$이므로 글자 '나'를 씁니다.
• 10에서 빼서 4가 되는 수는 6입니다.
➔ $\square=6$이므로 글자 '라'를 씁니다.

18 (1) $4+6+2=10+2=12$
(2) $1+9+7=10+7=17$

19 • $5+5+7=10+7$ • $3+7+6=10+6$

20 9와 1을 더하면 10이 되므로 9와 1을 묶습니다.
➔ $9+1+5=10+5=15$

21 $\square=6+4+8=10+8=18$

22 하린: $8+2+7=10+7=17$
시후: $5+5+6=10+6=16$

24 2와 8을 더하면 10이 되므로 2와 8을 묶습니다.
➔ $9+2+8=9+10=19$

25 양 끝의 두 수 5와 5를 먼저 더하면 10이 되고, 10에 남은 수 6을 더하면 16이 됩니다.

26 $7+8+2=7+10=17$

27 빈 꼬치에 합이 10이 되도록 ◯를 그리고, □ 안에 각각의 꼬치에 그린 ◯의 수를 써넣습니다.

28 • $3+1+9=3+10=13$
• $1+7+3=1+10=11$
➔ $13>11$

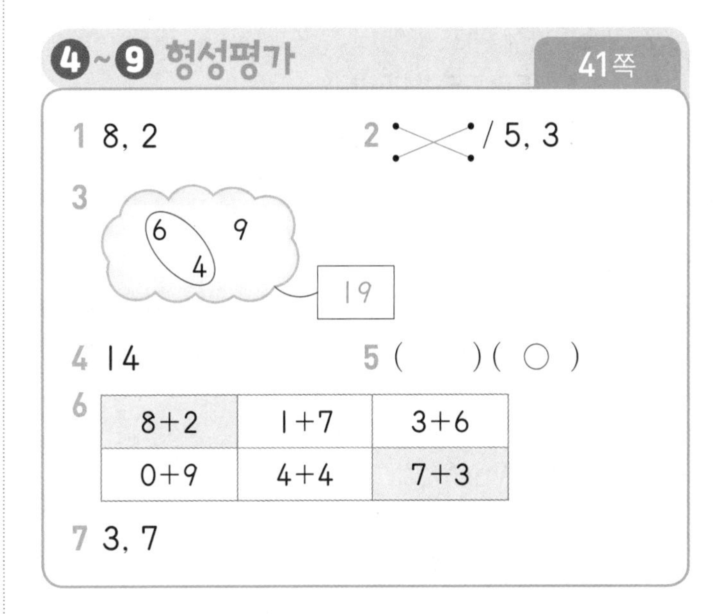

4~9 형성평가 41쪽

1 8, 2

2 / 5, 3

3 19

4 14

5 ( )(◯)

6

8+2	1+7	3+6
0+9	4+4	7+3

7 3, 7

2 • 모양 10개 중 7개를 /으로 지우고 3개가 남았으므로 $10-7=\boxed{3}$입니다.
• 모양 10개 중 5개를 /으로 지우고 5개가 남았으므로 $10-5=\boxed{5}$입니다.

3 합이 10이 되는 두 수는 6과 4이므로 6과 4를 묶습니다. ➔ $6+4+9=10+9=19$

4 9와 1을 더하면 10이 되므로 9와 1을 먼저 더합니다.
$9+4+1=14$
10
14

5 • 10에서 빼서 5가 되는 수는 5입니다. ➔ □=5
• 2와 더해서 10이 되는 수는 8입니다. ➔ □=8

6 • 8+2=10 • 1+7=8 • 3+6=9
• 0+9=9 • 4+4=8 • 7+3=10

7 합이 10이 되는 두 수를 골라야 하므로 수 카드 3과 7을 골라 덧셈식을 완성합니다.
➔ (3+7)+5=10+5=15

참고
□+□+5=15
5+□+□=15 이면 □+□=10입니다.
□+5+□=15

2 STEP 꼬리를 무는 유형 42~45쪽

1 8　2 1　3 9개
4 0　5 7　6 도윤
7 같습니다에 ○표
8 4+6+5=15 / 15장
9 6+2+8=16 / 16조각　10 11봉지
11 8　12 7　13 9개

14 

15
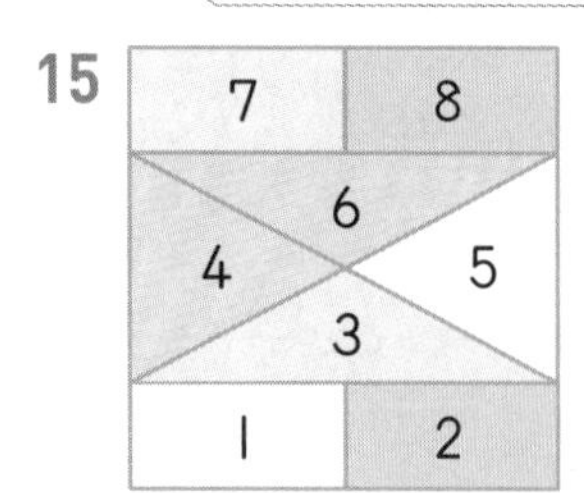

16 예
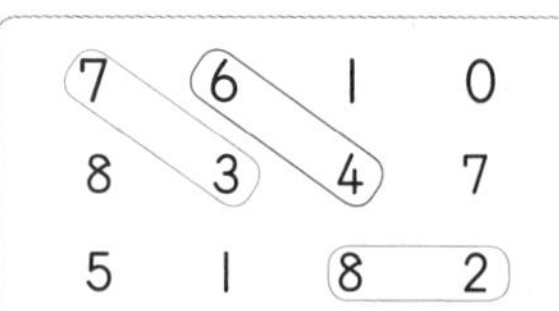

/ 예 7+3=10, 8+2=10

17 6 / 18　18 예 5, 5 / 17
19 예 2, 8 / 예 9, 1
20 7　21 6　22 (주사위 그림)
23 3, 4　24 1, 4

3 펼친 손가락의 수를 세어 보면 3개, 5개, 1개입니다.
➔ 3+5=8, 8+1=9이므로 3+5+1=9(개)입니다.

4 7>5>2이므로 가장 큰 수는 7입니다.
➔ 7−2=5, 5−5=0이므로 7−2−5=0입니다.

5 더하는 두 수를 서로 바꾸어 더해도 합이 같으므로 3+7=7+3입니다.
다른 풀이 3+7=10이고, 3과 더해서 10이 되는 수는 7이므로 □=7입니다.

6 더하는 두 수를 서로 바꾸어 더해도 합이 같으므로 2+8=8+2입니다.
합이 다른 덧셈을 말한 사람은 6+2를 말한 도윤입니다.
다른 풀이 2+8=10, 6+2=8, 8+2=10이므로 합이 다른 덧셈을 말한 사람은 6+2를 말한 도윤입니다.

7 더하는 두 수를 서로 바꾸어 더해도 합이 같으므로 4+6=6+4입니다.
따라서 어제와 오늘 먹은 바나나의 수는 같습니다.
다른 풀이 (어제 먹은 바나나의 수)=4+6=10(개)
(오늘 먹은 바나나의 수)=6+4=10(개)
➔ 어제와 오늘 먹은 바나나의 수는 같습니다.

8 (전체 손수건의 수)=(4+6)+5=10+5=15(장)

9 (사 온 케이크의 수)=6+(2+8)=6+10=16(조각)

10 낮에 먹은 젤리의 수, 저녁에 먹은 젤리의 수, 남은 젤리의 수를 더하면 처음 간식 상자에 들어 있던 젤리의 수가 됩니다.
(처음 간식 상자에 들어 있던 젤리의 수)
=(3)+1+(7)=10+1=11(봉지)

11 10에서 빼서 2가 되려면 8을 빼야 합니다.
➔ □=8

12 3과 더해서 10이 되려면 7을 더해야 합니다.
➔ 얼룩이 묻어 보이지 않는 수는 7입니다.

13 10−□=1
└빌려 간 우산의 수
10에서 빼서 1이 되려면 9를 빼야 합니다.
➔ 빌려 간 우산은 9개입니다.

14 더해서 10이 되는 두 수는 3과 7, 4와 6, 1과 9, 5와 5입니다.

15 더해서 10이 되는 두 수 7과 3, 8과 2, 6과 4끼리 각각 같은 색으로 색칠합니다.

17 4와 더해서 10이 되는 수는 6입니다.
→ $4+6+8=10+8=18$

18 ◯ 안에는 더해서 10이 되는 두 수 1과 9, 2와 8, 3과 7, 4와 6, 5와 5를 써넣을 수 있습니다.
→ 예 $5+5+7=10+7=17$

19 합이 10이 되는 두 수를 골라야 하므로 수 카드 2와 8, 9와 1을 골라 덧셈식을 각각 완성합니다.
→ $1+(2+8)=11$ 또는 $1+(9+1)=11$
$9+4+1=14$ 또는 $2+4+8=14$

20 $9+1=10$
두 식의 계산 결과가 같으므로 $3+㉠=10$입니다.
3과 더해서 10이 되는 수는 7이므로 $㉠=7$입니다.

21 $8-2=6$, $6-2=4$이므로 $8-2-2=4$입니다.
두 식의 계산 결과가 같으므로 $10-㉠=4$입니다.
10에서 빼서 4가 되려면 6을 빼야 하므로 $㉠=6$입니다.

22 진서: $5+5=10$
두 사람이 던져 나온 눈의 수의 합이 같으므로 민우의 눈의 수의 합도 10입니다. → 민우: $6+□=10$
6과 더해서 10이 되는 수는 4이므로 빈 곳에 알맞은 주사위 눈의 수는 4입니다.

23 1에 7만큼 더해야 8이 됩니다.
합이 7이 되는 두 수는 3과 4이므로 덧셈식은 $1+3+4=8$입니다.

24 7에서 5만큼 빼야 2가 나옵니다.
7에서 순서대로 뺐을 때 2가 나오는 두 수는 1과 4이므로 뺄셈식은 $7-1-4=2$입니다.

3 STEP 수학 독해력 유형 46~49쪽

독해력 1 ❶ 1, 2 ❷ 1, 2, 5
탑 5골
쌍둥이 1-1 탑 8골
독해력 2 ❶ 6 ❷ 작은에 ◯표 / 5
탑 5
쌍둥이 2-1 탑 1, 2, 3, 4
쌍둥이 2-2 탑 8

독해력 3 ❶ 2, 4, 2 / 3, 3, 3
❷ $2<3$ / 준수
탑 준수
쌍둥이 3-1 탑 보라
독해력 4 ❶ 4, 4 ❷ 4, 14 / 14
탑 14
쌍둥이 4-1 탑 13

쌍둥이 1-1 ❶ 2반이 넣은 골의 수를 순서대로 쓰기: 3골, 2골, 3골
❷ (2반이 넣은 골의 수)$=3+2+3=8$(골)

쌍둥이 2-1 ❶ $5+□=10$일 때 $□=5$입니다.
❷ $5+□<10$에서 □ 안에는 5보다 작은 수가 들어갈 수 있습니다.
→ □ 안에 들어갈 수 있는 수: 1, 2, 3, 4

쌍둥이 2-2 ❶ $10-□=1$일 때 $□=9$입니다.
❷ $10-□>1$에서 □ 안에는 9보다 작은 수가 들어갈 수 있습니다.
→ □ 안에 들어갈 수 있는 가장 큰 수: 8

쌍둥이 3-1 ❶ (보라에게 남는 붕어빵의 수)
$=8-2-3=3$(개)
(승아에게 남는 붕어빵의 수)$=6-1-1=4$(개)
❷ 남는 붕어빵의 수를 비교하면 $3<4$이므로 남는 붕어빵이 더 적은 사람은 보라입니다.

쌍둥이 4-1 ❶ ■의 값 구하기:
$9-5-1=3$이므로 $■=3$입니다.
❷ ★의 값 구하기:
$■+5+5=3+5+5=13$이므로
$★=13$입니다.

유형 TEST 50~53쪽

1 8　　**2** 13

3 3, 1, 4

4 (계산 순서대로) 6, 8 / 8

5 (9+1)+4=[14]　　**6** 3

7 2　　**8** 4

9 (○)(　　)　　**10** 5+5+4=14

11 3, 2, 13　　**12** 1, 9

13

---

14 9 / 16　　**15** 9

16 6+4=10 / 10개

17

1, 9, 5, 8, [2], [5], 10, 1, 6, [9], [7], [4], 3

18 2　　**19** 3+2+3=8 / 8개

20 (　　)(○)　　**21** ㉡

22 1, 2, 3　　**23** 8

24 1, 5

25 예 ❶ (지유에게 남은 찐빵의 수)
=6−1−1=4(개)
(지호에게 남은 찐빵의 수)=9−3−1=5(개)
❷ 4<5이므로 남은 찐빵이 더 많은 사람은 지호입니다.
답 지호

6 6−1=5, 5−2=3 ➔ 6−1−2=3

7 더하는 두 수를 서로 바꾸어 더해도 합이 같으므로 8+2=2+8입니다.
다른 풀이 8+2=10이고, 8과 더해서 10이 되는 수는 2이므로 □=2입니다.

8 앞의 두 수를 먼저 계산해야 하는데 뒤의 두 수를 먼저 계산해서 잘못되었습니다.
➔ 바른 계산: 9−3−2=4
6
4

10 (5+5)+4=10+4=14

11 걸린 고리의 수를 세어 보면 3개, 2개, 8개이므로 3+2+8=3+10=13(개)입니다.

13 • (4+6)+5=10+5　• 8+(3+7)=8+10

14 1과 더해서 10이 되는 수는 9입니다.
➔ 1+9+6=10+6=16

15 3+2=5, 5+4=9 ➔ 3+2+4=9

16 (전체 넘는 장애물의 수)
=(지금까지 넘은 장애물의 수)
+(더 넘으려는 장애물의 수)
=6+4=10(개)

17 8+[2]=10, [9]+1=10, 3+[7]=10,
[4]+6=10, 5+[5]=10

18 8>4>2이므로 가장 큰 수는 8입니다.
➔ 8−2=6, 6−4=2이므로 8−2−4=2입니다.

19 사과, 배, 감의 수를 더합니다.
3+2=5, 5+3=8 ➔ 3+2+3=8(개)

20 다은: 2+1=3, 3+1=4 ➔ 2+1+1=4
도윤: 8−1=7, 7−2=5 ➔ 8−1−2=5
따라서 4<5이므로 도윤이의 계산 결과가 더 큽니다.

21 ㉠ 10에서 빼서 5가 되는 수는 5입니다. ➔ □=5
㉡ 10에서 3을 빼면 7이 나옵니다. ➔ □=7
㉢ 10에서 빼서 9가 되는 수는 1입니다. ➔ □=1
➔ 7>5>1이므로 가장 큰 것은 ㉡입니다.

22 10−□=6일 때 □=4입니다. 10−□>6에서 □ 안에는 4보다 작은 수가 들어갈 수 있습니다.
➔ □ 안에 들어갈 수 있는 수: 1, 2, 3

23 6+4=10
두 식의 계산 결과가 같으므로 □+2=10입니다.
2와 더해서 10이 되는 수는 8이므로 □=8입니다.

24 1에 6만큼 더해야 7이 됩니다. 합이 6이 되는 두 수는 1과 5이므로 덧셈식은 1+1+5=7입니다.

25 채점 기준

❶ 지유와 지호에게 남은 찐빵의 수를 각각 구함.	3점	4점
❷ 남은 찐빵의 수가 더 많은 사람을 구함.	1점	

3. 모양과 시각

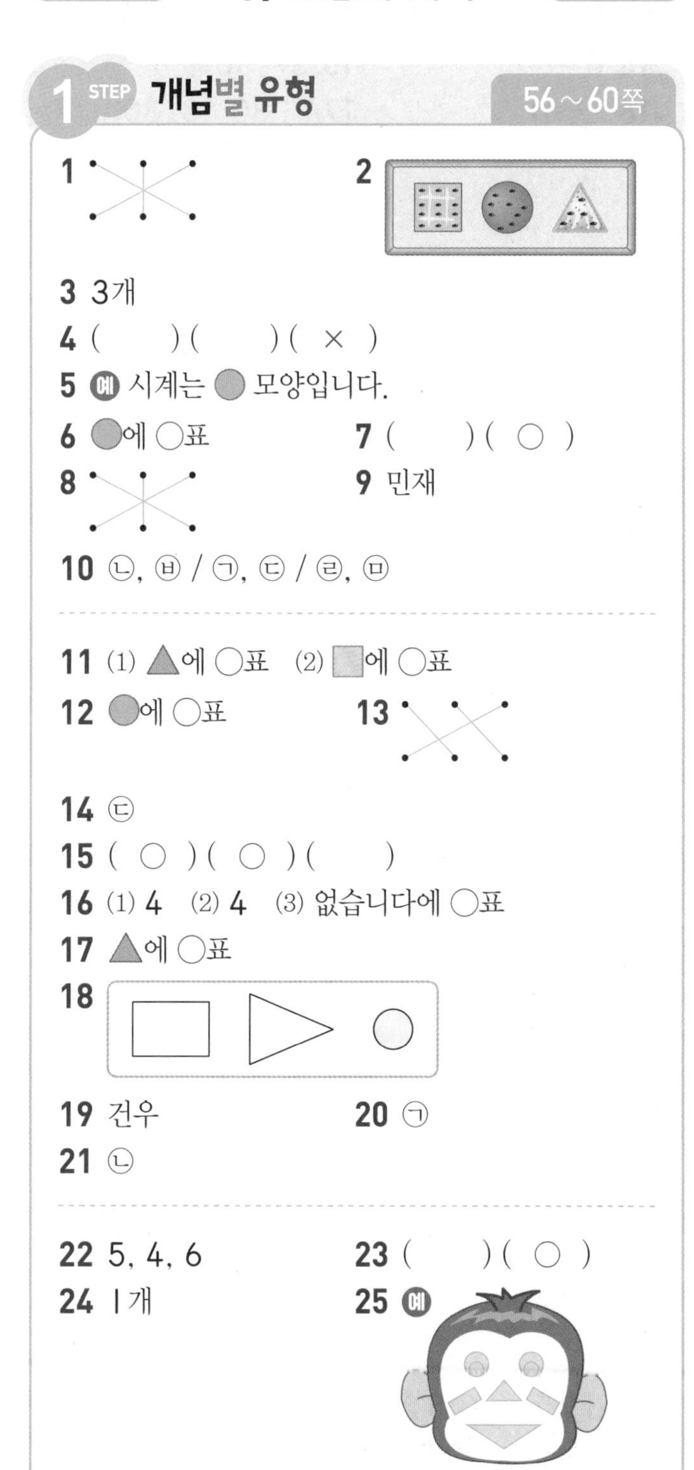

1 STEP 개념별 유형 56~60쪽

1
2
3 3개
4 (　　)(　　)(×)
5 예 시계는 ● 모양입니다.
6 ●에 ○표
7 (　　)(○)
8
9 민재
10 ㉡, ㉥ / ㉠, ㉢ / ㉣, ㉤

11 (1) ▲에 ○표 (2) ■에 ○표
12 ●에 ○표
13
14 ㉢
15 (○)(○)(　　)
16 (1) 4 (2) 4 (3) 없습니다에 ○표
17 ▲에 ○표
18
19 건우
20 ㉠
21 ㉡

22 5, 4, 6
23 (　　)(○)
24 1개
25 예

1 ■ 모양은 수첩, ▲ 모양은 교통 표지판, ● 모양은 동전입니다.

3 ■ 모양은 신문지, 계산기, 봉투로 모두 3개입니다.

4 조각 케이크의 윗부분에서 ▲ 모양, 옆 부분에서 ■ 모양을 찾을 수 있습니다.

5 평가 기준
방 안에 있는 ■, ▲, ● 모양의 물건을 찾아 바르게 썼으면 정답으로 합니다.

다른 답 예 창문은 ■ 모양입니다.
삼각자는 ▲ 모양입니다.

7 왼쪽 그림은 ▲ 모양 2개와 ● 모양 1개를 모은 것입니다. 오른쪽 그림은 ■ 모양 3개를 모은 것입니다.

9 서아는 ■ 모양 3개를 모았고, 민재는 ● 모양 2개와 ▲ 모양 1개를 모았습니다.
따라서 잘못 모은 사람은 민재입니다.

10 ■ 모양: ㉡ 자석, ㉥ 동화책
▲ 모양: ㉠ 삼각자, ㉢ 교통 표지판
● 모양: ㉣ 접시, ㉤ 도넛

13 참치 캔을 본뜨면 ● 모양, 나무토막을 본뜨면 ■ 모양, 삼각자를 본뜨면 ▲ 모양이 나옵니다.

14 팔로 표현한 모양은 ● 모양입니다.
따라서 ● 모양의 물건을 찾으면 ㉢ 탬버린입니다.

15 나무토막 윗부분에 물감을 묻혀 찍으면 ▲ 모양, 옆 부분에 물감을 묻혀 찍으면 ■ 모양이 나옵니다.

17 ▲ → 뾰족한 부분이 3군데 있습니다.

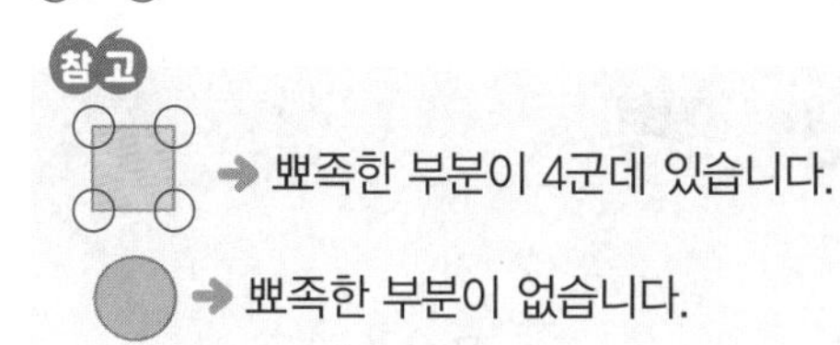
참고
■ → 뾰족한 부분이 4군데 있습니다.
● → 뾰족한 부분이 없습니다.

19 유찬: ■ 모양은 뾰족한 부분이 4군데이고, ▲ 모양은 뾰족한 부분이 3군데입니다.

20 곧은 선이 3개인 모양은 ▲ 모양입니다.
→ ▲ 모양이 나올 수 있는 물건은 ㉠입니다.

21 뾰족한 부분이 한 군데도 없는 모양은 ● 모양입니다.
→ ● 모양이 나올 수 있는 물건은 ㉡입니다.

24 ● 모양 6개, ■ 모양 5개이므로 ● 모양은 ■ 모양보다 $6-5=1$(개) 더 많이 이용했습니다.

25 참고
■, ▲, ● 모양을 모두 이용하여 다양한 방법으로 원숭이의 얼굴을 꾸며 봅니다.

❶~❺ 형성평가 61쪽

1 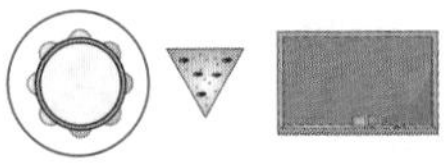

2 ■에 ○표

3 (   )
(○)
(   )

4 (   )(×)(   )

5 서아

6 ●에 ○표

3 삼각김밥은 ▲ 모양이므로 ▲ 모양끼리 모은 곳에 놓아야 합니다.

4 본떴을 때 동전과 연필꽂이는 ● 모양, 선물 상자는 ■ 모양이 나옵니다.

5 지안: ■ 모양은 곧은 선이 4개 있습니다.
서준: ▲ 모양은 둥근 부분이 없습니다.
➜ 모양에 대해 바르게 말한 사람은 서아입니다.

6 ■ 모양 5개, ▲ 모양 4개, ● 모양 6개를 이용했습니다.
➜ 6>5>4이므로 ● 모양을 가장 많이 이용했습니다.

1 STEP 개념별 유형 62~66쪽

1 11

2 지안

3 

4 7시 / 일곱 시

5 ㉣

6 (○)(   )

7 

8 

9 소윤

10 10, 12 / 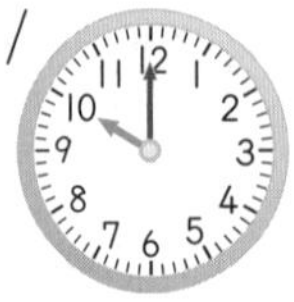

11 , 

12 2, 30

13 (   )(○)

14 6

15 3시 30분

16 ㉢, ㉣

17 7, 30 / 8, 30

18 

19 6, 7 / 

20 유찬

21 (   )(×)(   )

22 

23  / 예 일요일 아침 10시 30분에 친구와 축구를 하고 싶습니다.

24 7

25 6, 30

26 1시 30분

27 

28 12, 30 / 4

29 , 

2 짧은바늘이 5, 긴바늘이 12를 가리키므로 5시이고 다섯 시라고 읽습니다.
따라서 바르게 읽은 사람은 지안입니다.

5 ㉠ 12시 ㉡ 12시
㉢ 12시 ㉣ 10시
➜ 나타내는 시각이 나머지와 다른 하나는 ㉣입니다.

6 왼쪽 시계: 3시, 오른쪽 시계: 4시

7 1시는 긴바늘이 12를 가리키도록 그립니다.

8 디지털 시계가 나타내는 시각은 7시입니다.
7시는 짧은바늘이 7을 가리키도록 그립니다.

9 11시는 짧은바늘이 11, 긴바늘이 12를 가리키도록 그려야 하므로 바르게 설명한 사람은 소윤입니다.

11 • 출발: 6시는 짧은바늘이 6, 긴바늘이 12를 가리키도록 그립니다.
• 도착: 9시는 짧은바늘이 9, 긴바늘이 12를 가리키도록 그립니다.

13 왼쪽 시계: 4시 30분, 오른쪽 시계: 12시 30분

15 짧은바늘이 3과 4의 가운데, 긴바늘이 6을 가리키면 3시 30분입니다.

16 긴바늘이 6을 가리키는 시각은 '몇 시 30분'이므로 ㉢, ㉣입니다.

17 • 숙제 시작: 짧은바늘이 7과 8의 가운데, 긴바늘이 6을 가리키므로 7시 30분입니다.
• 숙제 끝: 짧은바늘이 8과 9의 가운데, 긴바늘이 6을 가리키므로 8시 30분입니다.

18 3시 30분은 긴바늘이 6을 가리키도록 그립니다.

19 6시 30분은 짧은바늘이 6과 7의 가운데, 긴바늘이 6을 가리키도록 그립니다.

주의
짧은바늘이 6에서 7로 움직이므로 6시 30분은 6과 7의 가운데를 가리키도록 그려야 합니다.

20 11시 30분은 짧은바늘이 11과 12의 가운데, 긴바늘이 6을 가리키도록 그립니다.

21 가운데 시계는 긴바늘이 6을 가리키므로 짧은바늘이 숫자와 숫자의 가운데를 가리켜야 합니다.

22 디지털 시계가 나타내는 시각은 5시 30분입니다. 5시 30분은 짧은바늘이 5와 6의 가운데, 긴바늘이 6을 가리키도록 그립니다.

23 짧은바늘이 10과 11의 가운데, 긴바늘이 6을 가리키도록 그립니다.

평가 기준
10시 30분을 시계에 바르게 나타내고, 그 시각에 하고 싶은 일을 시각에 맞게 썼으면 정답으로 합니다.

26 짧은바늘이 1과 2의 가운데, 긴바늘이 6을 가리키므로 1시 30분입니다.

28 • 짧은바늘이 12와 1의 가운데, 긴바늘이 6을 가리키므로 12시 30분에 식사를 했습니다.
• 짧은바늘이 4, 긴바늘이 12를 가리키므로 4시에 피아노를 쳤습니다.

29 • 축구를 한 시각은 짧은바늘이 2와 3의 가운데, 긴바늘이 6을 가리키도록 그립니다.
• 문제집을 푼 시각은 짧은바늘이 5, 긴바늘이 12를 가리키도록 그립니다.

6~10 형성평가 67쪽

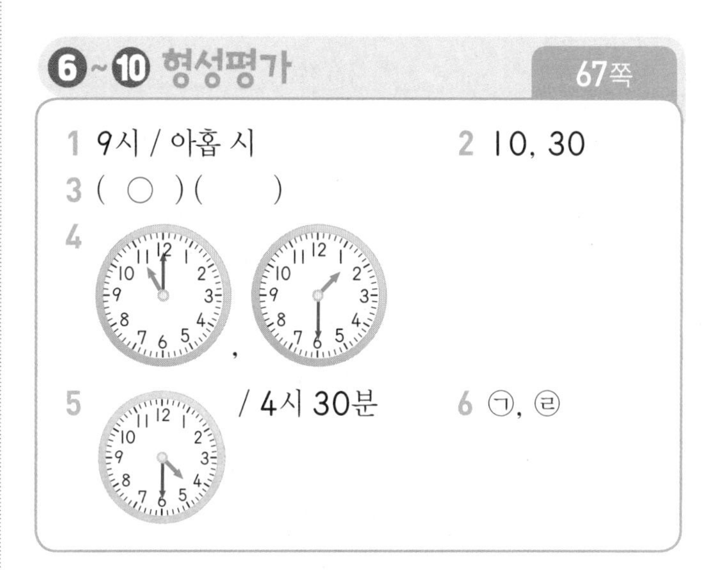

1 9시 / 아홉 시
2 10, 30
3 (○)( )
4
5
/ 4시 30분
6 ㉠, ㉣

1 짧은바늘이 9, 긴바늘이 12를 가리키므로 9시입니다. 9시는 아홉 시라고 읽습니다.

2 짧은바늘이 10과 11의 가운데, 긴바늘이 6을 가리키므로 10시 30분입니다.

3 짧은바늘이 8, 긴바늘이 12를 가리키는 시계를 찾습니다.

4 • 시작: 11시이므로 짧은바늘이 11, 긴바늘이 12를 가리키도록 그립니다.
• 끝: 1시 30분이므로 짧은바늘이 1과 2의 가운데, 긴바늘이 6을 가리키도록 그립니다.

5 짧은바늘이 4와 5의 가운데, 긴바늘이 6을 가리키므로 4시 30분입니다.

6 ㉠ 2시, ㉡ 11시 30분, ㉢ 8시 30분, ㉣ 10시이므로 긴바늘이 12를 가리키는 시각은 ㉠, ㉣입니다.

중요
'몇 시'일 때 긴바늘이 12를 가리킵니다.

2 STEP 꼬리를 무는 유형 68~71쪽

1 ㉡ 2 ㉠
3 ㉢ 4 ■에 ○표
5 ㉡ 6 2개
7 12시 30분 8 4시
9 10시 30분
10 (○)( )(○)
11 ( )(○)(○)
12 (×)(×)( )

13 ㉢ 14 ㉡
15 ㉡ 16 8시
17 3 18

19 다은 20 태겸
21 승하 22 4개
23 8개

1 ㉠ ● 모양, ㉡ ▲ 모양, ㉢ ■ 모양

2 ㉠ ■ 모양, ㉡ ● 모양, ㉢ ▲ 모양

3 ㉠ ▲ 모양과 ■ 모양, ㉡ ■ 모양, ㉢ ● 모양

5 곧은 선이 3개 있는 모양은 ▲ 모양입니다.
▲ 모양의 물건을 찾으면 ㉡입니다.

6 뾰족한 부분이 없고 둥근 부분만 있는 모양은 ● 모양입니다. ● 모양을 찾으면 모두 2개입니다.

7 짧은바늘이 12와 1의 가운데를 가리키고, 긴바늘이 6을 가리키므로 12시 30분입니다.

8  시계의 큰 눈금에 숫자를 써 보면 짧은바늘이 4를 가리키고, 긴바늘이 12를 가리키므로 4시입니다.

9 전략
거울에 비친 시계는 왼쪽과 오른쪽이 바뀌어 보입니다.

짧은바늘이 10과 11의 가운데를 가리키고, 긴바늘이 6을 가리키므로 10시 30분입니다.

10 '몇 시'는 짧은바늘이 한 숫자를 가리키고, 긴바늘이 항상 12를 가리킵니다. 가운데 시계는 긴바늘과 짧은바늘의 위치가 바뀌면 3시를 나타냅니다.

11 '몇 시 30분'은 짧은바늘이 숫자와 숫자의 가운데를 가리키고, 긴바늘이 항상 6을 가리킵니다. 맨 왼쪽 시계는 긴바늘이 6을 가리키는데 짧은바늘이 4를 가리키므로 잘못되었습니다.

12 • 맨 왼쪽 시계: 12시 30분을 나타내려면 짧은바늘이 12와 1의 가운데를 가리켜야 합니다.
• 가운데 시계: 6시 30분을 나타내려면 짧은바늘이 6과 7의 가운데를 가리켜야 합니다.

14 주어진 모양의 부분에서 보이지 않는 부분의 선을 연결하여 전체 모양을 완성하면 ▲ 모양입니다.

15 본뜬 모양의 부분에서 보이지 않는 부분의 선을 연결하여 전체 모양을 완성하면 ■ 모양입니다.
■ 모양의 물건을 찾으면 ㉡입니다.

16 긴바늘이 한 바퀴 돌면 짧은바늘은 8, 긴바늘은 12를 가리키므로 8시입니다.

17 긴바늘이 한 바퀴 돌면 짧은바늘은 3, 긴바늘은 12를 가리킵니다.

18 긴바늘이 한 바퀴 돌면 짧은바늘은 10과 11의 가운데, 긴바늘은 6을 가리키므로 10시 30분입니다.

19 • 재호가 놀이터에 도착한 시각: 2시 30분
• 다은이가 놀이터에 도착한 시각: 3시
➔ 2시 30분보다 3시가 더 늦은 시각이므로 놀이터에 더 늦게 도착한 사람은 다은입니다.

20 전략
시각이 빠른 것이 먼저 한 것입니다.

진수: 4시, 태겸: 3시 30분, 승하: 4시 30분
➔ 가장 빠른 시각은 3시 30분이므로 가장 먼저 분식집 앞에 도착한 사람은 태겸입니다.

21 4시보다 늦은 시각은 4시 30분이므로 약속한 시각보다 늦게 도착한 사람은 승하입니다.

22 색종이를 펼쳐서 접힌 선을 표시하면 오른쪽과 같습니다.

➔ ▲ 모양이 4개 생깁니다.

23 색종이를 펼쳐서 접힌 선을 표시하면 오른쪽과 같습니다.
→ ■ 모양이 8개 생깁니다.

3 STEP 수학 독해력 유형 72~75쪽

독해력 1 ❶ 1, 4, 6 ❷ ●에 ○표
답 ● 모양

쌍둥이 1-1 답 ▲ 모양

독해력 2 ❶ 1 / 2, 30 / 4, 30 / 3
❷ 숙제, 게임
답 숙제, 게임

쌍둥이 2-1 답 은결, 현우

독해력 3 ❶ 3, 5, 6 ❷ ●에 ○표, 3
답 ● 모양, 3개

쌍둥이 3-1 답 ▲ 모양, 4개

독해력 4 ❶ 2, 3, 4 ❷ 4
답 4시

쌍둥이 4-1 답 5시 30분

독해력 1 ❷ 6>4>1이므로 가장 많이 이용한 모양은 ● 모양입니다.

쌍둥이 1-1 ❶ 이용한 모양의 수 구하기:
■ 모양 4개, ▲ 모양 6개, ● 모양 3개
❷ 6>4>3이므로 가장 많이 이용한 모양은 ▲ 모양입니다.

쌍둥이 2-1 전략 8시와 9시 30분 사이의 시각은 8시보다 늦고 9시 30분보다 빠른 시각입니다.
❶ 양치질을 한 시각은 은결: 8시 30분, 보람: 10시, 현우: 9시, 민경: 7시 30분입니다.
❷ 8시와 9시 30분 사이에 양치질을 한 사람: 은결, 현우

독해력 3 ❷ ● 모양이 9−6=3(개) 남았습니다.

쌍둥이 3-1 ❶ 이용한 모양의 수 구하기:
■ 모양 4개, ▲ 모양 4개, ● 모양 8개
❷ 남은 모양과 그 모양의 수 구하기:
▲ 모양이 8−4=4(개) 남았습니다.

독해력 4 ❶ 긴바늘이 12를 가리키는 시각은 '몇 시'이므로 1시와 5시 사이에 '몇 시'인 시각을 구합니다.
→ 2시, 3시, 4시

쌍둥이 4-1 ❶ 5시와 9시 사이에 긴바늘이 6을 가리키는 시각은 5시 30분, 6시 30분, 7시 30분, 8시 30분입니다.
❷ ❶에서 구한 시각 중 6시보다 빠른 시각은 5시 30분입니다.

유형 TEST 76~79쪽

1 
2 ▲에 ○표
3 10
4 ( )(○)
5 ■에 ○표
6 ( )( )(×)
7 ㉡
8 ㉡
9 ㉢
10 예 동전
11 ㉠
12 
13 7개
14 3 / 4, 30

15 (×)( )(×)
16 
17 별
18 현수
19 3개
20  / 예 토요일 아침 9시 30분에 달리기를 하고 싶습니다.
21 ③
22 7시, 8시, 9시
23 4개
24 1개 / 4개
25 예 ❶ 이용한 모양의 수: ■ 모양 8개, ▲ 모양 4개, ● 모양 2개
❷ ■ 모양이 10−8=2(개) 남았습니다.
답 ■ 모양, 2개

4 짧은바늘이 3과 4의 가운데, 긴바늘이 6을 가리키는 시계를 찾습니다.

5 공책, 자, 계산기는 ■ 모양이므로 ■ 모양끼리 모은 것입니다.

6 선물 상자의 윗부분에 물감을 묻혀 찍으면 ▲ 모양이 나오고, 옆부분에 물감을 묻혀 찍으면 ■ 모양이 나옵니다.

7 뾰족한 부분이 있는 모양은 ■, ▲ 모양이고, 그중 곧은 선이 3개 있는 모양은 ▲ 모양입니다.

8 주사위, 수첩을 본뜨면 ■ 모양이 나오고, 교통 표지판을 본뜨면 ▲ 모양이 나옵니다.

9 손가락으로 표현한 모양은 ● 모양입니다.
따라서 ● 모양의 물건을 찾으면 ㉢ 접시입니다.

10 다른 답 예 자동차 바퀴, 훌라후프 등

11 주어진 모양의 부분에서 보이지 않는 부분의 선을 연결하여 전체 모양을 완성하면 ■ 모양입니다.

13 뾰족한 부분이 한 군데도 없는 모양은 ● 모양입니다.
꾸민 그림에서 ● 모양을 세어 보면 모두 7개입니다.

14 짧은바늘이 3, 긴바늘이 12를 가리키므로 나뭇잎을 관찰한 시각은 3시이고, 짧은바늘이 4와 5의 가운데, 긴바늘이 6을 가리키므로 강아지와 논 시각은 4시 30분입니다.

15 • 맨 왼쪽 시계: 8시 30분을 나타내려면 짧은바늘이 8과 9의 가운데를 가리켜야 합니다.
• 오른쪽 시계: 5시를 나타내려면 짧은바늘이 5를 가리켜야 합니다.

16 긴바늘이 한 바퀴 돌면 짧은바늘은 5에서 6으로 숫자 눈금 한 칸만큼 움직입니다.

참고
시계의 긴바늘이 한 바퀴 도는 동안 짧은바늘은 숫자 눈금 한 칸만큼 움직입니다.

17 ▲ 모양을 세어 보면 나비는 4개, 벌은 6개입니다.
→ ▲ 모양을 더 많이 이용하여 만든 곤충은 벌입니다.

18 미술 학원에 미정이는 4시, 현수는 2시 30분에 갔으므로 더 빨리 도착한 사람은 현수입니다.

19 가방을 꾸미는 데 이용한 ■ 모양은 7개이고, ● 모양은 4개입니다.
→ ■ 모양은 ● 모양보다 $7-4=3$(개) 더 많이 이용했습니다.

20 짧은바늘이 9와 10의 가운데, 긴바늘이 6을 가리키도록 그립니다.

평가 기준
9시 30분을 시계에 바르게 나타내고, 그 시각에 하고 싶은 일을 시각에 맞게 썼으면 정답으로 합니다.

21 ① 8시 ② 7시 30분
③ 6시 30분 ④ 8시 30분
→ ③ 6시 30분은 7시보다 빠른 시각이므로 생일 파티를 하는 동안 볼 수 없습니다.

22 6시와 10시 사이에 긴바늘이 12를 가리키는 시각은 7시, 8시, 9시입니다.

주의
6시와 10시 사이의 시각에 6시, 10시는 포함되지 않습니다.

23 게시판을 꾸미는 데 ■ 모양 4개, ▲ 모양 7개, ● 모양 3개를 이용했습니다.
→ $7>4>3$이므로 가장 많이 이용한 모양과 가장 적게 이용한 모양의 수의 차는 $7-3=4$(개)입니다.

24 접은 색종이를 펼치면서 잘라지는 선을 그어 봅니다.

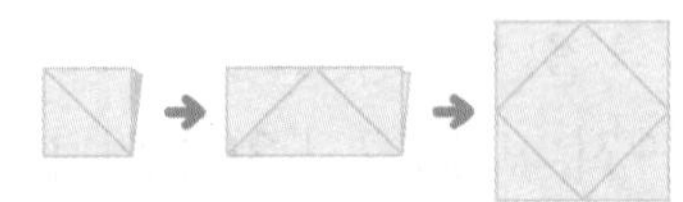

따라서 ■ 모양 1개, ▲ 모양 4개가 생깁니다.

25 채점 기준

❶ 이용한 ■, ▲, ● 모양의 수를 각각 구함.	2점	4점
❷ 어떤 모양이 몇 개 남았는지 구함.	2점	

4. 덧셈과 뺄셈(2)

1 STEP 개념별 유형 82~86쪽

1 11 / 11

2 예

○	○	○	○	○
○	△	△	△	△

△				

/ 11

3 예

○	○	○	○	○
○	○	○	△	△

△	△			

/ 12

4 9, 13 / 13
5 $8+6=14$ / 14마리
6 (계산 순서대로) 2, 13
7 (계산 순서대로) (1) 1, 11 (2) 3, 13
8 (1) 14 (2) 11
9 13
10 (　　)(○)
11 $8+9=17$ / 17장

12 (계산 순서대로) 2, 12
13 (계산 순서대로) 3, 2, 15
14 (1) 11 (2) 14
15
16 11 / 예 $7+6=13$
17 $8+5=13$ / 13쪽
18 13, 12 / 작아집니다에 ○표
19
20 시후
21 5
22

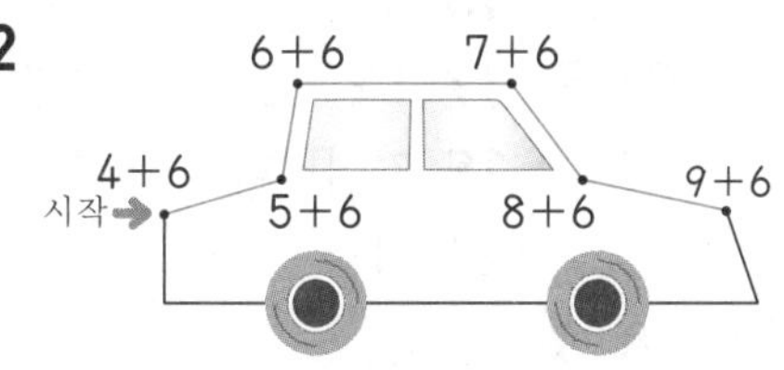

23 (위에서부터) 12 / 15, 14, 13
24 7, 6+8
25 도윤
26 5
27

7+4		
7+5	6+5	
7+6	6+6	5+6

28 12 / 예 $3+9=12$

2 6개에 이어서 △를 4개 그려 10을 만들고, 남은 1개를 더 그리면 11입니다.

3 8개에 이어서 △를 2개 그려 10을 만들고 남은 2개를 더 그리면 12입니다.

4 딸기우유 4개에서 5, 6, 7, 8, 9, 10, 11, 12, 13이라고 이어 세기 하면 13입니다.

5 돼지의 수를 이어 세기 하면 8에서 9, 10, 11, 12, 13, 14이므로 모두 14마리입니다.

6 5를 2와 3으로 가르기하여 8과 2를 더해 10을 만들고, 남은 3을 더하면 13입니다.

> **참고**
> 더해지는 수와 합하여 10이 되도록 더하는 수를 가르기합니다.

8 (1) $7+7=14$
3　4

(2) $9+2=11$

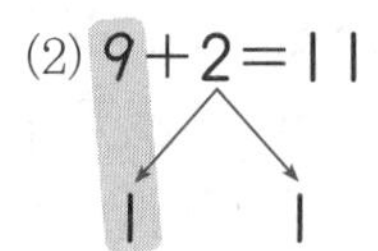

9 $5+8=13$
5　3

10 $6+6=12$ ➔ $12<15$

11 (연서가 가지고 있는 색종이 수)
=(파란색 색종이 수)+(빨간색 색종이 수)
$=8+9=17$(장)
2　7

13 8과 7을 각각 가르기하여 5와 5를 더해 10을 만들고, 남은 3과 2를 더하면 15입니다.

14 (1) $5+6=11$
1　4

(2) $6+8=14$

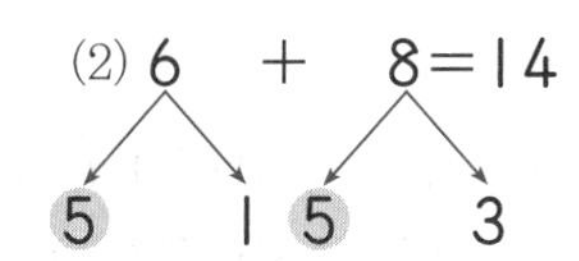

15 · $9+2=11$
1　8

· $6+7=13$

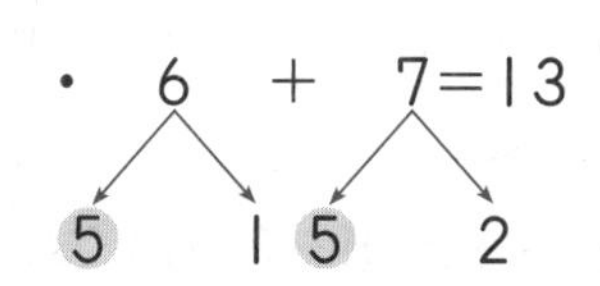

16 $5+8=13$, $7+8=15$, $9+6=15$, $9+8=17$과 같이 만들 수도 있습니다.

17 (오늘 푼 수학 문제집 쪽수)
=(어제 푼 수학 문제집 쪽수)+5
$=8+5=13$(쪽)
3　5

18 더하는 수가 1씩 작아지면 합도 1씩 작아집니다.

19 두 수를 서로 바꾸어 더해도 합은 같습니다.
7+4=4+7, 8+6=6+8

다른 풀이

7+4=⑪, 8+6=14, 6+8=14, 4+7=⑪

21 더하는 수는 그대로이고 합이 1만큼 커졌으므로 더해지는 수는 4보다 1만큼 큰 수인 5입니다.

23 5+7=12, 7+8=15, 6+8=14, 5+8=13

24 8+6=14이므로 위 덧셈표에서 합이 14인 덧셈은 7+7, 6+8입니다.

25 도윤: 6+6=12, 7+5=12
다은: 8+5=13, 7+7=14
➔ 합이 같은 덧셈을 말한 사람은 도윤입니다.

26 합이 같으려면 더해지는 수가 1만큼 작아질 때 더하는 수는 1만큼 커져야 합니다.
➔ 4보다 1만큼 큰 수는 5입니다.

28 8+4=12이므로 □ 안에 알맞은 수는 12입니다.
합이 12가 되는 덧셈식에는 3+9=12, 4+8=12, 5+7=12, 6+6=12, ... 등이 있습니다.

①~⑤ 형성평가 87쪽

1 ㉡
2 (1) (계산 순서대로) 1, 11
(2) (계산 순서대로) 1, 11
3 17
4 11 / 7
5 소윤
6 8+5, 5+8, 6+7에 색칠
7 4+8=12 / 12마리

1 ○를 6개 그리고 △를 4개 그려 10을 만들고, 남은 3개를 더 그려 13이 되었으므로 ㉡ 6+7=13입니다.

3 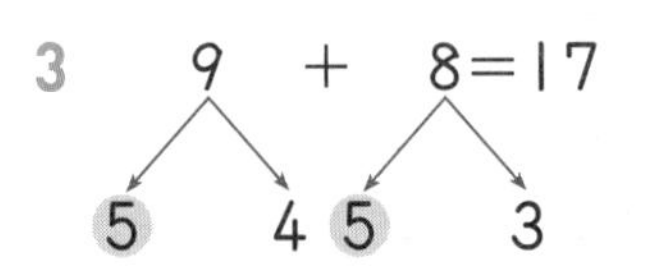

4 5+6=11
더해지는 수는 그대로이고 합이 1만큼 커졌으므로 더하는 수는 1만큼 큰 수인 7입니다.

5 8+5=13, 5+7=12
➔ 13>12이므로 더 큰 식을 말한 사람은 소윤입니다.

6 7+6=13
9+6=15, 8+5=13, 7+4=11, 5+8=13, 6+7=13, 5+9=14
➔ 7+6과 합이 같은 식은 8+5, 5+8, 6+7입니다.

7 (오리의 수)+(닭의 수)=4+8=12(마리)

1 STEP 개념별 유형 88~92쪽

1 4 / 4
2 4
3 7 / 요구르트, 7
4 8, 5 / 5
5 14−9=5 / 5권
6 (계산 순서대로) 2, 10
7 (1) 10 (2) 10
8 10마리
9 (1) (계산 순서대로) 3, 7
(2) (계산 순서대로) 5, 7

10 ( )(○)
11 (1) 7 (2) 7
12 8
13 ㉡
14 6
15 <
16 7 / 예 16−9=7
17 12−5=7 / 7개
18 7, 8
19 커집니다에 ○표
20 6, 5, 4
21 지호
22 (왼쪽부터) 7, 8, 9 / 6, 6, 6

23 (위에서부터) 3 / 6, 5, 4
24 (○)(○)( )
25 9 / 8
26 8 / 9
27

16−7	16−8	16−9
	17−8	17−9
		18−9

3 요구르트와 우유를 하나씩 짝 지어 보면 요구르트가 우유보다 7개 더 많습니다.

4 남은 아이스크림은 13−8=5(개)입니다.

5 (다은이가 읽은 책 수)−(도윤이가 읽은 책 수)
=14−9=5(권)

7 (1) 11−1=10

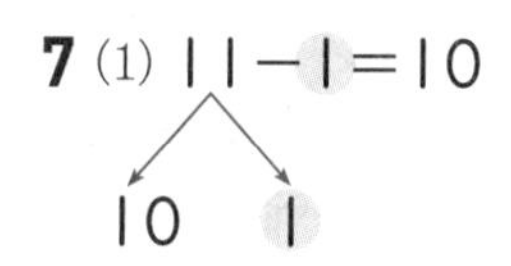

(2) 17−7=10
10 7

8 14−4=10(마리)

9 (1) 8을 5와 3으로 가르기하여 15에서 5를 먼저 빼고 3을 더 빼면 7입니다.
(2) 15를 10과 5로 가르기하여 10에서 8을 빼고 남은 5를 더하면 7입니다.

12 11−3=8
1 2

13 ㉡ 15−7=8
10 5

15 12−4=8
➜ 8<9이므로 12−4<9입니다.

16 15−9=6, 16−8=8, 17−8=9, 17−9=8과 같이 만들 수도 있습니다.

17 (남은 떡의 수)
=(처음에 있던 떡의 수)−(먹은 떡의 수)
=12−5=7(개)
2 3

21 빼지는 수는 그대로이고 빼는 수가 1씩 커지면 차는 1씩 작아집니다.

22 빼지는 수는 그대로이고 빼는 수가 1씩 작아지면 차는 1씩 커집니다.

15 − 9 = 6
15 − 8 = 7
15 − 7 = 8
15 − 6 = 9
1씩 작아짐. 1씩 커짐.

빼지는 수와 빼는 수가 모두 1씩 작아지면 차는 같습니다.

15 − 9 = 6
14 − 8 = 6
13 − 7 = 6
12 − 6 = 6
1씩 작아짐. 1씩 작아짐. 차가 같음.

23 12−9=3, 13−7=6, 13−8=5, 13−9=4

24 11−6=5이고 12−7=5, 13−8=5, 13−9=4입니다.
➜ 11−6과 차가 같은 뺄셈은 12−7, 13−8입니다.

25 14−6=8, 15−7=8, 16−8=8, 17−9=8

참고
빼지는 수와 빼는 수가 모두 1씩 커지면 차가 같아집니다.

26 차가 같으려면 빼지는 수가 1만큼 커질 때 빼는 수도 1만큼 커져야 합니다.
➜ 7보다 1 큰 수는 8이고, 8보다 1만큼 큰 수는 9입니다.

6~10 형성평가 93쪽

1 4, 8
2 (1) (계산 순서대로) 5, 5
(2) (계산 순서대로) 3, 7
3 10
4 ㉡
5 14−6, 11−3, 16−8에 ○표
6 15−6=9 / 9개

1 당근과 가지를 하나씩 짝 지어 보면 당근은 가지보다 8개 더 많습니다.

2 (1) 9를 4와 5로 가르기하여 14에서 4를 먼저 빼고 남은 10에서 5를 빼면 5입니다.
(2) 13을 10과 3으로 가르기하여 10에서 6을 빼고 남은 3을 더하면 7입니다.

3 17−7=10
10 7

5 13−5=8
14−6=8, 11−3=8, 15−9=6,
16−8=8, 13−6=7, 16−9=7
➜ 13−5와 차가 같은 식은 14−6, 11−3, 16−8입니다.

6 (남은 장난감 수)
=(가지고 있는 장난감 수)−(판 장난감 수)
=15−6=9(개)

2 STEP 꼬리를 무는 유형 94~97쪽

1 ( ) (○) ( )
2 4+9, 9+4에 색칠
3 현서
4 6+7=13 / 7+6=13
5 15−7=8 / 15−8=7
6 5+9=14 / 9+5=14 / 14−5=9 / 14−9=5
7 8
8 6
9 7
10 11개

11

9	2	(8 + 5 = 13)
6	(7 + 9 = 16)	8
(4 + 8 = 12)	18	11

12

(7 + 7 = 14)	16	9
8	6	(9 + 3 = 12)
4	(5 + 7 = 12)	15

13

(16 − 8 = 8)	12	7
8	(14 − 5 = 9)	6
12	6	(11 − 8 = 3)

14 7병
15 4장
16 진주
17 6
18 7
19 8
20 14
21 7, 8, 9
22 1, 2, 3

1 두 수를 서로 바꾸어 더해도 합은 같습니다.
8+9=9+8=17, 8+7=15

2 4+9=9+4=13, 9+5=14

3 9+7=16, 6+5=5+6=11

4 13을 계산 결과에 놓고 덧셈식을 만들어 봅니다.
➔ 6+7=13, 7+6=13

5 15를 빼지는 수에 놓고 뺄셈식을 만들어 봅니다.
➔ 15−7=8, 15−8=7

6 덧셈식에서는 14 또는 15를 계산 결과에 놓고, 뺄셈식에서는 14 또는 15를 빼지는 수에 놓고 식을 만들어 봅니다.

7 9와 더해 17이 되는 수는 8이므로 □=8입니다.

8 15에서 빼서 9가 되는 수는 6이므로 □=6입니다.

9 어떤 수를 □라 하면 □+7=14입니다.
7을 더해 14가 되는 수는 7이므로 □=7입니다.

10 처음 냉장고에 있던 딸기 수를 □라 하면 □−5=6입니다.
5를 빼서 6이 되는 수는 11이므로 □=11입니다.
➔ (처음 냉장고에 있던 딸기 수)=11개

11 7+9=16, 4+8=12

13 14−5=9, 11−8=3

14 (냉장고에 있던 주스 수)
=(포도주스 수)+(오렌지주스 수)
=5+6=11(병)
➔ (남은 주스 수)
=(냉장고에 있던 주스 수)−(나누어 준 주스 수)
=11−4=7(병)

15 (그림을 꾸미고 남은 스티커 수)
=(처음에 가지고 있던 스티커 수)−(사용한 스티커 수)
=14−8=6(장)
➔ (동생에게 주고 남은 스티커 수)
=(그림을 꾸미고 남은 스티커 수)
−(동생에게 준 스티커 수)
=6−2=4(장)

16 (우재가 사용하고 남은 블록 수)=16−9=7(개)
(진주가 사용하고 남은 블록 수)=13−5=8(개)
➔ 7<8이므로 사용하고 남은 블록이 더 많은 사람은 진주입니다.

17 (지우가 고른 수 카드에 적힌 두 수의 합)=7+8=15
9와 더해서 15가 되는 수는 6이므로 형원이가 고른 뒤집힌 카드에 적힌 수는 6입니다.

18 (우빈이가 고른 수 카드에 적힌 두 수의 차)$=11-5=6$
13에서 빼서 6이 되는 수는 7이므로 민아가 고른 뒤집힌 카드에 적힌 수는 7입니다.

19 • $7+$■$=12$에서 $7+5=12$이므로 ■$=5$입니다.
• ■$+$★$=13$에서 ■$=5$이므로 $5+$★$=13$입니다.
➔ $5+8=13$이므로 ★$=8$입니다.

20 • ●$+$●$=16$에서 $8+8=16$이므로 ●$=8$입니다.
• ♥$-$●$=6$에서 ●$=8$이므로 ♥$-8=6$입니다.
➔ $14-8=6$이므로 ♥$=14$입니다.

21 $9+\square=15$에서 $9+6=15$이므로 $\square=6$입니다.
➔ $9+\square>15$이려면 $\square$는 6보다 커야 하므로 $\square$ 안에 들어갈 수 있는 수는 7, 8, 9입니다.

22 $11-\square=7$에서 $11-4=7$이므로 $\square=4$입니다.
➔ $11-\square>7$이려면 $\square$는 4보다 작아야 하므로 $\square$ 안에 들어갈 수 있는 수는 1, 2, 3입니다.

3 STEP 수학 독해력 유형 98~101쪽

독해력 1 ❶ 2, 11 ❷ 11, 8
답 8살

쌍둥이 1-1 답 9개

쌍둥이 1-2 답 12자루

독해력 2 ❶ 7, 8, 9 ❷ 8 ❸ 8, 17
답 17

쌍둥이 2-1 답 8

독해력 3 ❶ 9, 7 ❷ $9-3=6$, $7-5=2$
❸ 5, 7
답 5, 7

쌍둥이 3-1 답 5, 9

독해력 4 ❶ 13 ❷ 13, 7, 15
❸ 6, 7
답 6 또는 7

쌍둥이 4-1 답 7 또는 9

독해력 1 ❶ (재아의 나이)$=$(은율이의 나이)$+2$
$=9+2=11$(살)

❷ (슬기의 나이)$=$(재아의 나이)-3
$=11-3=8$(살)

쌍둥이 1-1 ❶ (농구공의 수)$=6+7=13$(개)
❷ (축구공의 수)$=13-4=9$(개)

쌍둥이 1-2 ❶ (선호가 가지고 있는 연필의 수)
$=11-4=7$(자루)
❷ (희재가 가지고 있는 연필의 수)$=7+5=12$(자루)

독해력 2 전략
합이 가장 큰 덧셈식: (가장 큰 수)$+$(두 번째로 큰 수)

❸ 가장 큰 수인 9와 두 번째로 큰 수인 8을 더합니다.
➔ $9+8=17$

쌍둥이 2-1 전략
차가 가장 큰 뺄셈식: (가장 큰 수)$-$(가장 작은 수)

❶ 5개의 수의 크기 비교:
$7<8<9<13<15$
❷ 골라야 하는 두 수: 15, 7
❸ 두 수의 차가 가장 큰 뺄셈식의 차: $15-7=8$

독해력 3 ❶ $3+9=12$, $5+7=12$
❸ 위 ❷에서 $9-3=6$, $7-5=2$이므로 합이 12이고, 차가 2인 두 수는 5와 7입니다.

다른 풀이
❶ 차가 2인 두 수: 3과 5, 5와 7, 7과 9
❷ 위 ❶에서 찾은 수 중의 합을 각각 구하기:
$3+5=8$, $5+7=12$, $7+9=16$
❸ 뽑은 카드에 적힌 두 수: 5, 7

쌍둥이 3-1 ❶ 합이 14인 두 수: 5와 9, 6과 8
❷ 위 ❶에서 찾은 수의 차를 각각 구하기:
$9-5=4$, $8-6=2$
❸ 뽑은 카드에 적힌 두 수: 5, 9

쌍둥이 4-1 ❶ (지호가 꺼낸 공에 적힌 두 수의 합)
$=8+4=12$
❷ 하린이가 이기는 경우: 6과 더하여 12보다 커야 하므로 $6+7=13$, $6+9=15$입니다.
❸ 하린이가 꺼내야 할 공에 적힌 수: 7 또는 9

참고
6과 더하여 12가 되는 수는 6이므로 하린이가 꺼내야 할 공에 적힌 수는 6보다 커야 합니다.

유형 TEST 102~105쪽

1 11　　2 (계산 순서대로) 3, 7

3 (계산 순서대로) 1, 12 / 7, 12

4 (1) 14 (2) 9　　5 7

6 11　　7 7

8 ㉡　　9 $>$

10 $4+7=11$ / 11권　　11 $16-9=7$ / 7장

12 ( )(○)(○)

13 12, 12 / 17, 17　　14

15 (왼쪽부터) 15, 16, 17 / 13, 12, 11

16 (○)( )　　17 5

18 $16-7=9$ / $16-9=7$

19 5　　20 4개

21

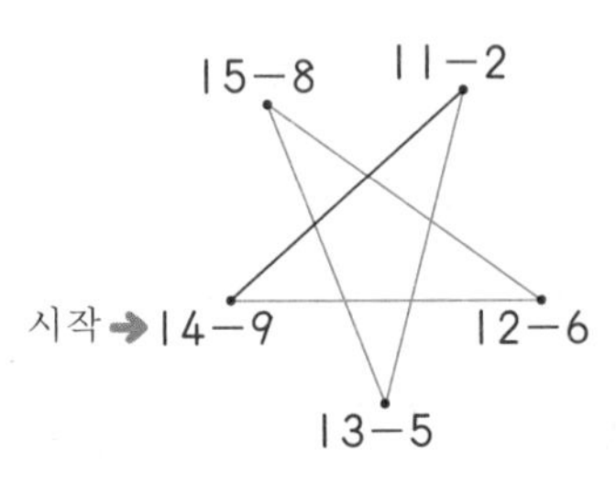

22 6, 7, 8, 9

23

14−6	15−8	17−8
11−2	15−7	13−6
11−4	16−8	16−7

24 8

25 예 ❶ (키위의 수)$=12-3=9$(개)
❷ (사과의 수)$=9+6=15$(개)　답 15개

7 12보다 5만큼 더 작은 수 ➔ $12-5=7$

8 ㉠ $8+4=12$　㉡ $9+2=11$

9 $9+8=17$ ➔ $17>15$

10 (지금 책꽂이에 꽂혀 있는 책 수)
$=4+7=11$(권)

11 (지유가 가지고 있는 캐릭터 카드 수)
$-$(시후가 가지고 있는 캐릭터 카드 수)
$=16-9=7$(장)

12 $13-7=6$, $12-4=8$, $17-9=8$

13 $7+5=12$, $5+7=12$
$9+8=17$, $8+9=17$

참고
두 수를 서로 바꾸어 더해도 합은 같습니다.

14 $19-9=10$　　$13-5=8$

15 더하는 수가 1씩 커지면 합도 1씩 커집니다.
$8+6=14$
$8+7=15$
$8+8=16$
$8+9=17$
1씩 커짐.　1씩 커짐.

더해지는 수가 1씩 작아지면 합도 1씩 작아집니다.
$8+6=14$
$7+6=13$
$6+6=12$
$5+6=11$
1씩 작아짐.　1씩 작아짐.

17 빼지는 수는 1만큼 커지고 차는 그대로이므로 빼는 수는 4보다 1만큼 더 큰 수인 5입니다.

19 어떤 수를 □라 하면 □$+6=11$입니다.
6을 더해 11이 되는 수는 5이므로 □$=5$입니다.

20 (수지가 가지고 있던 젤리 수)$=8+5=13$(개)
➔ (남은 젤리 수)$=13-9=4$(개)

22 □$+7=12$에서 $5+7=12$이므로 □$=5$입니다.
➔ □$+7>12$이려면 □는 5보다 커야 하므로 □ 안에 들어갈 수 있는 수는 6, 7, 8, 9입니다.

23 • $12-4=8$이므로 차가 $14-6$, $15-7$, $16-8$과 같습니다.
• $16-9=7$이므로 차가 $15-8$, $13-6$, $11-4$와 같습니다.
• $14-5=9$이므로 차가 $17-8$, $11-2$, $16-7$과 같습니다.

24 (도윤이가 꺼낸 공에 적힌 두 수의 합)$=3+9=12$
다은이가 이기려면 5와 더하여 12보다 커야 하므로 $5+8=13$입니다.
따라서 다은이가 꺼내야 할 공에 적힌 수는 8입니다.

25

채점 기준		
❶ 키위의 수를 구함.	2점	4점
❷ 사과의 수를 구함.	2점	

BOOK ❶ 102~105쪽

5. 규칙 찾기

1 STEP 개념별 유형 108~110쪽

1

2 높은, 낮은　　3 (　　)(○)

4 ⬆

5

6 지혜　　7 (배)에 ○표

8 (비행기)에 ○표　　9 ㉡

10

11

12

---

13 파란, 파란, 초록

14

15

16

17

18 예

1 (원기둥), (상자)이 반복됩니다.

3 해바라기, 벌, 벌이 반복됩니다.

4 ⬆, ⬇, ⬆가 반복됩니다.

7 비행기, 배가 반복되게 만든 규칙이므로 □ 안에는 배가 들어가야 합니다.

8 배, 비행기, 비행기가 반복되게 만든 규칙이므로 □ 안에는 비행기가 들어가야 합니다.

9 ㉠ 주사위의 눈의 수가 5, 5, 2가 반복되게 놓았습니다.

15 □, △가 반복됩니다.

16 보라색, 보라색, 노란색이 반복됩니다.

17 ★, ◆가 반복됩니다.

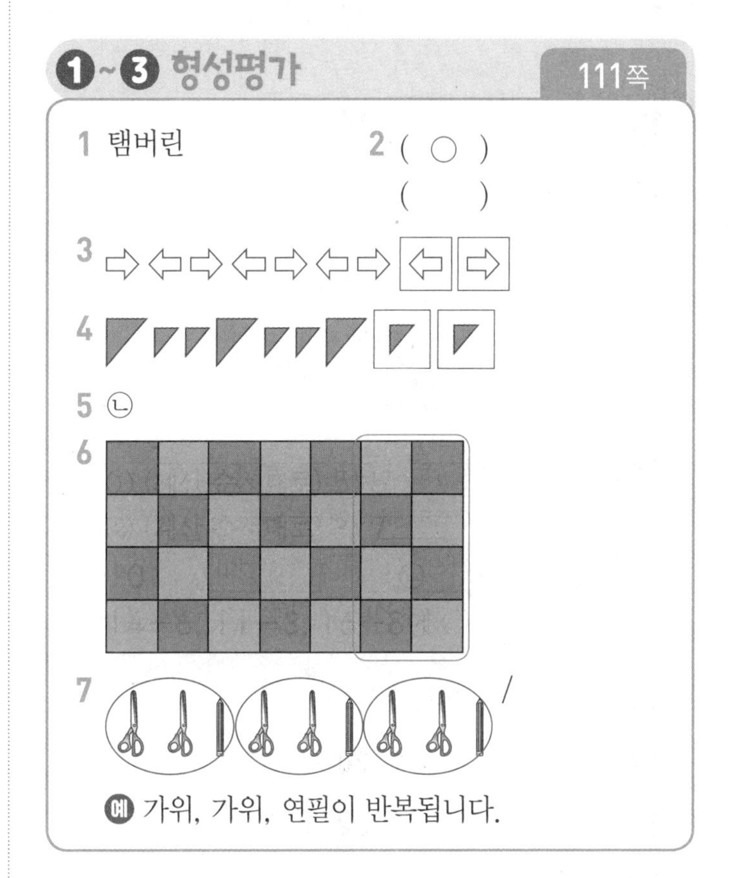

1~3 형성평가
111쪽
1 탬버린
2 (○)
(　　)
3
4
5 ㉡
6
7
예 가위, 가위, 연필이 반복됩니다.

2 • 위: 숟가락, 포크, 포크가 반복됩니다.
• 아래: 숟가락, 숟가락, 포크가 반복됩니다.

3 ⇨, ⇦가 반복됩니다.

4 ◤, ◤, ◤가 반복됩니다.

6 첫 번째 줄, 세 번째 줄은 주황색, 연두색이 반복되고, 두 번째 줄, 네 번째 줄은 연두색, 주황색이 반복됩니다.

7 평가 기준

반복되는 부분을 찾아 규칙을 바르게 찾아 썼으면 정답으로 합니다.

BOOK 1 108~111쪽

1 STEP 개념별 유형 112~116쪽

1 7, 4 2 2 3 3

4 9, 2 5 31, 23

6 (왼쪽부터) 6, 8

7 (왼쪽부터) 42, 45, 48

8 재혁 9 12

10 45, 40, 35, 30, 25

11 1 12 38, 39, 40

13 10씩 14 11씩

15

51	52	53	54	55	56	57	58	59	60
61	62	63	64	65	66	67	68	69	70
71	72	73	74	75	76	77	78	79	80
81	82	83	84	85	86	87	88	89	90
91	92	93	94	95	96	97	98	99	100

16

41	42	43	44	45	46	47	48	49	50
51	52	53	54	55	56	57	58	59	60
61	62	63	64	65	66	67	68	69	70

17 ㉠

18 (위에서부터) 23, 24, 19

19 69 20 하린

21 ㉢ 22 3, 2

23 ○, ⊙, ⊙

24 4, 3, 4

25 ○, ×, ○, ×

26 ㄴ, ㄷ, ㄴ 27 3, 5, 3

28 ㉡ 29 ( ) (○)

30

⚀	⚀	⚄	⚀	⚀	⚄	⚀	⚀
1	1	5	1	1	5	1	1

6 8과 6이 반복됩니다.

참고 규칙을 찾을 때는 수가 반복되는지, 커지거나 작아지는지 살펴봅니다.

7 30부터 시작하여 3씩 커집니다.

8 수민: 오른쪽으로 갈수록 1씩 작아지는 규칙으로 수 배열을 하면 6−5−4−3−2−1입니다.

9 2−4−6−8−10−12 (㉠)

10 50−45−40−35−30−25

12 수 배열표에서 → 방향으로 1씩 커지므로 38−39−40입니다.

13 57부터 시작하여 ↓ 방향으로 10씩 커집니다.

14 색칠한 수는 52부터 시작하여 ↘ 방향으로 11씩 커집니다.

15 91, 95, 99를 노란색으로 색칠합니다.

16 색칠한 수는 41부터 시작하여 2씩 커집니다.
➔ 63, 65, 67, 69에 색칠합니다.

참고 2씩 커지는 규칙은 2씩 뛰어 세기하는 것과 같습니다.

18 사물함 번호는 → 방향으로 3씩 커지고, ↓ 방향으로 1씩 커집니다.

19 ↓ 방향으로 5씩 커지므로 ★에 알맞은 수는 64보다 5만큼 더 큰 수인 69입니다.

다른 풀이 → 방향으로 1씩 커집니다.
➔ 66−67−68−69로 ★에 알맞은 수는 69입니다.

20 지호: 책의 색이 연두색, 주황색으로 반복됩니다.

21 팝콘 상자의 무늬는 빨간색, 흰색으로 반복됩니다.
㉠ 실에 끼운 구슬이 빨간색, 흰색, 빨간색으로 반복됩니다.
㉡ 손수건의 무늬가 빨간색, 빨간색, 흰색으로 반복됩니다.
㉢ 양말의 무늬가 빨간색, 흰색으로 반복됩니다.

22 도넛, 사탕, 사탕이 반복됩니다. 도넛은 2로, 사탕은 3으로 나타내면 2, 3, 3이 반복됩니다.
따라서 ㉠에 알맞은 수는 3, ㉡에 알맞은 수는 2입니다.

24 뒤집어진 윷가락의 수가 3개, 4개로 반복되므로 빈 칸에 차례로 4, 3, 4를 씁니다.

26 , , 이 반복됩니다. 은 ㄴ, 은 ㄷ으로 나타내면 ㄴ, ㄷ, ㄴ이 반복됩니다.

27 , , 이 반복됩니다. 은 3, 은 5로 나타내면 3, 5, 3이 반복됩니다.

29 보기는 □, △ 모양의 교통 표지판이 반복됩니다.

30 ⚀, ⚀, ⚄가 반복됩니다. ⚀은 1, ⚄는 5로 나타내면 1, 1, 5가 반복됩니다.

❹~❼ 형성평가 117쪽

1 2, 2　　2 ○, ▽
3 ㉠　　4 9
5

61	62	63	64	65	66	67	68	69	70
71	72	73	74	75	76	77	78	79	80
81	82	83	84	85	86	87	88	89	90

6 지유

2 팽이, 요요, 요요가 반복됩니다. 팽이는 ▽, 요요는 ○로 나타내면 ▽, ○, ○가 반복됩니다.
따라서 ㉠에 알맞은 모양은 ○, ㉡에 알맞은 모양은 ▽입니다.

3 ㉡ ↓ 방향으로 3씩 작아집니다.

4 9－3－9－9－3－9
★

5 61부터 시작하여 4씩 커집니다.
➜ 77, 81, 85, 89에 색칠합니다.

6 펭귄, 개미, 개미가 반복되고, 펭귄은 2, 개미는 6으로 나타내면 2, 6, 6이 반복됩니다.
➜ 지유: ㉡에 알맞은 수는 6입니다.

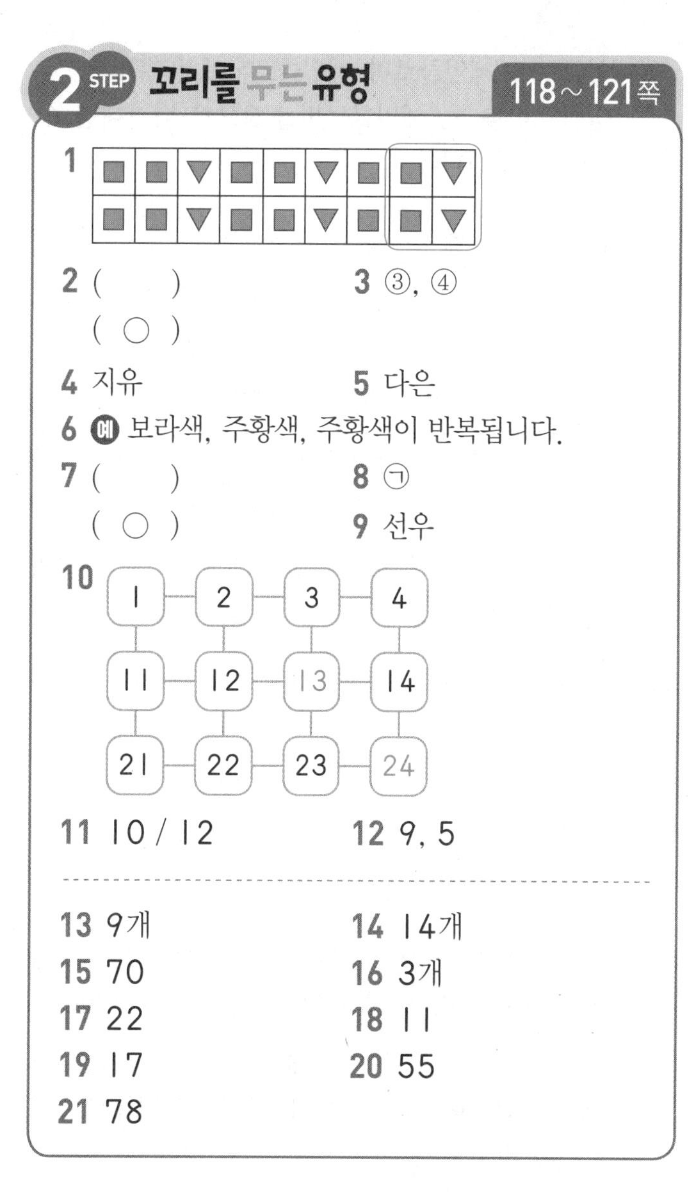

2 STEP 꼬리를 무는 유형 118~121쪽

1 ■ ■ ▼ ■ ■ ▼ ■ ■ ▼ / ■ ■ ▼ ■ ■ ▼ ■ ■ ▼
2 (　　)
(○)　　3 ③, ④
4 지유　　5 다은
6 예 보라색, 주황색, 주황색이 반복됩니다.
7 (　　)
(○)　　8 ㉠
9 선우
10

1	2	3	4
11	12	13	14
21	22	23	24

11 10 / 12　　12 9, 5

13 9개　　14 14개
15 70　　16 3개
17 22　　18 11
19 17　　20 55
21 78

1 첫 번째 줄, 두 번째 줄 모두 ■, ■, ▼가 반복됩니다.

2 첫 번째 줄은 ★, ●가 반복되고, 두 번째 줄은 ●, ★이 반복됩니다.

3 첫 번째 줄, 두 번째 줄 모두 ♥, ▲, ▲가 반복됩니다.

6 평가 기준
그림을 보고 규칙을 바르게 찾아 썼으면 정답으로 합니다.

7 두발자전거, 네발자전거, 네발자전거가 반복됩니다.
두발자전거를 2, 네발자전거를 4로 나타내면 2, 4, 4가 반복됩니다.

8 모양 쿠키, 모양 쿠키, 모양 쿠키가 반복됩니다.
모양 쿠키를 ○, 모양 쿠키를 □로 나타내면 ○, ○, □가 반복됩니다.

9 네잎클로버, 세잎클로버, 네잎클로버가 반복됩니다. 네잎클로버를 4, 세잎클로버를 3으로 나타내면 4, 3, 4가 반복됩니다.

10

1	2	3	4
11	12	㉠	14
21	22	23	㉡

오른쪽으로 갈수록 1씩 커지고, 아래쪽으로 내려갈수록 10씩 커지는 규칙입니다.

➜ ㉠은 12보다 1만큼 더 큰 수인 13이고, ㉡은 14보다 10만큼 더 큰 수인 24입니다.

11 각각의 도형에서 맨 왼쪽 수부터 2씩 커지는 규칙입니다. 8-10-12이므로 ㉠=10, ㉡=12입니다.

12 왼쪽과 오른쪽 수는 ↓ 방향으로 1씩 커지는 규칙입니다.
양쪽 두 수의 합을 가운데에 써넣는 규칙입니다.

다른 풀이
왼쪽과 오른쪽 수는 ↓ 방향으로 1씩 커지고, 가운데 수는 ↓ 방향으로 2씩 커지는 규칙입니다.

13 첫 번째 줄, 두 번째 줄, 세 번째 줄 모두 ➡, ⬆, ➡가 반복됩니다. 완성한 무늬에서 ⬆는 모두 9개입니다.

14 첫 번째 줄과 세 번째 줄은 ★과 ♣가 반복되고, 두 번째 줄은 ♣, ★이 반복됩니다. 완성한 무늬에서 ★은 모두 14개입니다.

15 34부터 시작하여 4씩 커집니다.
➜ 색칠해야 할 수는 54, 58, 62, 66, 70이므로 이 중 가장 큰 수는 70입니다.

16 88부터 시작하여 3씩 작아집니다.
➜ 색칠해야 할 수는 70, 67, 64, 61, 58, 55, 52입니다. 이 중 홀수는 67, 61, 55이므로 3개입니다.

17 4부터 시작하여 3씩 커집니다.
6번째에 놓이는 수는 16보다 3만큼 더 큰 수인 19이고, 7번째에 놓이는 수는 19보다 3만큼 더 큰 수인 22입니다.

18 35부터 시작하여 4씩 작아집니다.
6번째에 놓이는 수는 19보다 4만큼 더 작은 수인 15이고, 7번째에 놓이는 수는 15보다 4만큼 더 작은 수인 11입니다.

19 2부터 시작하여 1, 2, 3, 4, ...씩 커집니다. 6번째에 놓이는 수는 12보다 5만큼 더 큰 수인 17입니다.

20

22	23	24	
32	33	34	㉠
42			
			■

→ 방향으로 1씩 커지고, ↓ 방향으로 10씩 커집니다.
→ 방향의 규칙에 따라 ㉠은 35이고, ↓ 방향의 규칙에 따라 35부터 시작하여 35-45-55이므로 ■는 55입니다.

21

		56	57	58
				66
				74
♥				㉠

↓ 방향으로 8씩 커지고, ← 방향으로 1씩 작아집니다.
↓ 방향의 규칙에 따라 ㉠은 82이고, ← 방향의 규칙에 따라 82부터 시작하여 82-81-80-79-78이므로 ♥는 78입니다.

3 STEP 수학 독해력 유형 122~125쪽

독해력 1 ❶ 2, 5 ❷ 0, 5 ❸ 5, 5
답 5개

쌍둥이 1-1 답 7개

독해력 2 ❶ 3 ❷ 20, 23, 26, 29, 32
❸ 26 답 26

쌍둥이 2-1 답 36

독해력 3 ❶ 빨간, 파란 ❷ (그림)
❸ 파란색에 ○표 답 파란색

쌍둥이 3-1 답 초록색

독해력 4 ❶ 31, 32 ❷ 29
❸ 29, 34, 39 답 29, 34, 39

쌍둥이 4-1 답 60, 64, 68

독해력 1 ❷ 펼친 손가락이 0개, 2개, 5개가 반복되므로 ㉠에는 펼친 손가락 0개 그림이 들어가고, ㉡에는 펼친 손가락 5개 그림이 들어갑니다.

❸ (㉠과 ㉡에 들어갈 그림의 펼친 손가락의 수의 합)
=(㉠에 들어갈 그림의 펼친 손가락의 수)
+(㉡에 들어갈 그림의 펼친 손가락의 수)
=0+5=5(개)

쌍둥이 1-1 ❶ 펼친 손가락의 수의 규칙:
펼친 손가락이 5개, 5개, 2개가 반복됩니다.
❷ ㉠과 ㉡에 들어갈 그림의 펼친 손가락의 수 구하기
→ ㉠: 2개, ㉡: 5개
❸ (㉠과 ㉡에 들어갈 그림의 펼친 손가락의 수의 합)
=2+5=7(개)

쌍둥이 2-1 ❶ 보기의 규칙: 오른쪽으로 갈수록 2씩 작아집니다.
❷ 위 ❶의 규칙에 따라 빈칸에 알맞은 수 써넣기:
44−42−40−38−36−34
❸ ㉠에 알맞은 수 구하기: 36

독해력 3 ❷ 빨간색, 빨간색, 파란색 구슬이 반복되므로 빈칸에는 차례로 빨간색, 빨간색, 파란색 구슬을 그립니다.

쌍둥이 3-1 ❶ 구슬을 늘어놓은 규칙:
보라색, 초록색, 보라색 구슬이 반복됩니다.
❷ 위 ❶에서 찾은 규칙에 따라 구슬이 14개가 되게 그리기
❸ 14번째 놓이는 구슬의 색깔: 초록색

쌍둥이 4-1 ❶ 56과 61 사이에 있는 수:
57, 58, 59, 60
❷ 위 ❶의 수 중 십의 자리 숫자가 일의 자리 숫자보다 큰 수: 60
❸ 조건을 모두 만족하는 수부터 시작하여 4씩 커지는 규칙으로 수를 차례로 3개 쓰기: 60, 64, 68

유형 TEST 126~129쪽

1 자동차, 자전거
2 4, 8
3 ♡에 ○표
4 △에 ○표
5 10
6

11	12	13	14	15	16	17	18	19	20
21	22	23	24	25	26	27	28	29	30
31	32	33	34	35	36	37	38	39	40
41	42	43	44	45	46	47	48	49	50
51	52	53	54	55	56	57	58	59	60

7 28, 31, 34
8 □, ♡, □
9
10 ㉠
11 6
12 ㉡
13 × / ○
14

51	52	53	54	55	56	57	58	59	60
61	62	63	64	65	66	67	68	69	70
71	72	73	74	75	76	77	78	79	80

15 ㉡
16
17
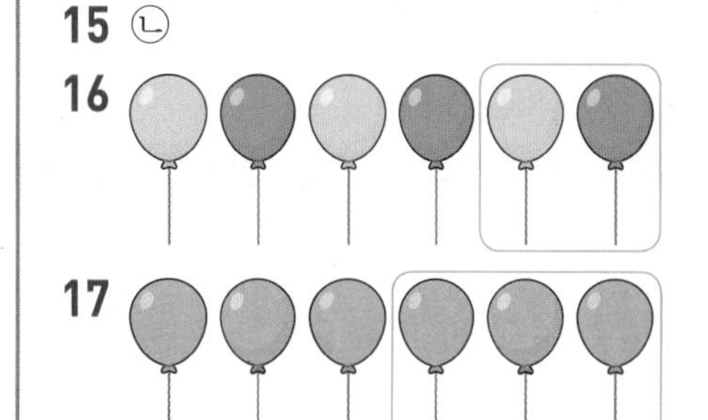
18

2	4	2	2	4	2	2	4	2
○	□	○	○	□	○	○	□	○

19 15, 8
20 18개
21 26
22 14
23 연두색
24 70, 68, 66
25 예 ❶ 펼친 손가락의 수의 규칙을 알아보면 펼친 손가락이 2개, 0개, 2개가 반복됩니다.
❷ ㉠과 ㉡에 들어갈 그림의 펼친 손가락의 수를 구하면 ㉠은 2개, ㉡은 2개입니다.
❸ (㉠과 ㉡에 들어갈 그림의 펼친 손가락의 수의 합)=2+2=4(개)
답 4개

6 수 배열표에서 → 방향으로 1씩 커지고, ↓ 방향으로 10씩 커집니다.

7 오른쪽으로 갈수록 3씩 커지므로 25 다음에는 28, 31, 34가 옵니다.

8 나비, 잠자리가 반복됩니다. 나비는 ♡, 잠자리는 □로 나타내면 ♡, □가 반복됩니다.

9 첫 번째 줄과 두 번째 줄 모두 보라색, 연두색, 연두색이 반복됩니다.

10 앉기, 서기가 반복됩니다.

11 주사위의 눈의 수가 6, 3이 반복됩니다.
따라서 ㉠에 올 주사위의 눈의 수는 6입니다.

12 ♩., ♩., ♪가 반복됩니다.
㉡ ♩.는 2, ♪는 1로 나타내면 2, 2, 1이 반복됩니다.

13 색깔이 빨간색, 빨간색, 초록색으로 반복됩니다.

14 51부터 시작하여 3씩 커집니다.
➔ 72, 75, 78에 색칠합니다.

15 ㉠ 책의 색이 빨간색, 파란색, 노란색으로 반복됩니다.

18 오리, 거북, 오리가 반복됩니다.
➔ 오리는 2와 ○, 거북은 4와 □로 나타내면 2, 4, 2가 반복되고, ○, □, ○가 반복됩니다.

19 왼쪽과 오른쪽 수는 ↓ 방향으로 2씩 커지는 규칙입니다. 양쪽 두 수의 합을 가운데에 써넣는 규칙입니다.

참고
가운데 수는 ↓ 방향으로 4씩 커지는 규칙입니다.

20 첫 번째 줄, 두 번째 줄, 세 번째 줄 모두 ●, ●, ♥가 반복됩니다. 완성한 무늬에서 ●는 모두 18개입니다.

22 50부터 시작하여 6씩 작아집니다.
➔ 색칠해야 할 수는 26, 20, 14이므로 이 중 가장 작은 수는 14입니다.

23 사과를 늘어놓은 규칙을 알아보면 빨간색, 연두색, 연두색 사과가 반복됩니다.
규칙에 따라 사과 12개를 그리면
입니다.
➔ 12번째에 놓이는 사과의 색깔: 연두색

24 65와 71 사이에 있는 수는 66, 67, 68, 69, 70입니다. 이 중 십의 자리 숫자가 일의 자리 숫자보다 큰 수는 70입니다.
➔ 70부터 시작하여 2씩 작아지는 규칙으로 수를 차례로 3개 쓰면 70, 68, 66입니다.

25

채점 기준		
❶ 펼친 손가락의 수의 규칙을 구함.	1점	4점
❷ ㉠과 ㉡에 들어갈 그림의 펼친 손가락의 수를 각각 구함.	2점	
❸ ㉠과 ㉡에 들어갈 그림의 펼친 손가락의 수의 합을 구함.	1점	

6. 덧셈과 뺄셈(3)

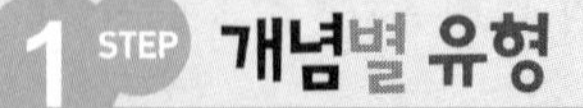

1 STEP 개념별 유형 132~136쪽

1 예 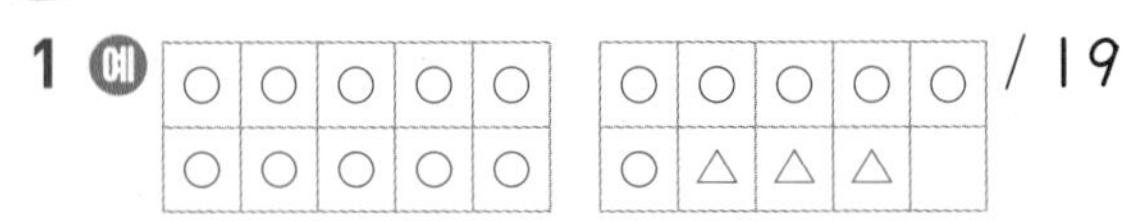 / 19

2 (1) 69 (2) 96
3 77
4 (선 잇기)
5 다은
6 31+8=39 / 39통
7 30, 80
8 (1) 30 (2) 70
9 80
10 (○)( )
11 60원
12 70+20=90 / 90개

13 49
14 (1) 57 (2) 38
15 47
16 ( )(×)
17 ㉡
18 47+51=98 / 98개
19 17, 37
20 20+11=31
21 45, 55, 65, 75
22 49, 59
23 예 62+13=75

24 4, 29 / 29명
25 13, 25 / 25개
26 10+30=40 / 40장
27 36+2=38 / 38번
28 34+31=65 / 65쪽
29 20+30=50 / 50명

2 낱개끼리 더하고 10개씩 묶음의 수는 그대로 내려씁니다.

참고
(몇십)+(몇)은 (몇십몇)+(몇)과 같은 방법으로 계산합니다.

3 75+2=77

4 42+7=49, 4+44=48, 41+6=47

5 더하는 수 3을 낱개의 수 2와 자리를 맞추어 쓴 후 더해야 합니다.

6 (멜론과 수박의 수)=(멜론의 수)+(수박의 수)
=31+8=39(통)

8 (1)
```
  20
+ 10
----
  30
```
(2)
```
  30
+ 40
----
  70
```

9 10+70=80

10 60+30=90 ➔ 90>80

11 (두 동전의 금액의 합)=50+10=60(원)

12 (탁구공의 수)=(탁구채의 수)+20
=70+20=90(개)

13 보라색 구슬 24개와 주황색 구슬 25개를 더하면 모두 49개입니다.
➔ 24+25=49

14 (1)
```
  30
+ 27
----
  57
```
(2)
```
  16
+ 22
----
  38
```

15 33+14=47

16
```
  42
+ 10
----
  52
```

17 ㉠ 12+34=46 ㉡ 20+16=36
㉢ 15+22=37
따라서 합이 36인 것은 ㉡입니다.

18 (재희와 민재가 접은 종이배 수)
=(재희가 접은 종이배 수)+(민재가 접은 종이배 수)
=47+51=98(개)

19 피망: 20개, 당근: 17개 ➔ 20+17=37

20 피망: 20개, 양파: 11개 ➔ 20+11=31

21 더하는 수가 10씩 커지면 합도 10씩 커집니다.

22 더해지는 수가 10씩 커지면 합도 10씩 커집니다.

23 분홍색 주머니의 수와 연두색 주머니의 수를 각각 하나씩 골라 더하는 식을 만듭니다.
다른 답 62+14=76, 54+13=67, 54+14=68

24 (지금 운동장에 있는 학생 수)
=(처음 운동장에 있던 학생 수)+(더 온 학생 수)
=25+4=29(명)

25 (냉장고에 있는 귤의 수)
=(딸기의 수)+13=12+13=25(개)

26 (연아가 가지고 있는 색종이 수)
=(파란색 색종이 수)+(노란색 색종이 수)
=10+30=40(장)

27 (유나가 넘은 줄넘기 수)
=(선우가 넘은 줄넘기 수)+2=36+2=38(번)

28 (오늘 읽은 책의 쪽수)
=(어제 읽은 책의 쪽수)+31=34+31=65(쪽)

29 (봉사 활동에 참여한 사람 수)
=(남자 수)+(여자 수)=20+30=50(명)

❶~❺ 형성평가 137쪽

1 48
2 30+22=52
3 30+14=44
4 <
5 (선 잇기)
6 23+6=29 / 29개
7 예 15+53=68

1 45+3=48

2 딸기 우유: 30개, 바나나 우유: 22개
➔ 30+22=52

3 윗줄에 있는 우유: 딸기 우유 30개, 초코 우유 14개
➔ 30+14=44

4 61+25=86 ➔ 78<86

5 40+50=90, 30+50=80

6 (캔 고구마와 감자 수)
=(캔 고구마 수)+(캔 감자 수)
=23+6=29(개)

7 주황색 주머니의 수와 파란색 주머니의 수를 각각 하나씩 골라 더하는 식을 만듭니다.
다른 답 40+10=50, 40+53=93, 15+10=25

1 STEP 개념별 유형 138~142쪽

1 예 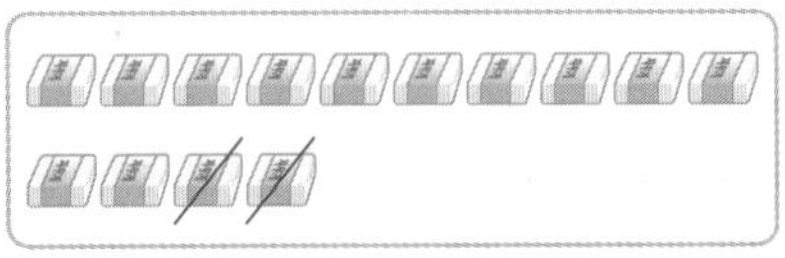 / 12

2 55
3 81
4 45
5 (○)(   )
6 78−6에 색칠
7 27−4=23 / 23개
8 10, 10
9 20
10 40
11 
12 (○)(   )
13 60−10=50 / 50장

14 11, 25
15 45
16 ㉡
17 36
18 (   )(×)(   )
19 29−15=14 / 14개
20 11, 7
21 18−14=4
22 81, 71, 61, 51
23 77, 76
24 예 45+20=65 / 예 66−33=33

25 20, 20 / 20개
26 14, 23 / 23번
27 95−3=92 / 92대
28 50−30=20 / 20개
29 38+11=49 / 49송이
30 26−11=15 / 15송이
31 38−26=12 / 12송이

5 빼는 수 2를 낱개의 수 7과 자리를 맞추어 쓴 후 빼야 합니다.

6 78−6=72 ➔ 72<74

7 (우희가 가지고 있는 풍선 수)
−(다래가 가지고 있는 풍선 수)
=27−4=23(개)

12 50−20=30, 80−70=10 ➔ 30>10

13 (붙이지 않은 이름표 스티커 수)
=(수미가 가지고 있던 이름표 스티커 수)
−(붙인 이름표 스티커 수)
=60−10=50(장)

14 초콜릿 36개에서 11개를 먹었으므로 남은 초콜릿은 25개입니다. ➔ 36−11=25

16 ㉡ $\begin{array}{r} 5\ 4 \\ -\ 3\ 0 \\ \hline 2\ 4 \end{array}$

17 화살을 던져 맞힌 두 수: 67, 31
➔ 67−31=36

18 85−42=43, 92−50=42, 67−24=43

19 (지수가 먹은 땅콩 수)−(현우가 먹은 땅콩 수)
=29−15=14(개)

20 삼각김밥: 18개, 도넛: 11개 ➔ 18−11=7

21 삼각김밥: 18개, 샌드위치: 14개 ➔ 18−14=4

22 빼는 수가 10씩 커지면 차는 10씩 작아집니다.

23 빼지는 수가 1씩 작아지면 차도 1씩 작아집니다.

24 노란색 공과 파란색 공을 각각 하나씩 골라 더하는 식과 빼는 식을 만듭니다.

다른 답
- 덧셈식: 66+33=99, 66+20=86, 45+33=78
- 뺄셈식: 66−20=46, 45−33=12, 45−20=25

25 (남은 젤리 수)
=(처음에 가지고 있던 젤리 수)−(친구에게 준 젤리 수)
=40−20=20(개)

26 (미주가 찬 횟수)=(세호가 찬 횟수)−14
=37−14=23(번)

27 (주차장에 남은 자동차 수)
=(처음 주차장에 있던 자동차 수)
−(주차장에서 나간 자동차 수)
=95−3=92(대)

28 (팔린 사과 수)=(팔린 복숭아 수)−30
=50−30=20(개)

29 (튤립 수)+(장미 수)=38+11=49(송이)

30 (백합 수)−(장미 수)=26−11=15(송이)

31 (튤립 수)−(백합 수)=38−26=12(송이)

6~10 형성평가 143쪽

1 70

2 $\begin{array}{r} 39 \\ -\ \ 1 \\ \hline 38 \end{array}$

3 28−15=13
4 15−4=11
5 60, 50
6 ㉡
7 40−10=30 / 30권

3 탁구공: 28개, 야구공: 15개 ➔ 28−15=13

4 야구공: 15개, 축구공: 4개 ➔ 15−4=11

5 빼지는 수가 10씩 작아지면 차도 10씩 작아집니다.

6 ㉠ 46−13=33 ㉡ 67−24=43
㉢ 38−5=33

7 (남은 책 수)=(가지고 있던 책 수)−(빌려준 책 수)
=40−10=30(권)

2 STEP 꼬리를 무는 유형 144~147쪽

1 32
2 50
3 79
4 23개
5 94
6 41
7 90 / 56
8 26
9 25
10 60개
11 25
12 31
13 80
14 73

15 (위에서부터) 4, 3
16 (위에서부터) 5, 6
17 (위에서부터) 7, 2, 1
18 14, 42
19 50, 20
20 72, 6 / 74, 4
21 65−1 / 64
22 97−2 / 95
23 32
24 58

1 36보다 4만큼 더 작은 수 ➔ 36−4=32

2 10보다 40만큼 더 큰 수 ➔ 10+40=50

3 □는 53보다 26만큼 더 큰 수입니다. ➔ 53+26=79

4 풀은 자보다 5개 더 적게 있으므로 풀의 수는 28보다 5만큼 더 작은 수입니다.
➔ (풀의 수)=(자의 수)−5=28−5=23(개)

5 (상자) 모양에 적힌 수: 33, 61 ➔ 33+61=94

6 (원기둥) 모양에 적힌 수: 25, (공) 모양에 적힌 수: 66
➔ 66−25=41

7 (원) 모양: 단추(10), 거울(80) ➔ 10+80=90
(사각형) 모양: 액자(54), 손수건(2) ➔ 54+2=56

8 22>16>4이므로 가장 큰 수는 22이고, 가장 작은 수는 4입니다. ➔ 22+4=26

10 40>30>20이므로 민트 머핀이 가장 많이 있고, 딸기 머핀이 가장 적게 있습니다. ➔ 40+20=60(개)

11 21+□=46 ➔ 21+25=46이므로 □=25입니다.

12 빈 곳에 알맞은 수를 □라 하면 □+12=43
➔ 31+12=43이므로 □=31입니다.

13 빈 곳에 알맞은 수를 □라 하면 □−20=60
➔ 80−20=60이므로 □=80입니다.

14 어떤 수를 □라 하면 79−□=6입니다.
➔ 79−73=6이므로 □=73입니다.

15 $\begin{array}{r} 2\ ㉠ \\ +\ ㉡\ 3 \\ \hline 5\ 7 \end{array}$
• ㉠+3=7 ➔ 4+3=7이므로 ㉠=4입니다.
• 2+㉡=5 ➔ 2+3=5이므로 ㉡=3입니다.

중요
구한 답을 □ 안에 써넣은 후 계산을 하여 계산이 맞는지 확인해 봅니다.

16 $\begin{array}{r} 7\ ㉠ \\ -\ ㉡\ 2 \\ \hline 1\ 3 \end{array}$
• ㉠−2=3 ➔ 5−2=3이므로 ㉠=5입니다.
• 7−㉡=1 ➔ 7−6=1이므로 ㉡=6입니다.

17 $\begin{array}{r} 4\ ㉠ \\ -\ ㉡\ ㉢ \\ \hline 2\ 6 \end{array}$
계산 결과 26의 낱개의 수는 6이므로 낱개끼리 뺐을 때 6이 되는 두 수는 7과 1입니다. ➔ ㉠=7, ㉢=1
㉡에 2를 넣어 뺄셈식을 만들면 47−21=26입니다.

18 낱개끼리의 합이 6인 두 수를 찾습니다.
14+42=56(○)

19 10개씩 묶음끼리의 차가 3인 두 수를 찾습니다.
50−20=30(◯)

20 낱개끼리의 합이 8인 두 수를 찾습니다.
72+6=78(◯), 74+4=78(◯)

21 전략
두 수의 차가 가장 크려면 가장 큰 몇십몇에서 가장 작은 몇을 빼야 합니다.

6>5>1이므로 만들 수 있는 가장 큰 몇십몇은 65이고, 가장 작은 몇은 1입니다. ➔ 65−1=64

22 9>7>3>2이므로 만들 수 있는 가장 큰 몇십몇은 97이고, 가장 작은 몇은 2입니다. ➔ 97−2=95

23 • 11+53=■, ■=64
• ■−●=32, 64−●=32
➔ 64−32=32이므로 ●=32입니다.

24 • 22+74=▲, ▲=96
• ▲−★=41, 96−★=41
➔ 96−55=41이므로 ★=55입니다.
• ★+3=■ ➔ 55+3=■, ■=58

3 STEP 수학 독해력 유형 148~151쪽

독해력 1 ❶ 7, 11 ❷ 11, 29
답 29켤레
쌍둥이 1-1 답 30개
쌍둥이 1-2 답 69개
독해력 2 ❶ 75 ❷ 23
❸ 75, 23, 98 답 98
쌍둥이 2-1 답 84

독해력 3 ❶ 26 ❷ 26 / 7, 8, 9 / 3
답 3개
쌍둥이 3-1 답 5개
쌍둥이 3-2 답 4개
독해력 4 ❶ 37 ❷ 37 / 37, 14
답 14명
쌍둥이 4-1 답 19명

독해력 1 ❶ (구두의 수)=(운동화의 수)−7
=18−7=11(켤레)

쌍둥이 1-1 ❶ (다은이가 먹은 방울토마토의 수)
=20−10=10(개)
❷ (시우와 다은이가 먹은 방울토마토의 수)
=20+10=30(개)

쌍둥이 1-2 ❶ (망고의 수)=32+5=37(개)
❷ (사과와 망고의 수)=32+37=69(개)

독해력 2 ❶ 7>5>3>2이므로 만들 수 있는 가장 큰 몇십몇은 75입니다.
❷ 2<3<5<7이므로 만들 수 있는 가장 작은 몇십몇은 23입니다.

쌍둥이 2-1 ❶ 만들 수 있는 가장 큰 몇십몇 구하기: 96
❷ 만들 수 있는 가장 작은 몇십몇 구하기: 12
❸ (가장 큰 수와 가장 작은 수의 차)
=96−12=84

독해력 3 ❷ 26<2■이므로 ■는 6보다 커야 합니다.
따라서 ■에 들어갈 수 있는 수는 7, 8, 9로 모두 3개입니다.

쌍둥이 3-1 ❶ 왼쪽 식을 계산하기: 75−41=34
❷ 34<3■에서 ■에 들어갈 수 있는 수는 5, 6, 7, 8, 9로 모두 5개입니다.

쌍둥이 3-2 ❶ 왼쪽 식을 계산하기: 32+13=45
❷ 45>■4에서 ■에 들어갈 수 있는 수는 1, 2, 3, 4로 모두 4개입니다.

독해력 4 ❶ (1반의 학생 수)
=(1반의 남학생 수)+(1반의 여학생 수)
=12+25=37(명)
❷ 1반과 2반의 학생 수는 같으므로 2반의 학생 수도 37명입니다.

쌍둥이 4-1 ❶ (3반의 학생 수)=21+18=39(명)
❷ (4반의 학생 수)=39명
➔ (4반의 남학생 수)=39−20=19(명)

유형 TEST 152~155쪽

1 23
2 24
3 (1) 86 (2) 60
4 25
5 90
6 
7
```
  3 2
+   6
-----
  3 8
```
8 60
9 ( )(○)
10 23+26=49
11 33−23=10
12 77, 37
13 예 49−10=39
14 50

---

15 70−50=20 / 20병
16 54+34=88 / 88개
17 27+2=29 / 29명
18 15
19 70개
20 (위에서부터) 2, 3
21 67, 56
22 68개
23 46
24 4개
25 예 ❶ 만들 수 있는 가장 큰 몇십몇 구하기: 54
❷ 만들 수 있는 가장 작은 몇십몇 구하기: 13
❸ (가장 큰 수와 가장 작은 수의 합)
=54+13=67
답 67

5 40+50=90

6 34+3=37, 84−11=73

7 더하는 수 6을 낱개의 수 2와 자리를 맞추어 쓴 후 더해야 합니다.

8 90보다 30만큼 더 작은 수 ➔ 90−30=60

9 59−7=52 ➔ 53>52

10 초콜릿: 23개, 과자: 26개 ➔ 23+26=49

11 사탕: 33개, 초콜릿: 23개 ➔ 33−23=10

12 66+11=77, 77−40=37

13 분홍색 주머니의 수와 연두색 주머니의 수를 각각 하나씩 골라 빼는 식을 만듭니다.
다른 답 85−10=75, 85−23=62, 49−23=26

14 ○ 모양에 적힌 수: 30, 20 ➔ 30+20=50

15 (남은 우유 수)
=(처음에 있던 우유 수)−(판 우유 수)
=70−50=20(병)

16 (양파 수)=(당근 수)+34
=54+34=88(개)

17 (오늘 지혜네 반 학생 수)
=(처음 지혜네 반 학생 수)+(전학 온 학생 수)
=27+2=29(명)

18 어떤 수를 □라 하면 □+23=38입니다.
➔ 15+23=38이므로 □=15입니다.

19 60>40>10이므로 가장 많이 가지고 있는 사람은 하영이고, 가장 적게 가지고 있는 사람은 선호입니다.
➔ 60+10=70(개)

20
```
  4 ㉠
+ ㉡ 7
------
  7 9
```
• ㉠+7=9 ➔ 2+7=9이므로 ㉠=2입니다.
• 4+㉡=7 ➔ 4+3=7이므로 ㉡=3입니다.

21 낱개끼리의 차가 1인 두 수를 찾습니다.
67−56=11(○)

22 (경수가 딴 딸기 수)
=(수아가 딴 딸기 수)−4=36−4=32(개)
➔ (수아와 경수가 딴 딸기 수)=36+32=68(개)

23 • 32+56=▲, ▲=88
• ▲−★=42, 88−★=42 ➔ 88−46=42이므로 ★=46입니다.

24 전략
계산할 수 있는 왼쪽 식을 먼저 계산한 후, 수의 크기를 비교합니다.

68−3=65
➔ 65<■6에서 ■에 들어갈 수 있는 수는 6, 7, 8, 9로 모두 4개입니다.

25 채점 기준

❶ 만들 수 있는 가장 큰 몇십몇을 구함.	1점	4점
❷ 만들 수 있는 가장 작은 몇십몇을 구함.	1점	
❸ 가장 큰 수와 가장 작은 수의 합을 구함.	2점	

정답과 해설

1. 100까지의 수

단원 1 응용력 향상 집중 연습 2쪽

1 52	2 15 / 75
3 21 / 81	4 17 / 97
5 83	6 70

1 10개씩 묶음 4개, 낱개 12개는 10개씩 묶음 5개, 낱개 2개와 같으므로 52입니다.

2 10개씩 묶음 6개, 낱개 15개는 10개씩 묶음 7개, 낱개 5개와 같으므로 75입니다.

3 10개씩 묶음 6개, 낱개 21개는 10개씩 묶음 8개, 낱개 1개와 같으므로 81입니다.

4 10개씩 묶음 8개, 낱개 17개는 10개씩 묶음 9개, 낱개 7개와 같으므로 97입니다.

5 10개씩 묶음 7개, 낱개 13개는 10개씩 묶음 8개, 낱개 3개와 같으므로 83입니다.

6 10개씩 묶음 5개, 낱개 20개는 10개씩 묶음 7개와 같으므로 70입니다.

단원 1 응용력 향상 집중 연습 3쪽

1 ㉠	
2 ㉡	3 ㉢
4 ㉠	5 ㉡

1 전략
57과 주어진 수 카드의 수의 크기를 비교해 봅니다.

57은 36보다 크고 63보다 작으므로 수 카드 57은 36과 63 사이에 놓아야 합니다. → ㉠

2 66은 65보다 크고 68보다 작으므로 수 카드 66은 65와 68 사이에 놓아야 합니다. → ㉡

3 98은 96보다 크고 100보다 작으므로 수 카드 98은 96과 100 사이에 놓아야 합니다. → ㉢

4 54는 52보다 크고 59보다 작으므로 수 카드 54는 52와 59 사이에 놓아야 합니다. → ㉠

5 85는 79보다 크고 86보다 작으므로 수 카드 85는 79와 86 사이에 놓아야 합니다. → ㉡

단원 1 응용력 향상 집중 연습 4쪽

1 66, 68, 70	2 89, 91, 93, 95
3 80	4 65
5 86	6 89

1 65와 72 사이에 있는 수는 66, 67, 68, 69, 70, 71이고 그중 짝수는 66, 68, 70입니다.

주의
65와 72 사이에 있는 수에 65와 72는 포함되지 않습니다.

2 87보다 크고 96보다 작은 수는 88, 89, 90, 91, 92, 93, 94, 95이고 그중 홀수는 89, 91, 93, 95입니다.

3 78보다 크고 91보다 작은 수는 79부터 90까지의 수이므로 그중 가장 작은 짝수는 80입니다.

4 58과 66 사이에 있는 수는 59부터 65까지의 수이므로 그중 가장 큰 홀수는 65입니다.

5 74부터 89까지의 수 중 가장 큰 짝수는 88이고, 둘째로 큰 짝수는 86입니다.

6 83보다 크고 95보다 작은 수는 84부터 94까지의 수이고 그중 가장 작은 홀수는 85입니다. 둘째로 작은 홀수는 87이고, 셋째로 작은 홀수는 89입니다.

단원 1 응용력 향상 집중 연습 5쪽

1 36, 39, 63, 69, 93, 96	
2 27, 28, 72, 78, 82, 87	
3 61, 68, 81, 86	4 35, 39, 53
5 57	6 94

1 주의
수 카드를 한 번씩 사용해야 하므로 10개씩 묶음의 수와 낱개의 수가 같지 않도록 수를 만듭니다.

3 60보다 큰 몇십몇을 만들어야 하므로 10개씩 묶음의 수는 6, 8이어야 합니다.
→ 60보다 큰 몇십몇: 61, 68, 81, 86

4 55보다 작은 몇십몇을 만들어야 하므로 10개씩 묶음의 수가 3, 5인 수를 만들고 그중 55보다 작은 수를 찾습니다.
→ 35, 39, 53, 59 중에서 55보다 작은 수는 35, 39, 53입니다.

5 가장 작은 홀수를 만들려면 10개씩 묶음의 수는 가장 작은 5로 하고, 남은 수 7, 8 중 홀수인 7을 낱개의 수로 해야 합니다.
→ 가장 작은 홀수: 57

참고
- 짝수: 낱개의 수를 0, 2, 4, 6, 8로 하여 만들기
- 홀수: 낱개의 수를 1, 3, 5, 7, 9로 하여 만들기

6 가장 큰 짝수를 만들려면 10개씩 묶음의 수는 가장 큰 9로 하고, 남은 수 4, 2가 둘 다 짝수이므로 그중 더 큰 수인 4를 낱개의 수로 해야 합니다.
→ 가장 큰 짝수: 94

단원 1 창의·융합·코딩 학습 6~7쪽

코딩 1 80, 60, 90, 50 / 80, 90 / 80

창의 2 ❶ 83 ❷ 54 ❸ 90 ❹ 97

코딩 1 • 32, 80, 73, 60, 90, 46, 95, 50 중에서 몇십은 80, 60, 90, 50입니다.
• 80, 60, 90, 50 중에서 60보다 큰 수는 80, 90입니다.
• 80, 90 중에서 90보다 작은 수는 80입니다.

창의 2 ❶ 84의 바로 앞의 수는 83입니다.
❷ 53과 55 사이에 있는 수는 54입니다.
❸ 89의 바로 뒤의 수는 90입니다.
❹ 96의 바로 뒤의 수는 97입니다.

2. 덧셈과 뺄셈(1)

단원 2 응용력 향상 집중 연습 8쪽

1 10−3=7　　2 10−4=6
3 10−8=2　　4 10−5=5
5 10−6=4　　6 10−2=8

1 왼손에 바둑돌이 3개 있으므로 오른손에 있는 바둑돌은 10−3=7(개)입니다.

2 오른쪽 상자에 빵이 4개 있으므로 왼쪽 상자에 있는 빵은 10−4=6(개)입니다.

3 통 밖에 공이 8개 있으므로 통 안에 있는 공은 10−8=2(개)입니다.

4 상자 밖에 카드가 5장 있으므로 상자 안에 있는 카드는 10−5=5(장)입니다.

5 주차장에 자동차가 6대 남아 있으므로 주차장을 나간 자동차는 10−6=4(대)입니다.

6 새가 2마리 남아 있으므로 날아간 새는 10−2=8(마리)입니다.

단원 2 응용력 향상 집중 연습 9쪽

1 7, 8 / ㉡　　2 5, 4 / ㉠
3 6, 9 / ㉡　　4 3, 2 / ㉡
5 14, 13, 15 / ㉢　　6 16, 18, 17 / ㉠

5 ㉠ 2+8+4=10+4=14
㉡ 9+3+1=10+3=13
㉢ 5+5+5=10+5=15
→ $15>14>13$이므로 계산 결과가 가장 큰 식은 ㉢입니다.

6 ㉠ 6+3+7=6+10=16
㉡ 4+6+8=10+8=18
㉢ 8+7+2=10+7=17
→ $16<17<18$이므로 계산 결과가 가장 작은 식은 ㉠입니다.

2단원 응용력 향상 집중 연습 10쪽

1 $2+4+6=12$	2 $8+3+7=18$
3 $1+7+9=17$	4 $2+5+8=15$
5 $3+7+4=14$ / $4+6+4=14$	
6 $1+9+9=19$ / $2+8+9=19$	

5 $10+4=14$이므로 □+□$=10$이어야 합니다.
합이 10이 되는 두 수는 3과 7, 4와 6이므로 만들 수 있는 덧셈식은 $3+7+4=14$, $4+6+4=14$입니다.

6 $10+9=19$이므로 □+□$=10$이어야 합니다.
합이 10이 되는 두 수는 1과 9, 2와 8이므로 만들 수 있는 덧셈식은 $1+9+9=19$, $2+8+9=19$입니다.

2단원 응용력 향상 집중 연습 11쪽

1 8, 9	2 1, 2, 3, 4, 5
3 1, 2, 3, 4	4 1, 2, 3
5 2	6 3

1 $3+1+3=4+3=7$
➜ □ 안에는 7보다 큰 수가 들어갈 수 있으므로 8, 9가 들어갈 수 있습니다.

2 $9-2-1=7-1=6$
➜ □ 안에는 6보다 작은 수가 들어갈 수 있으므로 1, 2, 3, 4, 5가 들어갈 수 있습니다.

3 전략
<를 =로 바꾼 식에서 □의 값을 구한 후 처음 식에서 □ 안에 들어갈 수 있는 수를 구합니다.

$1+2=3$이므로 $3+□<8$입니다.
$3+□=8$일 때 $□=5$이므로 $3+□<8$에서 □ 안에는 5보다 작은 수가 들어갈 수 있습니다.
➜ □ 안에 들어갈 수 있는 수: 1, 2, 3, 4

4 $7-1=6$이므로 $6-□>2$입니다.
$6-□=2$일 때 $□=4$이므로 $6-□>2$에서 □ 안에는 4보다 작은 수가 들어갈 수 있습니다.
➜ □ 안에 들어갈 수 있는 수: 1, 2, 3

5 $4+2=6$이므로 $6+□<9$입니다.
$6+□=9$일 때 $□=3$이므로 $6+□<9$에서 □ 안에는 3보다 작은 수가 들어갈 수 있습니다.
➜ □ 안에 들어갈 수 있는 가장 큰 수: 2

6 $9-2=7$이므로 $7-□>3$입니다.
$7-□=3$일 때 $□=4$이므로 $7-□>3$에서 □ 안에는 4보다 작은 수가 들어갈 수 있습니다.
➜ □ 안에 들어갈 수 있는 가장 큰 수: 3

2단원 창의·융합·코딩 학습 12~13쪽

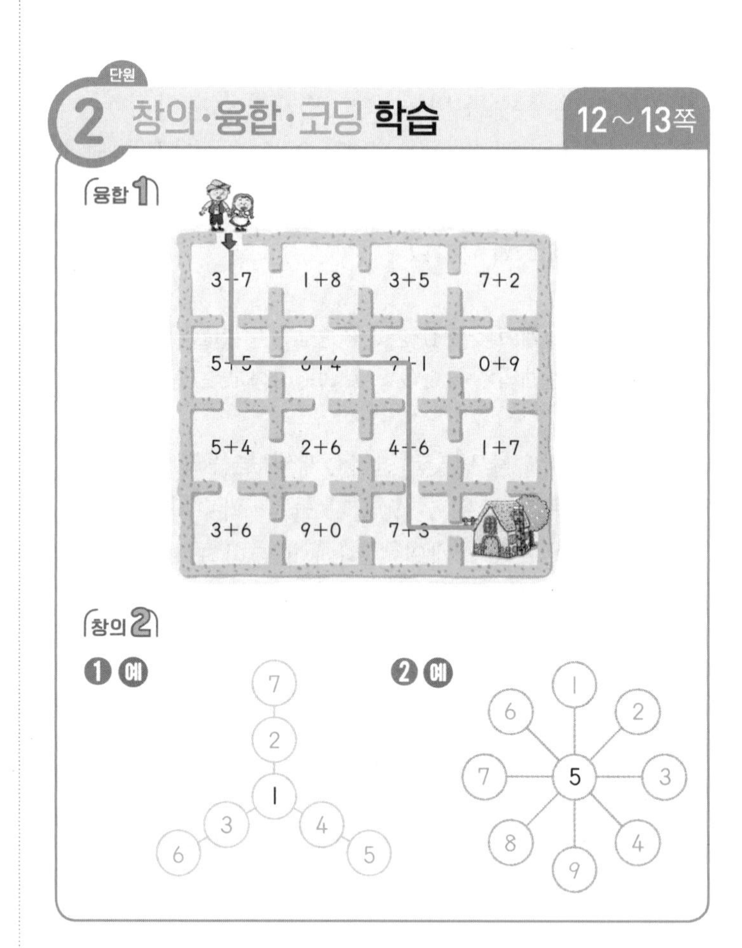

창의 2 ❶ 1이 가운데 칸에 쓰여 있으므로 1부터 7까지의 수 중 1을 제외하고 합이 같은 두 수씩 짝을 지어 같은 줄에 놓습니다.
➜ ① 2 3 4 5 6 7

❷ 5가 가운데 칸에 쓰여 있으므로 1부터 9까지의 수 중 5를 제외하고 합이 같은 두 수씩 짝을 지어 같은 줄에 놓습니다.
➜ 1 2 3 4 ⑤ 6 7 8 9

3. 모양과 시각

단원 3 응용력 향상 집중 연습 14쪽

1 1, 2	**2** 2, 3
3 2, 8	**4** 4, 4
5 3, 5	**6** 6, 4

5 점선을 따라 모두 자르면 □ 모양 3개, △ 모양 5개가 나옵니다.

6 점선을 따라 모두 자르면 □ 모양 6개, △ 모양 4개가 나옵니다.

단원 3 응용력 향상 집중 연습 15쪽

1 ○	**2** △
3 △	**4** □
5 □, △	**6** 4

1 □ 모양: 5개, △ 모양: 2개, ○ 모양: 3개
→ 3개를 이용한 모양은 ○ 모양입니다.

2 □ 모양: 3개, △ 모양: 7개, ○ 모양: 2개
→ 7개를 이용한 모양은 △ 모양입니다.

3 □ 모양: 8개, △ 모양: 2개, ○ 모양: 3개
→ 8>3>2이므로 가장 적게 이용한 모양은 △ 모양입니다.

4 □ 모양: 5개, △ 모양: 3개, ○ 모양: 1개
→ 5>3>1이므로 가장 많이 이용한 모양은 □ 모양입니다.

5 □ 모양: 3개, △ 모양: 3개, ○ 모양: 4개
→ 이용한 모양의 수가 같은 모양은 □ 모양과 △ 모양입니다.

6 □ 모양: 8개, △ 모양: 2개, ○ 모양: 4개
→ □ 모양은 ○ 모양보다 8−4=4(개) 더 많이 이용했습니다.

단원 3 응용력 향상 집중 연습 16쪽

1 6, 6	**2** 4, 5, 4
3 9시	**4** 8시 30분
5 2시, 3시	**6** 12시 30분, 1시 30분

3 8시에서 긴바늘을 한 바퀴 돌리면 짧은바늘은 9, 긴바늘은 12를 가리키므로 9시입니다.

시계의 긴바늘이 한 바퀴 도는 동안 짧은바늘은 숫자 눈금 한 칸만큼 움직입니다.

4 7시 30분에서 긴바늘을 한 바퀴 돌리면 짧은바늘은 8과 9의 가운데, 긴바늘은 6을 가리키므로 8시 30분입니다.

5 2시에서 긴바늘을 한 바퀴 돌리면 짧은바늘은 3, 긴바늘은 12를 가리키므로 3시입니다.

6 12시 30분에서 긴바늘을 한 바퀴 돌리면 짧은바늘은 1과 2의 가운데, 긴바늘은 6을 가리키므로 1시 30분입니다.

단원 3 응용력 향상 집중 연습 17쪽

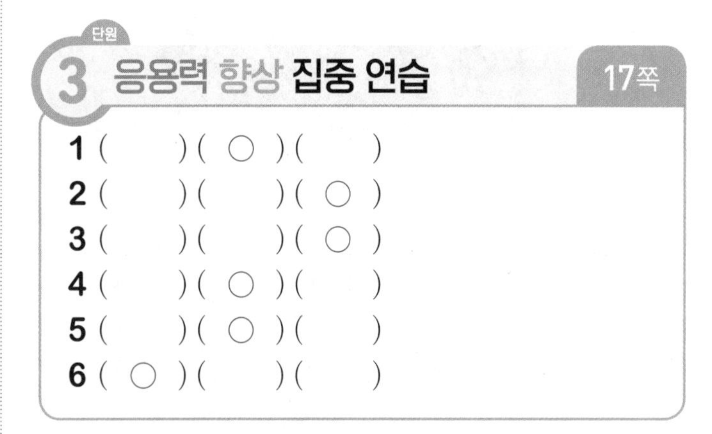
1 (　)(○)(　)
2 (　)(　)(○)
3 (　)(　)(○)
4 (　)(○)(　)
5 (　)(○)(　)
6 (○)(　)(　)

1 운동하기: 2시, 숙제하기: 4시, 독서하기: 3시

2 세수하기: 7시 30분, 축구하기: 9시 30분, 간식 먹기: 10시 30분

3 영화 보기: 2시 30분, 학원 가기: 3시, 산책하기: 1시
→ 가장 빠른 시각은 1시이므로 가장 먼저 한 일은 산책하기입니다.

가장 빠른 시각에 한 일이 가장 먼저 한 일입니다.

4 요리하기: 7시, 양치하기: 8시 30분, 공부하기: 8시
➔ 가장 늦은 시각은 8시 30분이므로 가장 늦게 한 일은 양치하기입니다.

5 식사하기: 6시, 텔레비전 보기: 7시 30분, 일기 쓰기: 10시
➔ 7시와 9시 사이에 한 일은 텔레비전 보기입니다.

6 청소하기: 9시, 게임하기: 10시, 봉사 활동: 10시 30분
➔ 8시와 10시 사이에 한 일은 청소하기입니다.

단원 3 창의·융합·코딩 학습 18~19쪽

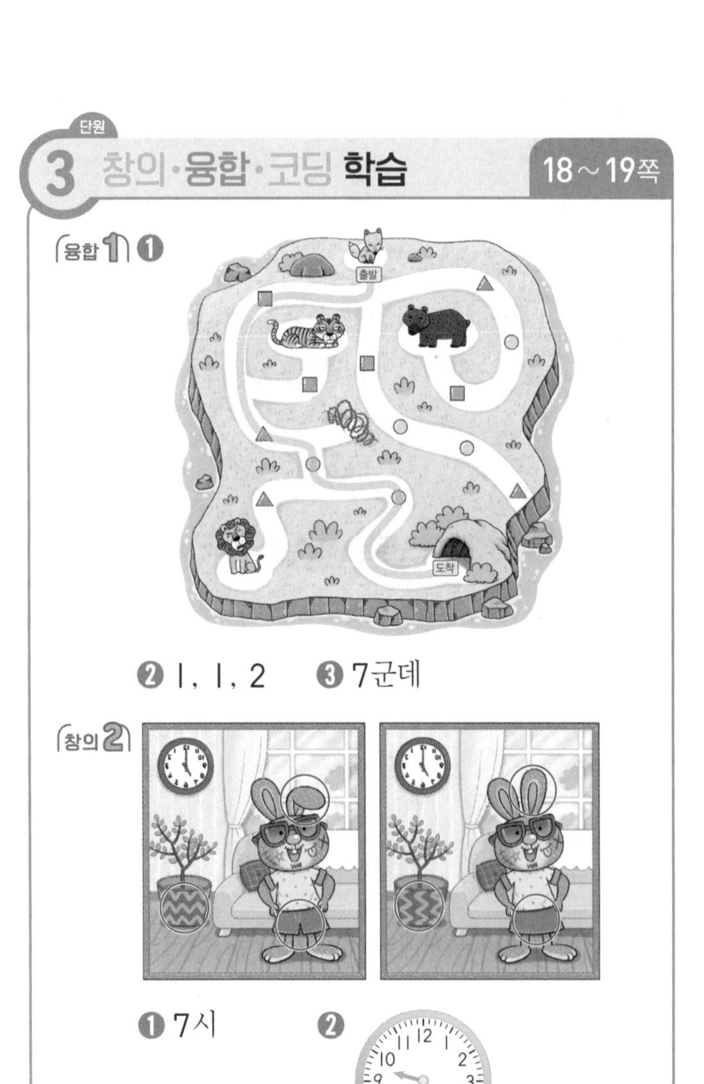

융합 1 ❶

❷ 1, 1, 2 ❸ 7군데

창의 2

❶ 7시 ❷

융합 1 ❸ ■ 모양 보석 1개에는 뾰족한 부분이 4군데 있고, ▲ 모양 보석 1개에는 뾰족한 부분이 3군데 있습니다. ● 모양 보석에는 뾰족한 부분이 없습니다.
➔ 뾰족한 부분이 모두 4+3=7(군데) 있습니다.

4. 덧셈과 뺄셈(2)

단원 4 응용력 향상 집중 연습 20쪽

1 8+7=15　　2 5+7=12
3 9+8=17　　4 6+6=12
5 6+8=14　　6 4+7=11

1 전략
합이 가장 큰 덧셈식을 만들려면 두 상자에서 각각 가장 큰 수가 적힌 공을 꺼내야 합니다.

왼쪽 상자에서 가장 큰 수는 8, 오른쪽 상자에서 가장 큰 수는 7이므로 8+7=15입니다.

2 전략
합이 가장 작은 덧셈식을 만들려면 두 상자에서 각각 가장 작은 수가 적힌 공을 꺼내야 합니다.

왼쪽 상자에서 가장 작은 수는 5, 오른쪽 상자에서 가장 작은 수는 7이므로 5+7=12입니다.

3 왼쪽 상자에서 가장 큰 수는 9, 오른쪽 상자에서 가장 큰 수는 8이므로 9+8=17입니다.

4 왼쪽 상자에서 가장 작은 수는 6, 오른쪽 상자에서 가장 작은 수도 6이므로 6+6=12입니다.

5 왼쪽 상자에서 가장 큰 수는 6, 오른쪽 상자에서 가장 큰 수는 8이므로 6+8=14입니다.

6 왼쪽 상자에서 가장 작은 수는 4, 오른쪽 상자에서 가장 작은 수는 7이므로 4+7=11입니다.

단원 4 응용력 향상 집중 연습 21쪽

1 13−5=8　　2 17−7=10
3 16−7=9　　4 12−3=9
5 18−8=10　　6 14−6=8

1 전략
차가 가장 크려면 가장 큰 수에서 가장 작은 수를 빼야 합니다.

가장 큰 수: 13, 가장 작은 수: 5 ➔ 13−5=8

2 가장 큰 수: 17, 가장 작은 수: 7
→ 17−7=10

3 가장 큰 수: 16, 가장 작은 수: 7
→ 16−7=9

4 가장 큰 수: 12, 가장 작은 수: 3
→ 12−3=9

5 가장 큰 수: 18, 가장 작은 수: 8
→ 18−8=10

6 가장 큰 수: 14, 가장 작은 수: 6
→ 14−6=8

단원 4 응용력 향상 집중 연습 22쪽

1 15	2 15
3 7	4 8
5 3	6 8

1 7+9=16이므로 16>●입니다.
16보다 작은 수는 15, 14, 13, ...으로 이 중에서 가장 큰 수는 15입니다.

2 8+6=14이므로 ●>14입니다.
14보다 큰 수는 15, 16, 17, ...으로 이 중에서 가장 작은 수는 15입니다.

3 15−7=8이므로 8>●입니다. 8보다 작은 수는 7, 6, 5, ...으로 이 중에서 가장 큰 수는 7입니다.

4 12−5=7이므로 ●>7입니다. 7보다 큰 수는 8, 9, 10, ...으로 이 중에서 가장 작은 수는 8입니다.

5 13−●=9에서 13−4=9이므로 ●=4입니다.
13−●>9이려면 ●는 4보다 작아야 하므로 ●에 들어갈 수 있는 수 중 가장 큰 수는 3입니다.

6 7+●=14에서 7+7=14이므로 ●=7입니다.
7+●>14이려면 ●는 7보다 커야 하므로 ●에 들어갈 수 있는 수 중 가장 작은 수는 8입니다.

단원 4 응용력 향상 집중 연습 23쪽

1 ㉡	2 ㉠
3 ㉡	4 ㉠
5 ㉡	6 ㉡

1 ㉠ 9+□=13에서 9+4=13이므로 □=4입니다.
㉡ □+8=14에서 6+8=14이므로 □=6입니다.

2 ㉠ □+7=12에서 5+7=12이므로 □=5입니다.
㉡ 8+□=16에서 8+8=16이므로 □=8입니다.

3 ㉠ 16−□=9에서 16−7=9이므로 □=7입니다.
㉡ 13−□=5에서 13−8=5이므로 □=8입니다.

4 ㉠ 14−□=7에서 14−7=7이므로 □=7입니다.
㉡ 15−□=6에서 15−9=6이므로 □=9입니다.

5 ㉠ 6+□=13에서 6+7=13이므로 □=7입니다.
㉡ 17−□=8에서 17−9=8이므로 □=9입니다.

6 ㉠ □+5=13에서 8+5=13이므로 □=8입니다.
㉡ 11−□=4에서 11−7=4이므로 □=7입니다.

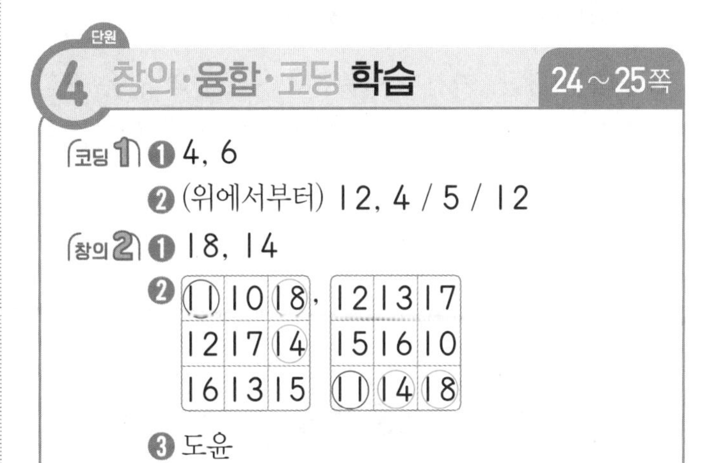

단원 4 창의·융합·코딩 학습 24~25쪽

코딩 1 ❶ 4, 6
❷ (위에서부터) 12, 4 / 5 / 12

창의 2 ❶ 18, 14
❷

(11)	10	(18)
12	17	(14)
16	13	15

,

12	13	17
15	16	10
(11)	(14)	(18)

❸ 도윤

코딩 1 ❶ →: 13에서 9, 9에서 5, 5에서 1이 되었으므로 규칙은 −4입니다.
←: 15에서 9, 9에서 3이 되었으므로 규칙은 −6입니다.
❷ 화살표 방향을 따라 4+8=12, 8−4=4, 11−6=5, 5+7=12입니다.

5. 규칙 찾기

단원 5 응용력 향상 집중 연습 26쪽

1 영석	2 나라
3 상엽	4 수진
5 유민	6 소민

1 보기는 키위, 참외, 참외가 반복됩니다. 보기와 같은 규칙으로 놓은 사람은 딸기, 귤, 귤이 반복되게 놓은 영석입니다.

2 보기는 탁구공, 테니스공, 탁구공이 반복됩니다. 보기와 같은 규칙으로 놓은 사람은 축구공, 농구공, 축구공이 반복되게 놓은 나라입니다.

3 보기는 윗옷, 아래옷, 윗옷이 반복됩니다. 보기와 같은 규칙으로 놓은 사람은 양말, 신발, 양말이 반복되게 놓은 상엽입니다.

4 보기는 지우개, 지우개, 자가 반복됩니다. 보기와 같은 규칙으로 놓은 사람은 볼펜, 볼펜, 연필이 반복되게 놓은 수진입니다.

5 보기는 컵, 물통이 반복됩니다. 보기와 같은 규칙으로 놓은 사람은 젓가락, 숟가락을 반복되게 놓은 유민입니다.

6 보기는 당근, 가지가 반복됩니다. 보기와 같은 규칙으로 놓은 사람은 오이, 고추를 반복되게 놓은 소민입니다.

단원 5 응용력 향상 집중 연습 27쪽

1 12	2 9
3 18	4 18
5 12	6 12

3 첫 번째 줄과 세 번째 줄은 ♣, ☽, ☽이 반복되고, 두 번째 줄은 ☽, ☽, ♣가 반복됩니다.
완성한 무늬에서 ☽은 모두 18개입니다.

4 첫 번째 줄과 세 번째 줄은 □, □, ▣, ▣가 반복되고, 두 번째 줄은 ▣, ▣, □, □가 반복됩니다.
완성한 무늬에서 □는 모두 18개입니다.

5 첫 번째 줄은 ↗, ↗, ⬆가 반복되고, 두 번째 줄은 ⬆, ↗, ↗가 반복됩니다.
완성한 무늬에서 ↗는 모두 12개입니다.

6 첫 번째 줄은 ▲, ▲, ▼, ▼가 반복되고, 두 번째 줄은 ▲, ▼, ▼, ▲가 반복됩니다.
완성한 무늬에서 ▲는 모두 12개입니다.

단원 5 응용력 향상 집중 연습 28쪽

1 ㉠	2 ㉡
3 ㉠	4 ㉠
5 ㉡	6 ㉠

1 • 2, 4가 반복되므로 ㉠=4입니다.
• 6, 1이 반복되므로 ㉡=1입니다.
➜ 4>1이므로 빈칸에 알맞은 수가 더 큰 것은 ㉠입니다.

3 • 오른쪽으로 갈수록 2씩 작아지므로 ㉠=32입니다.
• 오른쪽으로 갈수록 4씩 작아지므로 ㉡=31입니다.
➜ 32>31이므로 빈칸에 알맞은 수가 더 큰 것은 ㉠입니다.

4 • 오른쪽으로 갈수록 1씩 커지므로 ㉠=17입니다.
• 오른쪽으로 갈수록 3씩 커지므로 ㉡=18입니다.
➜ 17<18이므로 빈칸에 알맞은 수가 더 작은 것은 ㉠입니다.

5 • 오른쪽으로 갈수록 10씩 커지므로 ㉠=60입니다.
• 오른쪽으로 갈수록 1씩 작아지므로 ㉡=62입니다.
➜ 60<62이므로 빈칸에 알맞은 수가 더 큰 것은 ㉡입니다.

6 • 55, 49가 반복되므로 ㉠=49입니다.
• 오른쪽으로 갈수록 5씩 커지므로 ㉡=50입니다.
➜ 49<50이므로 빈칸에 알맞은 수가 더 작은 것은 ㉠입니다.

단원 5 응용력 향상 집중 연습 29쪽

1

2

3

4

5

6

1 2시와 9시가 반복되므로 빈 곳에는 9시가 되도록 바늘을 그려 넣습니다.

2 9시 30분과 12시 30분이 반복되므로 빈 곳에는 9시 30분이 되도록 바늘을 그려 넣습니다.

4 긴바늘은 12를 가리키고, 짧은바늘이 가리키는 숫자가 5, 6, 7, 8, 9로 1씩 커지므로 빈 곳에는 10시가 되도록 바늘을 그려 넣습니다.

5 긴바늘은 12를 가리키고, 짧은바늘이 가리키는 숫자가 11, 10, 9, 8, 7로 1씩 작아지므로 빈 곳에는 6시가 되도록 바늘을 그려 넣습니다.

6 긴바늘은 12를 가리키고, 짧은바늘이 가리키는 숫자가 1, 3, 5, 7, 9로 2씩 커지므로 빈 곳에는 11시가 되도록 바늘을 그려 넣습니다.

단원 5 창의·융합·코딩 학습 30~31쪽

코딩 1 ❶ 2 ❷ 3 ❸ 1

창의 2 ❶ ③ ❷ ②

코딩 1 ❶ ▲—■—■ 모양이 반복됩니다. ➔ 2

❷ ■—▲—■ 모양이 반복됩니다. ➔ 3

❸ ▲—■ 모양이 반복됩니다. ➔ 1

창의 2 ❶ 4부터 시작하여 3씩 커지면 4—7—10—13—16—19—22입니다. ➔ ③번

❷ 26부터 시작하여 2씩 작아지면 26—24—22—20—18—16—14—12입니다. ➔ ②번

6. 덧셈과 뺄셈(3)

단원 6 응용력 향상 집중 연습 32쪽

(위에서부터)

1 27, 37 2 60, 80

3 90, 96 4 48, 68

5 55, 33, 88 6 71, 28, 99

1 24+3=27 ➔ 27+10=37

3 50+40=90 ➔ 6+90=96

5 43+12=55, 12+21=33 ➔ 55+33=88

단원 6 응용력 향상 집중 연습 33쪽

1 21 2 65 3 15

4 20 5 1 6 32

1 30+5=35이므로 14+□=35입니다.
➔ 14+21=35이므로 □=21입니다.

3 57−3=54이므로 69−□=54입니다.
➔ 69−15=54이므로 □=15입니다.

5 26+61=87이므로 88−□=87입니다.
➔ 88−1=87이므로 □=1입니다.

단원 6 응용력 향상 집중 연습 34쪽

1 ㉠ 2 ㉢ 3 ㉡

4 ㉢ 5 ㉡ 6 ㉡

1 ㉠ 23+6=29 ㉡ 10+17=27
㉢ 11+15=26
➔ ㉠ 29>㉡ 27>㉢ 26

2 ㉠ 47−6=41 ㉡ 44−12=32
㉢ 51−21=30
➔ ㉢ 30<㉡ 32<㉠ 41

단원 6 응용력 향상 집중 연습 35쪽

1 40+30=70　2 13+21=34
3 56+31=87　4 34+45=79
5 64+32=96　6 25+43=68

1 합이 가장 크려면 가장 큰 수와 두 번째로 큰 수를 더해야 합니다.
40>30>20>10이므로 가장 큰 수는 40이고, 두 번째로 큰 수는 30입니다.
→ 합이 가장 큰 덧셈식: 40+30=70

2 합이 가장 작으려면 가장 작은 수와 두 번째로 작은 수를 더해야 합니다.
13<21<24<32이므로 가장 작은 수는 13이고, 두 번째로 작은 수는 21입니다.
→ 합이 가장 작은 덧셈식: 13+21=34

단원 6 응용력 향상 집중 연습 36쪽

1 37　2 20　3 86
4 26　5 58　6 6

1 같은 줄에서 오른쪽으로 갈수록 1씩 커지고, 아래쪽으로 내려갈수록 10씩 커집니다.
㉠ 13+1=14 ㉡ 22+1=23 → 14+23=37

3 같은 줄에서 오른쪽으로 갈수록 2씩 작아지고, 아래쪽으로 내려갈수록 10씩 작아집니다.
㉠ 56−2=54 ㉡ 34−2=32 → 54+32=86

6 같은 줄에서 오른쪽으로 갈수록 2씩 커지고, 아래쪽으로 내려갈수록 1씩 작아집니다.
㉠ 46+2=48 ㉡ 43−1=42 → 48−42=6

단원 6 응용력 향상 집중 연습 37쪽

1 68　2 10　3 77
4 31　5 11　6 36

1 • 20+1=●, ●=21
• ●+32=■, 21+32=■, ■=53
• ■+15=▲, 53+15=▲, ▲=68

2 • 87−42=●, ●=45
• ●−4=■, 45−4=■, ■=41
• ■−31=▲, 41−31=▲, ▲=10

3 • 10+10=●, ●=20
• ●+●=■, 20+20=■, ■=40
• ■+37=▲, 40+37=▲, ▲=77

4 • 99−21=●, ●=78
• ●−■=44, 78−■=44
→ 78−34=44이므로 ■=34입니다.
• ■−3=▲, 34−3=▲, ▲=31

5 • 53+10=●, ●=63
• ●+■=85, 63+■=85
→ 63+22=85이므로 ■=22입니다.
• ■−11=▲, 22−11=▲, ▲=11

6 • 76−34=●, ●=42
• ●−■=12, 42−■=12
→ 42−30=12이므로 ■=30입니다.
• ■+▲=66, 30+▲=66
→ 30+36=66이므로 ▲=36입니다.

단원 6 창의·융합·코딩 학습 38~39쪽

코딩 1 ❶ 52 / 72　❷ 47 / 22
❸ 36+11 / 47　❹ 90−30 / 60
창의 2 ❶ 55　❷ 66

코딩 1 ❶ 시작에 52를 넣으면 52+20=72가 되어 끝에 나오는 수는 72입니다.
❷ 시작에 47을 넣으면 47−25=22가 되어 끝에 나오는 수는 22입니다.

창의 2 ❶ 규칙1 은 넣은 수에서 10을 더한 수가 나옵니다. 따라서 상자에 45를 넣으면 55가 나옵니다.
❷ 규칙2 는 넣은 수에서 21을 뺀 수가 나옵니다. 따라서 상자에 87을 넣으면 66이 나옵니다.

배움으로 행복한 내일을 꿈꾸는

천재교육 커뮤니티 안내

교재 안내부터 구매까지 한 번에!

천재교육 홈페이지

자사가 발행하는 참고서, 교과서에 대한 소개는 물론
도서 구매도 할 수 있습니다. 회원에게 지급되는 별을 모아
다양한 상품 응모에도 도전해 보세요!

다양한 교육 꿀팁에 깜짝 이벤트는 덤!

천재교육 인스타그램

천재교육의 새롭고 중요한 소식을 가장 먼저 접하고 싶다면?
천재교육 인스타그램 팔로우가 필수!
깜짝 이벤트도 수시로 진행되니 놓치지 마세요!

수업이 편리해지는

천재교육 ACA 사이트

오직 선생님만을 위한, 천재교육 모든 교재에 대한 정보가 담긴
아카 사이트에서는 다양한 수업자료 및 부가 자료는 물론
시험 출제에 필요한 문제도 다운로드하실 수 있습니다.

https://aca.chunjae.co.kr

천재교육을 사랑하는 샘들의 모임

천사샘

학원 강사, 공부방 선생님이시라면 누구나 가입할 수 있는 천사샘!
교재 개발 및 평가를 통해 교재 검토진으로 참여할 수 있는 기회는 물론
다양한 교사용 교재 증정 이벤트가 선생님을 기다립니다.

아이와 함께 성장하는 학부모들의 모임공간

튠맘 학습연구소

튠맘 학습연구소는 초·중등 학부모를 대상으로 다양한 이벤트와 함께
교재 리뷰 및 학습 정보를 제공하는 네이버 카페입니다.
초등학생, 중학생 자녀를 둔 학부모님이라면 튠맘 학습연구소로 오세요!

정답은
이안에
있어!

힘이 되는
좋은 말

나는 그 누구보다도 실수를 많이 한다.
그리고 그 실수들 대부분에서
특허를 받아낸다.

I make more mistakes than anybody
and get a patent from those mistakes.

토마스 에디슨

실수는 '이제 난 안돼, 끝났어'라는 의미가 아니에요.
성공에 한 발자국 가까이 다가갔으니, 더 도전해보면 성공할 수 있다는
메시지랍니다. 그러니 실수를 두려워하지 마세요.